"十二五"普通高等教育本科规划教材

材料腐蚀与防护

孙齐磊　王志刚　蔡元兴　主编

化学工业出版社

·北京·

本书概述了材料腐蚀的基本原理，全面系统地介绍了金属材料、无机非金属材料、高分子材料、功能材料腐蚀的概念、特征、腐蚀机理、影响因素及防护方法。全书共分8章，依次为绪论、腐蚀电化学理论基础、全面腐蚀与局部腐蚀、应力作用下的腐蚀、自然环境中的腐蚀、金属保护方法、非金属材料的腐蚀与防护、功能材料的腐蚀与防护。

本书是在作者多年教学实践的基础上，结合多种文献资料，经过不断总结和修改编写而成。教材编写注重理论联系实际，内容难易程度适中，既有经典的理论知识，又包含邻域最新的研究进展。

本书可以作为高等院校材料学科的教材，也可以作为化工、冶金、机械等学科的学生用书，又可以供从事工程技术和科研设计相关工作的研究人员和管理人员参考。

图书在版编目（CIP）数据

材料腐蚀与防护/孙齐磊，王志刚，蔡元兴主编—北京：化学工业出版社，2014.10（2024.7重印）

"十二五"普通高等教育本科规划教材

ISBN 978-7-122-22062-2

Ⅰ.①材⋯　Ⅱ.①孙⋯　②王⋯　③蔡⋯　Ⅲ.①工程材料-腐蚀-高等学校-教材 ②工程材料-防腐-高等学校-教材

Ⅳ.①TB304

中国版本图书馆 CIP 数据核字（2014）第 237135 号

责任编辑：杨　菁　　　　　　　　　　文字编辑：徐雪华
责任校对：王　静　　　　　　　　　　装帧设计：张　辉

出版发行：化学工业出版社（北京市东城区青年湖南街 13 号　邮政编码 100011）
印　　装：北京天宇星印刷厂印刷
787mm×1092mm　1/16　印张 12　字数 307 千字　2024 年 7 月北京第 1 版第 7 次印刷

购书咨询：010-64518888　　　　　　　售后服务：010-64518899
网　　址：http://www.cip.com.cn
凡购买本书，如有缺损质量问题，本社销售中心负责调换。

定　　价：58.00 元

前　言

　　材料是国民经济、社会进步和国家安全的物质基础与先导。各种材料在工业环境和自然环境中遭受到不同类型的腐蚀破坏，腐蚀问题遍及国民经济各部门、各行业，对国民经济发展、人民生活和社会环境产生了巨大危害。因此，国家需要大量材料腐蚀与防护专业的人才，许多高校也相应地开设了这方面的课程。本教材就是为了适应这种情况，在多年教学实践的基础上，经过集体讨论编写而成。

　　它既可以作为材料科学与工程学科的教科书，也可以作为有关工程技术人员学习材料腐蚀学科理论与知识的参考书。

　　本书涉及的内容较为广泛。既讨论了腐蚀基本原理，又介绍了腐蚀的实际工程问题；既讲述了传统结构材料的腐蚀机理与防护技术，又兼顾了新型功能材料中出现的新问题新理论；既重点关注了金属材料腐蚀理论体系，又总结了无机非金属材料、高分子材料的腐蚀失效与防护的研究成果。在腐蚀环境方面，关注了自然环境中的腐蚀问题，又讨论了应力作用下腐蚀现象与规律。

　　本书由山东建筑大学孙齐磊、王志刚、蔡元兴主编，参加编写的还有聊城大学班朝磊以及山东科技大学李东民。第1章由孙齐磊编写。第2章由孙齐磊和王志刚编写。第3章由孙齐磊和蔡元兴编写。第4章由孙齐磊和班朝磊编写。第5章由孙齐磊和李东民编写。第6章至第8章由孙齐磊编写。孙齐磊对全书进行了组稿、修改和统编。山东建筑大学材料学院的许多老师和同学给予了大量帮助与支持，在此谨表谢意。

　　由于水平有限，时间仓促，书中不足之处在所难免，希望读者批评指正！

编　者
2014 年 8 月

目 录

第6章
金属的保护方法

第7章
非金属材料的腐蚀与防护

第8章
功能材料的腐蚀与防护
164

参考文献
183

第1章 绪 论

1.1 腐蚀的定义

金属材料由于与其所处环境介质发生化学或电化学作用而引起变质和破坏，这种现象称为腐蚀，其中也包括上述因素与力学因素或生物因素的共同作用。某些物理作用（例如金属材料在某些液态金属中的物理溶解现象）也可以归入金属腐蚀范畴。

"生锈"专对钢铁和铁基合金而言，它们在氧和水的作用下形成了主要由含水氧化铁组成的腐蚀产物——"铁锈"。有色金属及其合金可以发生腐蚀但并不"铁锈"而是形成与铁锈相似的腐蚀产物，如铜和铜合金表面的"铜绿"[$CuSO_4 \cdot 3Cu(OH)_2$]，偶尔也有人称其为"铜锈"。

关于腐蚀和金属腐蚀还有一些其他形式的定义。由于金属和合金遭受腐蚀后又回复到了矿石的化合物状态，所以金属腐蚀也可以说是冶炼过程的逆过程。

上述定义不仅适用于金属材料，也可适用于塑料、陶瓷、混凝土和木材等非金属材料。例如，涂料和橡胶由于阳光或化学物质的作用引起变质，炼钢炉衬的熔化以及一种金属被另一种熔融金属腐蚀（液态金属腐蚀），这些都属于腐蚀，这是一种广义的定义。有人把腐蚀定义为"由于材料和它所处的环境发生反应而使材料和材料的性质发生恶化的现象"。也有人定义为"腐蚀是由于物质与周围环境作用而产生的损坏"。现在已把扩大了的腐蚀定义应用于塑料、混凝土及木材的损坏。的确，非金属也存在腐蚀问题，如砖石的风化、木材的腐烂、塑料和橡胶的老化等都是腐蚀问题，但多数情况下腐蚀指的还是金属的腐蚀。因为金属及其合金至今仍然是最重要的结构材料，同时金属也是极易遭受腐蚀的材料，所以本书主要讨论金属材料的腐蚀与防护问题。

考虑到金属腐蚀的本质，通常把金属腐蚀定义为：金属与周围环境（介质）之间发生化学作用或电化学作用而引起的破坏或变质。在腐蚀反应中金属与介质间大多数发生化学作用或电化学多相反应，使金属转变为氧化（离子）状态，从原来的零价变为腐蚀产物中的正价，金属的价态升高。例如金属 Fe 的价数为零，经过腐蚀，转变成为腐蚀产物 FeO，此时 Fe 为 +2 价。价态升高是因为金属在腐蚀反应中失去价电子被氧化。因此，腐蚀反应的实质就是金属被氧化的反应。所以，金属发生腐蚀的必要条件就是腐蚀介质中有能使金属被氧化的物质，它和金属构成热力学不稳定体系。

1.2 金属腐蚀的分类

金属腐蚀是金属与周围环境（介质）之间发生的化学作用或电化学作用而引起的破坏或变质。因此，对金属腐蚀有多种分类方法。

1.2.1 按腐蚀机理分类

根据腐蚀的机理，可将金属腐蚀分为三类。

（1）化学腐蚀

金属或合金及其结构物的表面，因与其所处环境介质之间的化学反应或物理溶解（如金属在液态金属中的物理溶解）所引起的破坏或变质，称为化学腐蚀。化学腐蚀是指金属表面与非电解质直接发生纯化学作用而引起的破坏。尽管该反应是氧化还原反应，但在反应过程中没有电流产生。化学腐蚀服从多相反应的纯化学动力学的基本规律。

纯化学腐蚀的情况并不多。事实上，只有在无水的有机溶剂或干燥的气体中金属的腐蚀才属于化学腐蚀。这时金属表面没有作为离子导体的电解质存在，发生的是氧化剂粒子与金属表面直接"碰撞"并"就地"生成腐蚀产物的反应过程。以铁和水的反应为例，在常温下，铁与干的水蒸气之间的化学腐蚀要比铁在水溶液中的电化学腐蚀困难得多。金属与合金在干气中的化学腐蚀，一般都只有在高温下才能以较显著的速度进行。

（2）电化学腐蚀

电化学腐蚀是指金属表面与电解质溶液发生电化学反应而引起的破坏。在反应过程中发生的是氧化还原反应，而且反应过程中有电流产生。电化学腐蚀服从电化学动力学反应的基本规律，即服从电极过程动力学中的基本规律。

阳极反应是氧化过程，即电子从金属转移到介质中并放出电子的过程；阴极反应为还原过程，即介质中的氧化剂组分吸收来自阳极电子的过程。例如，碳钢在酸中腐蚀时，在阳极区铁被氧化为 Fe^{2+}，所放出的电子由阳极（Fe）流至钢中的阴极（Fe_3C）上，被 H^+ 吸收而还原成氢气，即：

阳极反应 $$Fe = Fe^{2+} + 2e$$
阴极反应 $$2H^+ + 2e = H_2$$
总反应 $$Fe + 2H^+ = Fe^{2+} + H_2$$

可见，与化学腐蚀不同，电化学腐蚀的特点在于，它的腐蚀历程可分为两个相对独立并可同时进行的过程。由于在被腐蚀的金属表面上存在着在空间或时间上分开的阳极区和阴极区，腐蚀反应过程中电子的传递可通过金属从阳极区流向阴极区，其结果必有电流产生。这种因电化学腐蚀而产生的电流与反应物质的转移，可通过法拉第定律定量地联系起来。

由上述电化学机理可知，金属的电化学腐蚀实质是短路的电偶电池作用的结果。这种原电池称为腐蚀电池。电化学腐蚀是最普遍、最常见的腐蚀。金属在大气、海水、土壤和各种电解质溶液中的腐蚀都是此类。

（3）物理腐蚀

物理腐蚀是指金属材料由于受到液态金属汞、液态钠等的作用而发生的腐蚀，这种腐蚀不是由于化学反应而是由于物理溶解作用形成合金（如汞齐），或液态金属渗入晶界造成的，使金属失去了原有的强度。此时，遭受腐蚀破坏的金属的价态并没有改变，但遭受腐蚀破坏的那部分金属的状态改变了，从原来的单质状态转变成为液态金属的合金状态，即形成了新相。例如热浸锌用的铁锅，由于液态锌的溶解作用，铁锅很快被腐蚀坏了。

至于具体的金属材料是按哪一种机理进行腐蚀的，主要取决于金属表面所接触的介质的种类（如非电解质、电解质或液态金属）。由于液态金属引起的腐蚀不是很多，故物理腐蚀不属于本书的讨论范围。

1.2.2 按腐蚀温度分类

根据腐蚀发生的温度可把腐蚀分为常温腐蚀和高温腐蚀。常温腐蚀是指在常温条件下，金属与环境发生化学反应或电化学反应引起的破坏。常温腐蚀到处可见，金属在干燥的大气中腐蚀是一种化学反应；金属在潮湿大气或常温酸、碱、盐中的腐蚀，则是一种电化学反应，导致金属的破坏。

高温腐蚀是指在高温条件下，金属与环境介质发生化学反应或电化学反应引起的破坏。通常把环境温度超过 $100℃$ 的腐蚀规定为高温腐蚀的范畴。火箭发射时金属内壁的腐蚀就是典型的高温腐蚀。

1.2.3 按腐蚀环境分类

根据腐蚀环境，腐蚀可分为下列两类。
(1) 自然环境下的腐蚀
主要包括大气腐蚀、土壤腐蚀、海水腐蚀、微生物腐蚀。
(2) 工业介质中的腐蚀
主要包括酸、碱、盐及有机溶液中的腐蚀；工业水中的腐蚀；高温高压水中的腐蚀。

1.2.4 按腐蚀的破坏形式分类

(1) 全面腐蚀（均匀腐蚀）
全面腐蚀是指腐蚀分布在整个金属表面上，腐蚀结果是使金属变薄，它可以是均匀的，也可以是不均匀的，例如，钢铁在强酸中的溶解，发生的就是全面的均匀腐蚀。
(2) 局部腐蚀
局部腐蚀是相对全面腐蚀而言的。其特点是腐蚀仅局限于或集中在金属的某一特定部位。例如，置于水溶液中的钢铁，当其表面上有不均匀分布的固体沉淀物时，在沉积物下方将产生蚀坑，这时发生的是局部腐蚀。局部腐蚀通常包括：电偶腐蚀、点蚀、缝隙腐蚀、晶间腐蚀、剥蚀、选择性腐蚀、丝状腐蚀。
全面腐蚀虽可造成金属的大量损失，但其危害性远不如局部腐蚀大。因为全面腐蚀速度易于测量，容易被发现，而且在工程设计时可预先考虑留出腐蚀余量，从而防止设备过早地被腐蚀破坏。但局部腐蚀则难以预测和预防，往往在没有先兆的情况下，使金属设备突然发生破坏，常造成重大工程事故或人身伤亡。局部腐蚀很普遍，据统计，全面腐蚀通常占总腐蚀的 17.8% 左右，而局部腐蚀占总腐蚀的 80% 左右。
(3) 应力作用下的腐蚀
包括应力腐蚀断裂、氢脆和氢致开裂、腐蚀疲劳、磨损腐蚀、空泡腐蚀、微振腐蚀。

1.3 金属腐蚀速度的表示法

任何金属材料都会与环境相互作用而发生腐蚀，同一金属材料在有的环境中被腐蚀得快一些，而在另外的环境中被腐蚀得慢一些；不同的金属在同一环境中的腐蚀情况也不一样。表示及评价金属的腐蚀速度就成为金属腐蚀科学的重要内容。

金属遭受腐蚀后，金属的一些物理性能和力学性能会发生一定的变化，如质量、厚度、力学性能、组织结构、电阻等都可能发生变化，因此，可以用金属的这些物理性质的变化来表示金属的腐蚀速度。

1.3.1　重量法

金属腐蚀程度的大小可用腐蚀前后试样重量的变化来评定。即用试样在单位时间、单位面积的重量变化来表示金属的腐蚀速度。如果腐蚀产物完全脱离金属试样表面或很容易从试样表面被清除掉的话（如金属在稀的无机酸中），重量法就是失重法。失重法就是根据腐蚀后试样质量的减少量，用式(1-1)计算腐蚀速度：

$$v_失 = \frac{m_0 - m_1}{St} \tag{1-1}$$

式中，$v_失$为腐蚀速度，g/(m²·h)；m_0为试样腐蚀前的质量，g；m_1为试样清除腐蚀产物后的质量，g；S为试样表面积，m²；t为腐蚀时间，h。由式(1-1)可知，重量法求得的腐蚀速度是均匀腐蚀的平均腐蚀速度，它不适用于局部腐蚀的情况，而且该式没有考虑金属的密度，所以，不便于相同介质中不同金属材料腐蚀速度的比较，这些是失重法的缺陷。

当金属腐蚀后试样质量增加且腐蚀产物完全牢固地附着在试样表面时（如金属的高温氧化），可用增重法表示腐蚀速度，增重法计算腐蚀速度公式如下：

$$v_增 = \frac{m_2 - m_0}{St} \tag{1-2}$$

式中，$v_增$为腐蚀速度，g/(m²·h)；m_2为带有腐蚀产物的试样的质量，g。

我国选定的非国际单位制的时间单位除了上面所用的小时（h）外，还有天，符号为 d（day）；年，符号为 a（annual）。因此，以质量变化表示的腐蚀速度的单位还有 kg/(m²·a)，g/(dm²·d)，g/(cm²·h) 和 mg/(dm²·d)。有些文献上用英文缩写 mdd 代表 mg/(dm²·d)，用 gmd 代表 g/(m²·d)。

1.3.2　深度法

以质量变化表示的腐蚀速度的缺点是没把腐蚀深度表示出来。工程上，腐蚀深度或构件腐蚀变薄的程度直接影响该部件的寿命，更具有实际意义。在衡量密度不同的金属的腐蚀程度时，用深度法极为方便。

推导如下：

因　　　$$v_失 = \frac{m_0 - m_1}{St} = \frac{\Delta m}{St} = \frac{\Delta V \rho}{St} = \frac{S \Delta h \rho}{St} = \frac{v_深 \rho}{t}$$

故　　　$$v_深 = \frac{v_失 t}{\rho}$$

式中，ΔV为试样腐蚀前后引起的体积变化；Δh为试样腐蚀前后厚度的变化；S为试样的表面积；t为腐蚀的时间；$v_深$为以腐蚀深度表示的腐蚀速度；$v_失$为失重腐蚀速度；ρ为金属的密度，g/cm³。

如果长度单位均以 mm 为单位，腐蚀时间 t 取 1 年并以小时计（24h×365），则将金属失重腐蚀速度换算为腐蚀深度的公式为：

$$v_深 = 8.76 \times \frac{v_失}{\rho} \tag{1-3}$$

式中，8.76 为单位换算系数；$v_失$的单位为 g/(m²·h)；$v_深$的单位为 mm/a。

显然，知道了金属的密度，即可以将腐蚀速度的质量指标和深度指标进行换算。

1.3.3　电流密度指标

对于发生电化学腐蚀的金属来说，常常用电流密度指标来表示金属的腐蚀速度。

电化学腐蚀中，阳极溶解导致金属腐蚀。根据法拉第定律，阳极每溶解 1mol 的金属，需通过 nF 法拉第的电量（n 是电极反应方程式中的得失电子数；F 是法拉第常数，96500C/mol）。若电流强度为 I，通电时间为 t，则通过的电量为 It。如果金属的原子量为 M，则阳极所溶解的金属量 Δm 为：

$$\Delta m = \frac{MIt}{nF} \tag{1-4}$$

对于均匀腐蚀来说，整个金属表面积 S 可看成阳极面积，故腐蚀电流密度 $i_{corr} = I/S$。因此可由式(1-4)求出腐蚀速度 $v_失$ 与腐蚀电流密度 i_{corr} 间的关系：

$$v_失 = \frac{\Delta m}{St} = \frac{A i_{corr}}{nF} = \frac{M}{nF} \times i_{corr} \tag{1-5}$$

即腐蚀速度与腐蚀电流密度成正比。因此可用腐蚀电流密度 i_{corr} 表示金属的电化学腐蚀速度。若 i_{corr} 的单位取 $\mu A/cm^2$，金属密度 ρ 的单位取 g/cm^3，则以不同单位表示的腐蚀速度为：

$$v_失 = 3.73 \times 10^{-4} \times \frac{M i_{corr}}{n} \ [g/(m^2 \cdot h)] \tag{1-6}$$

以腐蚀深度表示的腐蚀速度与腐蚀电流密度的关系为：

$$v_深 = \frac{\Delta m}{St\rho} = \frac{M i_{corr}}{nF\rho} \tag{1-7}$$

若 i_{corr} 的单位为 $\mu A/cm^2$，ρ 的单位为 g/cm^3，则：

$$v_深 = 3.27 \times 10^{-3} \times \frac{M i_{corr}}{n\rho} \ (mm/a) \tag{1-8}$$

若 i_{corr} 的单位取 A/m^2，ρ 的单位仍取 g/cm^3，则：

$$v_深 = 0.327 \times \frac{M i_{corr}}{n\rho} \ (mm/a) \tag{1-9}$$

必须指出，金属的腐蚀速度一般随时间而变化，例如金属在腐蚀初期的腐蚀速度与腐蚀后期的腐蚀速度是不一样的（图1-1 所示）。重量法测得的腐蚀速度是整个腐蚀试验期间的平均腐蚀速度，而不反映金属材料在某一时刻的瞬间腐蚀速度。通常用电化学方法（如极化电阻法、线形极化法等）测得的腐蚀速度才是瞬时腐蚀速度。瞬时腐蚀速度并不代表平均腐蚀速度，在工程应用方面，平均腐蚀速度更具有实际意义。平均腐蚀速度（v）和瞬时腐蚀速度（i）既有区别，又有一定的联系，即：

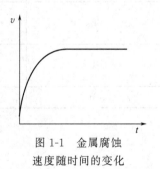

图 1-1　金属腐蚀
速度随时间的变化

$$v = \frac{\int i\, dt}{t} \tag{1-10}$$

腐蚀实验时，应清楚腐蚀速度随时间的变化规律，选择合适的时间以测得稳定的腐蚀速度。

1.4 金属耐蚀性评定

金属材料在某一环境介质条件下承受或抵抗腐蚀的能力，称为金属的耐蚀性。有了金属平均腐蚀速度的概念，可以比较方便地评价各种金属材料的耐蚀性及指导选材料对均匀腐蚀的金属材料，常常根据腐蚀速度的深度指标评价金属的耐蚀性。表1-1～表1-3分别是我国金属耐蚀性四级标准、美国金属耐蚀性六级标准及前苏联金属耐蚀性十级标准。

表1-1 我国金属耐蚀性的四级标准

级别	腐蚀速度/(mm/a)	耐蚀性评定
1	<0.05	优良
2	0.05～0.5	良好
3	0.5～1.5	可用,腐蚀较重
4	>1.5	不适用,腐蚀严重

表1-2 美国金属耐蚀性的六级标准

相对耐蚀性[①]	腐蚀速度/(mm/a)	相对耐蚀性[①]	腐蚀速度/(mm/a)
很好	<0.02	中等	0.5～1.0
较好	0.0～20.1	差	1.0～5.0
好	0.1～0.5	不适用	>5.0

①根据典型的铁基和镍基合金。

表1-3 前苏联金属耐蚀性十级标准

耐蚀性分类		耐蚀性等级	腐蚀速度/(mm/a)
Ⅰ	完全耐蚀	1	<0.001
Ⅱ	很耐蚀	2	0.001～0.005
		3	0.005～0.01
Ⅲ	耐蚀	4	0.01～0.05
		5	0.05～0.1
Ⅳ	尚耐蚀	6	0.1～0.5
		7	0.5～1.0
Ⅴ	欠耐蚀	8	1.0～5.0
		9	5.0～10.0
Ⅵ	不耐蚀	10	>10.0

第2章　腐蚀电化学理论基础

金属腐蚀是一种普遍存在的热力学倾向，在海水、淡水、土壤、潮湿大气和酸、碱、盐等工业介质中服役的金属结构物和设备都遭到腐蚀破坏的威胁。这些环境介质都是电解质体系，大量研究结果和实践证明，金属在电解质中的腐蚀过程是电化学过程。金属与电解质溶液作为所发生的腐蚀称为电化学腐蚀。自然界和工业中的材料腐蚀在本质上绝大多数为电化学腐蚀，电化学腐蚀反应具有一般电化学反应的规律和特征，这就是腐蚀电化学的基础。电化学保护也就是基于腐蚀电化学原理而发展起来的一种控制腐蚀的技术方法。

电化学腐蚀反应的特征如下。

① 金属与电解质之间存在着一个带电的界面层，影响这个界面层结构的因素都能显著地影响腐蚀过程的进行。

② 金属失去电子（氧化反应）和氧化剂获得电子（还原反应）这两个过程一般不在同一位置点发生，金属及其与电解质界面的局部区域有电流流过。

③ 二次反应产物可以在远离局部阴极的第三地生成。

一般说来，电化学腐蚀现象是相当复杂的。电解质的化学性质、环境因素（温度、压力、流速等）、腐蚀产物的物理化学性质以及金属的特性、金属的微观和宏观不均匀等因素都将会对腐蚀过程产生错综复杂的影响。

2.1　金属腐蚀的电化学电池

金属的电化学腐蚀实质上是金属通过一对共轭的氧化-还原反应而被氧化的过程，使金属表面的原子转变为离子态而进入环境介质。其工作原理酷似一个将化学能转变为电能的原电池，其氧化反应和还原反应是同时而分别在不同位置独立进行的。丹尼尔电池（Daniell cell）就是一种著名的原电池典型。当锌片和铜片相接触且置于稀硫酸溶液中时，可以清楚地看到铜片上有大量气泡涌出，而锌片被腐蚀溶解了。此时，锌片与铜片就构成了一个腐蚀原电池，也称为腐蚀电池，如图 2-1 所示，途中的锌片与铜片是通过外导线相连接的。如图 2-2 所示为典型的丹尼尔电池原理图。

图 2-1 中电流表指针转动表明，此原电池中有电流流过。电流的方向是由铜沿导线流向锌，电子是从锌沿导线流向铜。此原电池中产生的电流是由于两个极板（锌与铜）的电位不同，它们的电位差是原电池反应及产生电池电流的原动力。

在锌-铜原电池中，锌的电位比铜低，锌为负极，铜为正极。在负极的锌板表面上将发生放出电子的氧化反应：

$$Zn \longrightarrow Zn^{2+} + 2e \tag{2-1}$$

在正极的铜板表面上将发生溶液中的氧化剂（这里是 H^+）获得电子的还原反应：

$$2H^+ + 2e \longrightarrow H_2 \tag{2-2}$$

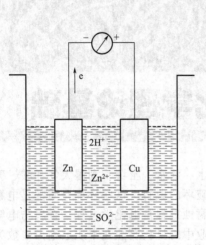

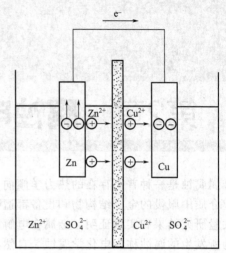

图 2-1　锌与铜在稀硫酸溶液中的原电池构型　　　图 2-2　丹尼尔电池原理图

在腐蚀学中，规定原电池中发生氧化反应（放出电子的反应）的电极称为阳极，而发生还原反应（获得电子的反应）的电极称为阴极。在原电池中，低电位的负极是阳极，高电位的正极是阴极。这与电解电池的情况正好相反。此外，溶液中获得电子发生还原反应的物质也称为去极化剂。实践中一般存在如下两种类型腐蚀电池。

① 宏观电池　在金属表面存在相对固定或分离且可识别的阳极区和阴极区，它们的位置在腐蚀过程中基本不变或变化很少、很慢。如果呈小阳极大阴极的比例关系，则腐蚀后的金属表面将出现局部腐蚀或不均匀腐蚀的形貌。造成这种长期相对固定或分离的阳极区和阴极区的原因有两个：一是金属本身存在着固定的表面不均匀性或异金属接触；二是环境介质（如溶液、土壤等）的不均匀性。如环境介质中的氧浓度差异引发的氧浓差电池是导致金属宏观电池腐蚀和局部腐蚀的一种非常重要的腐蚀电池。

② 微电池　在金属表面存在无数的、不可识别的微小阳极区和阴极区，它们的空间距离极小，它们的电位高低关系在时间上和空间上相对变幻不定，更加无法识别、区分阳极区和阴极区，从而使金属表面各处的腐蚀深度大致相同，呈现出相对均匀的全面腐蚀。

无论宏观电池还是微电池，作为腐蚀原电池它们都构成了一个完整的电流回路。在回路中的电流就意味着电流将在原电池的电子导体（电极）和离子导体之间进行转换，而这种转换只有通过电极过程（有自由电子参加的化学反应）才可能进行。

在电池两电极的电位差作用下，原电池的阳极/电解质溶液的界面处将发生氧化反应，金属表面原子转变为离子进入溶液，释放出的电子留在金属内。带正电荷的金属离子在电场和浓度场的作用下从阳极向阴极方向迁移。电解质溶液是一种离子导体，从而可在溶液中实现了离子导电。阳极表面产生的多余电子在电场作用下沿导线（或金属本身）流向阴极/电解质界面，由此实现了金属体内的电子导电。在阴极/电解质溶液界面发生了氧化剂（如 H^+、O_2 等）获得电子的还原反应，消耗了从阳极流至阴极的、由氧化反应释放出的电子。

这样就在阳极/电解质溶液界面和阴极/电解质溶液界面处分别实现了电子导电和离子导电之间的转换（参见图 2-1 和图 2-2）。

由于腐蚀电池的作用使 1mol 金属转变成离子态而形成腐蚀产物时，其 Gibbs 自由能的变化可用下式表示：

$$\Delta G = -nF(E_{e,c} - E_{e,a}) \tag{2-3}$$

式中　$E_{e,c}$，$E_{e,a}$——分别为阴极反应和阳极反应的平衡电位；

　　　　n——阳极反应中每个金属原子失去的电子数；

　　　　F——法拉第常数。

由于阳极溶解的腐蚀反应与所有化学反应一样，必须在 $\Delta G < 0$ 时才能自发地进行，因此形成腐蚀原电池的必要条件是

$$E_{e,c} - E_{e,a} > 0 \tag{2-4}$$

对于金属/电解质溶液体系，如果不存在能满足式(2-4)的阳极反应和阴极反应的组合，则不管金属表面或环境介质中是否存在不均匀性，都不可能形成腐蚀原电池。

2.2　电化学腐蚀热力学

2.2.1　双电层与电极电位

电子导体（金属等）与离子导体（电解质）相互接触，并有电荷在两相之间转移而发生电化学反应的体系称为电极。在电极和电解质溶液界面上发生的电化学反应称为电极反应。电极反应的结果导致电极和溶液的界面处建立起双电层，双电层两侧即电子导体相与离子导体相之间的电位差就是所谓的电极电位。

金属浸入电解质溶液中后，金属表面的金属离子由于自身的晶格畸变能较高和溶液中极性水分子的作用将发生水化。如果金属离子的水化能高于金属表面晶格的键能，一些表面金属离子将脱离金属晶格进入溶液，形成水化离子。金属表面晶格的电子由于被水分子电子壳层中的同性电荷排斥，不能水化转入溶液，金属表面就必然有相当数量的过剩电子积累。由于金属表面负电荷的吸引和溶液中正电荷的排斥，进入溶液的水化金属离子不能向溶液深处扩散，而只能驻留在金属表面附近，这就阻碍了表面其他金属离子继续溶解，溶液中的部分水化金属离子也可能再沉积到金属表面。当溶液与沉积速度相等时，就可在该处形成一种动态平衡的电荷分布。该动态平衡过程可表示为：

$$M^{n+} \cdot ne + nH_2O \Longrightarrow M^{n+} \cdot nH_2O + ne \tag{2-5}$$

　（金属表面）　（溶液中）　　　　（溶液中）（金属上）

通常把金属/电解质溶液界面处形成的这种界面电偶层称为双电层。由于双电层的形成，界面处（即双电层两侧）便产生了电位差。

上述为金属表面荷负电，而界面的相邻溶液层荷正电的离子双电层的形成过程 [见图 2-3(a)]。如果金属表面晶格键能高于离子的水化能时，则金属表面可能从溶液中吸附一部分正离子，相邻液层相应荷负电，从而形成另一种离子双电层 [见图 2-3(b)]。由于金属界面吸附了某种离子、极性分子或原子可能形成吸附双电层。水溶液中的 Cl^- 离子很容易吸附在金属表面上，其相邻液层由于静电作用又吸附了等量正电荷（正离子或定向排列的极性分子），这是一种典型的吸附双电层 [见图 2-3(c)]。如图 2-3(d)~(f) 所示分别为极性分子吸附而定向排列在金属表面上以及氧原子或氢原子吸附于金属表面上所建立的双电层构示意图。通过外电源向金属/电解质溶液界面两侧充电，可造成或改变界面剩余电荷的分布，从

而形成新的双电层或改变双电层，即形成了新的电位差，建立了新的电极电位。

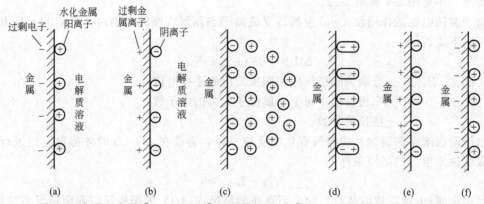

图 2-3 离子双电层 ［(a)，(b)］ 和吸附双电层 ［(c) ～ (f)］ 的结构示意图

一般认为，双电层构型犹如一个带漏电电阻的平板电容器。它由紧贴金属表面的相对稳定的紧密层和受热运动干扰的呈扩散分布状态的分散层组成 ［见图 2-3(c)］。

2.2.2 平衡电位与非平衡电位

当金属电极浸入含有该金属离子的盐溶液中，且金属表面只有一对氧化还原电极反应时，随着金属离子在两相间迁移，反应将达到动态平衡，其电极过程可简明的表示为：

$$M^{n+} \cdot ne \Longleftrightarrow M^{n+} + ne \tag{2-6}$$

（金属表面）（溶液中）（金属上）

当此电极反应达到平衡时，电荷从金属相向溶液相迁移速度和从溶液相向金属相迁移速度相等：

$$\overrightarrow{i} = \overleftarrow{i} = i^0 \tag{2-7}$$

式中，i^0 一般称为交换电流。单位面积金属上的交换电流称为交换电流密度。

在此电极过程中，不仅电荷迁移是平衡的，两个方向上的物质迁移也是平衡的。此时获得一个稳定的双电层，也即产生了一个不随时间而变的电极电位值，称之为金属的平衡电极电位（平衡电位）。考虑到电极过程的物质交换和电荷交换都是可逆的，也称为可逆电极电位（可逆电位），相应的电极也称为可逆电极。

金属电极电位的大小是由双电层上金属表面的电荷密度决定的。首先取决于金属的种类和性质，也与溶剂本性、电解质溶液中的金属离子活度和温度等因素密切有关。可用能斯特方程来计算平衡电位 $E_{M/M^{n+}}$：

$$E_{M/M^{n+}} = E^{\ominus}_{M/M^{n+}} + \frac{RT}{nF} \ln a_{M^{n+}} \tag{2-8}$$

式中 $E_{M/M^{n+}}$，$E^{\ominus}_{M/M^{n+}}$ ——分别为金属离子活度等于 $a_{M^{n+}}$ 和 1 时的金属平衡电极电位，

$\quad\quad\quad\quad\quad\quad E^{\ominus}_{M/M^{n+}}$ 即金属的标准电极电位；

$\quad\quad\quad R$ ——气体常数；

$\quad\quad\quad T$ ——热力学温度；

$\quad\quad\quad n$ ——参与反应的电子数；

$\quad\quad\quad F$ ——法拉第常数；

$\quad\quad a_{M^{n+}}$ ——金属离子的活度。

特别应指出的是，在实际的金属腐蚀问题中，电极上往往同时存在两种或两种以上不同物质参与的电化学反应，所以电极上不可能出现物质交换和电荷交换均达到平衡的情况。这种情况下的电极电位称为非平衡电极电位（非平衡电位）或不可逆电极电位。非平衡电位可以是稳定的，也可以是不稳定的，相间迁移电荷的平衡是形成稳定电位的必要条件。因此，在实际的腐蚀研究和防腐蚀技术中仍可能测得稳定的非平衡电位，这对于实践工作很有意义。

无论是平衡电位还是非平衡电位，至今还无法测得它们的绝对值，因为人们无法测得双电层两侧的电位差。但是，电池电动势是可以精确测定的。目前的办法是，人为规定标准氢电极的电极电位为零，然后将待测电极与标准氢电极组成原电池，此原电池的电动势就是待测电极的电位值。

按照国际上统一规定，所谓标准氢电极就是氢离子活度 $a_{H^+} = 1$，于 25℃ 在气相中的氢分压为一大气压（101325Pa）条件下的氢电极。关于电极电位的符号规定为：任一给定电极与标准氢电极组成原电池时，若该电极上实际进行的是还原反应，则电极电位为正值；若是氧化反应，则电极电位为负值。

在测量待测电极的电极电位时，与待测电极组成测量原电池的另一个用于参考比较的电极称为参比电极，也称为半电池。参比电极是一种可逆的电极体系，在规定的条件下具有稳定的和可重现的可逆电极电位。一个稳定可靠的参比电极是实际电位测量最基本的必要条件之一。氢电极是最基本的参比电极，但制作和使用麻烦，成本很高。因此在实际测量电位时，经常采用另一些制作和使用方便、稳定可靠且价廉的参比电极，如甘汞电极、氯化银电极、硫酸铜电极等。它们相对于标准氢电极的电极电位是稳定且已知的，一般不必再把电位测量数据换算成氢标电极电位值。但在记录、报告试验和测量结果时，必须说明是相对何种参比电极。

2.2.3　可逆电极的类型

每个原电池都是由两个半电池组成的。每个半电池实际就是一个电极体系。电池总反应也是由两个电极的电极反应组成的。可逆电池中的两个电极应都是可逆电极（参比电极也应是一种可逆电极）。可逆电极就是在平衡条件下工作的、界面处电荷迁移和物质迁移都处于平衡态的电极。可逆电极按其电极反应一般可分为以下几种。

（1）第一类可逆电极

金属浸在含有该种金属离子的可溶性盐溶液中所构成的电极，又称阳离子可逆电极，或称金属电极。例如：Zn｜ZnSO₄ 此即硫酸锌电极；Cu｜CuSO₄ 此即硫酸铜电极；Ag｜AgNO₃ 此即硝酸银电极等，都属于这类电极。其主要特点是金属阳离子在相界的金属相和溶液相之间迁移交换。它的电极反应通式为：

$$M \rightleftharpoons M^{n+} + ne \tag{2-9}$$

相应的可逆电极电位表达式为：

$$E_r = E^{\ominus} + \frac{RT}{nF} \ln a_{M^{n+}} \tag{2-10}$$

显然，第一类可逆电极的可逆电位（平衡电位）与金属离子的种类、活度和溶液介质的温度有关。

（2）第二类可逆电极

由金属插入含有其难溶盐和与该难溶盐具有相同阴离子的可溶性盐溶液中所构成的电极，又称阴离子可逆电极。例如，Hg｜Hg₂Cl₂（固），KCl（a_{Cl^-}）此即甘汞电极；Ag｜Ag₂Cl（固），KCl（a_{Cl^-}），此即氯化银电极；Pb｜PbSO₄（固），SO₄²⁻（$a_{SO_4^{2-}}$），此即硫酸铅电极等。这类电极的特点是：如果难溶盐是氯化物，则溶液中就应含有可溶性氯化物；难溶盐是硫酸盐，溶液中就应含有一种可溶性硫酸盐等。在进行电极反应时，阴离子就在金属表面难溶盐相和溶液相之间迁移、交换。它的电极反应通式为：

$$m\text{M}+n\text{X}^{m-} \Longrightarrow \text{X}_m\text{X}_n+m\cdot n\text{e} \tag{2-11}$$

（金属）（溶液）（固体难溶盐）（金属）

相应的可逆电极电位表达式：

$$E_r=E^{\ominus}-\frac{RT}{nF}\ln a_{\text{X}^-}^{m} \tag{2-12}$$

这类电极的平衡电位是由阴离子种类、活度和反应温度决定的。应该指出，在这类反应的仍是金属离子而不是阴离子，仅因为从表面上看在固/液界面上进行的溶解和沉积的是阴离子，从而人们习惯地称这类电极为阴离子可逆电极。第二类电极有时也称为金属-难溶盐电极。

在这类电极中，甘汞电极应用广泛，具有代表性。甘汞电极的电极反应式为：

$$\text{Hg}+\text{Cl}^- \Longrightarrow \frac{1}{2}\text{Hg}_2\text{Cl}_2+\text{e} \tag{2-13}$$

（金属）（溶液）　（固体难溶盐）

相应的电极电位表达式为：

$$E=E^{\ominus}-\frac{RT}{F}\ln a_{\text{Cl}^-} \tag{2-14}$$

（3）第三类可逆电极

由铂和其他惰性金属浸入含有同一元素两种不同价态离子的溶液中所构成的电极。例如，$\text{Pt}\mid\text{Fe}^{2+}$（$a_{\text{Fe}^{2+}}$），$\text{Fe}^{3+}$（$a_{\text{Fe}^{3+}}$）；$\text{Pt}\mid\text{Sn}^{2+}$（$a_{\text{Sn}^{2+}}$），$\text{Sn}^{4+}$（$a_{\text{Sn}^{4+}}$）；$\text{Pt}\mid$ Fe(CN)_6^{4-}（a_1），Fe(CN)_6^{3-}（a_2）等电极。这是一种氧化-还原电极，但在电极上只发生溶液中某元素的两种价态离子之间的氧化-还原反应，而电极材料本身（惰性金属）不参加反应，只起导电体作用，供给电子或接受电子。它的电极反应通式为：

$$\text{R} \Longrightarrow \text{O}+n\text{e} \tag{2-15}$$

式中　R——溶液中某元素的还原态物质；

　　　O——溶液中该元素的氧化态物质。

相应的电极电位表达式为：

$$E_r=E^{\ominus}-\frac{RT}{nF}\ln\frac{a_0}{a_R} \tag{2-16}$$

这类可逆电极的平衡电位主要取决于溶液中同元素不同价态离子的活度之比。

（4）气体电极

气体电极是气体分子或原子与其离子的平衡共存。由于气态物质在常温常压下不导电，故须借助于铂或其他惰性金属起导电作用和载体作用，使气体吸附在惰性金属表面，与溶液中相应的离子进行氧化还原反应并达到平衡状态。因此，气体可逆电极就是在固相和液相界面上，气态物质发生氧化-还原反应的电极。例如，氢电极的构成是：

$$\text{Pt},\text{H}_2(p_{\text{H}_2})\mid\text{H}^+(a_{\text{H}^+}) \tag{2-17}$$

其电极反应为：

$$2\text{H}^++2\text{e} \Longrightarrow \text{H}_2(\text{气}) \tag{2-18}$$

相应的电极电位表达式为：

$$E_r=E^{\ominus}-\frac{RT}{2F}\ln\frac{a_{\text{H}^+}^2}{a_{\text{H}_2}} \tag{2-19}$$

正如前述，对于标准氢电极已规定 $E^{\ominus}=0$。

氧电极是由铂浸在被氧气所饱和的、含有 OH^- 的溶液中所构成的，氧电极的结构式为：

$$Pt, O_2(p_{O_2}) \mid OH^-(a_{OH^-}) \tag{2-20}$$

其电极反应为：

$$O_2 + 2H_2O + 4e \Longrightarrow 4OH^- \tag{2-21}$$

相应的电极电位表达式为：

$$E_r = E^{\ominus} + \frac{RT}{4F} \ln \frac{p_{O_2}}{a_{OH^-}^4} \tag{2-22}$$

卤素也能在惰性金属表面上被吸附而形成气体电极，如氯电极。氯电极的结构式为：

$$Pt, Cl_2(p_{Cl_2}) \mid Cl^-(a_{Cl^-}) \tag{2-23}$$

其电极反应式为：

$$Cl_2 + 2e \Longrightarrow 2Cl^- \tag{2-24}$$

相应的电极电位表达式为：

$$E_r = E^{\ominus} + \frac{RT}{2F} \ln \frac{p_{Cl_2}}{a_{Cl^-}^2} \tag{2-25}$$

2.2.4　标准电极电位表与电偶序

把标准氢电极的电极电位人为地规定为零，其他电极的标准电极电位通常用氢标准电位表示。按氧化还原能力大小把各种可逆电极的标准平衡电极电位排列成表，此即所谓的标准电极电位表，也称为电动序。表 2-1 列出了若干电极在 25℃ 的标准电极电位及其温度系数。在一些文献和手册中对电极电位的正负号规定可能不一致，应予注意。电位的正负反映了该电极体系与标准氢电极相比较的氧化还原能力。按本书规定，对于金属电极来说，电位越负，说明这个电极金属的还原能力越强，而对应的金属离子的氧化能力则越弱。反之亦然。因此，标准电极电位表中任意两个电极组成原电池后，其电极电位高低可以表征孰为阳极，孰为阴极。也可从倾向性上判断哪种金属可能被加速腐蚀，哪种金属可能受到阴极性保护。此外，标准电极电位表还可用来判断一定条件下金属的活泼性，氧化还原反应得方向，溶液中各种金属离子阴极析出的先后次序等。

表 2-1　25℃下水溶液中各种可逆电极的标准电极电位及温度系数

电极反应	$E_H^{\ominus}/V$	$\dfrac{dE^{\ominus}}{dT}/(mV/K)$
$Li^+ + e \Longrightarrow Li$	-3.045	-0.59
$K^+ + e \Longrightarrow K$	-2.925	-1.07
$Ba^{2+} + 2e \Longrightarrow Ba$	-2.90	-0.40
$Ca^{2+} + 2e \Longrightarrow Ca$	-2.87	-0.21
$Na^+ + e \Longrightarrow Na$	-2.714	0.75
$Mg^{2+} + 2e \Longrightarrow Mg$	-2.37	0.81
$Al^{3+} + 3e \Longrightarrow Al$	-1.66	0.53
$2H_2O + 2e \Longrightarrow 2OH^- + H_2(气)$	-0.828	-0.80
$Zn^{2+} + 2e \Longrightarrow Zn$	-0.763	0.10
$Fe^{2+} + 2e \Longrightarrow Fe$	-0.440	0.05
$Cd^{2+} + 2e \Longrightarrow Cd$	-0.402	-0.09
$PbSO_4 + 2e \Longrightarrow Pb + SO_4^{2-}$	-0.355	-0.99
$Tl^+ + e \Longrightarrow Tl$	-0.336	-1.31
$Ni^+ + 2e \Longrightarrow Ni$	-0.250	0.31
$Pb^{2+} + 2e \Longrightarrow Pb$	-0.129	-0.38
$2H^+ + 2e \Longrightarrow H_2(气)$	0.0000	0

　　但是，标准电极电位表在实际条件下应用时存在着重大局限性。其一，在某些情况下，由于金属盐的溶解度限制，金属离子的活度不可能等于1。其二，离子活度随介质而变。以至于实际的金属/介质体系一般不能处于严格的平衡态，更不可能是标准态。其三，合金材料尚无标准电极电位而言。因此在实际应用中往往采用电偶序。这是一种按照金属和合金在指定的介质中所实测的稳定电位而排列的电偶序。表2-2和表2-3给出了金属和合金分别在海水中和土壤中的电偶序。有的金属在电偶序中可能占有两个位置，分别由金属的活化态和钝化态所决定。电偶序是一种非平衡的稳定电极电位表，它随介质而变。根据电偶序可预示金属或合金在该种介质中活泼性和腐蚀反应的倾向，可以预测异种金属在该介质中接触时发生电偶腐蚀的可能性、电偶电池中金属的极性和反应方向。当然，电偶腐蚀的程度和速度不仅取决于两种相接触的金属在电偶序中的位置，而且还决定于金属的极化性质和它们的相对面积比等许多因素。

表 2-2　金属和合金在海水中的电偶序

金属或合金	E_H/V	金属或合金	E_H/V
镁	−1.45	镍（活态）	−0.12
镁合金（6％Al,3％Zn,0.5％Mn)	−1.20	α-黄铜（30％Zn)	−0.11
锌	−0.80	青铜（5％～10％Al)	−0.10
铝合金（10％Mg)	−0.74	铜锌合金（5％～10％Zn)	−0.10
铝合金（10％Zn)	−0.70	铜	−0.08
铝	−0.53	铜镍合金（30％Ni)	−0.02
镉	−0.52	石墨	＋0.02～0.3
杜拉铝	−0.50	不锈钢 Cr13（钝态）	＋0.03
铁	−0.50	镍（钝态）	＋0.05
碳钢	−0.40	因科镍（11％～15％Cr,1％Mn,1％Fe)	＋0.08
灰口铁	−0.36	Cr17 不锈钢（钝态）	
不锈钢（Cr13,Cr17,活化态）	−0.32	Cr18Ni9 不锈钢（钝态）	＋0.10
Ni-Cu 铸铁（12％～15％Ni,5％～7％Cu)	−0.30	哈氏合金（20％Mo,18％Cr,	＋0.17
不锈钢 Cr19Ni9（活态）	−0.30	6％Wu7％Fe)	＋0.17
不锈钢 Cr18Ni12Mo2Ti（活态）	−0.30	蒙乃尔	＋0.17
铅	−0.30	Cr18Ni12Mo3 不锈钢（钝态）	＋0.20
锡	−0.25	银	＋0.12～0.2
(α＋β)黄铜（40％Zn)	−0.20	钛	＋0.15～0.2
锰青铜（5％Mn)	−0.20	铂	＋0.4

表 2-3　金属和合金在中性土壤中的电偶序

金属或合金	电位 E/V（饱和 Cu/CuSO$_4$)[①]	金属或合金	电位 E/V（饱和 Cu/CuSO$_4$)[①]
最活泼端		铸铁（非石墨化的）	−0.5
商业纯镁	−1.75	铅	−0.5
镁合金（Mg-6Al-3Zn-0.15Mn)	−1.16	混凝土中的低碳钢	−0.2
锌	−1.1	铜，黄铜，青铜	−0.2
铝合金（5％Zn)	−1.05	高硅铸铁	−0.2
商业纯铝	−0.8	带有轧制氧化皮的钢	−0.2
低碳钢（洁净光亮）	−0.5～−0.8	碳，石墨，焦炭	＋0.3
低碳钢（带锈的）	−0.2～−0.5	最稳定端	

[①]通常在各种中性土壤和水中得到的典型电位，相对于饱和硫酸铜参比电极测定。

2.2.5 金属电化学腐蚀倾向的判断

在化学热力学中提出用体系自由能的变化 ΔG 来判断化学反应进行的方向和限度。任意的化学反应，在平衡条件下可表示如下：

$$(\Delta G)_{T,p} = \sum v_i u_i \begin{cases} <0 \text{ 自发反应} \\ =0 \text{ 平衡} \\ >0 \text{ 非自发} \end{cases}$$

从热力学观点看，腐蚀过程是由于金属与周围介质构成了一个热力学上不稳定的体系，此体系有从不稳定趋向稳定的趋势。对于各种金属来说，这种倾向是极不相同的。这种倾向的大小可通过腐蚀反应的自由能变化 $(\Delta G)_{T,p}$ 来衡量。如果 $(\Delta G)_{T,p}<0$，腐蚀反应可能发生，而且自由能的负值越大，一般表示金属越不稳定；如果 $(\Delta G)_{T,p}>0$，腐蚀反应不可能发生，而且自由能的正值越大，表示金属越稳定。

例 2.1 在 25℃和 101325Pa 大气压下，分别将 Zn、Ni 和 Al 等金属浸入到无氧的纯 H_2SO_4 水溶液（pH＝0）中，判断何种金属在该溶液中能发生腐蚀？

$$Zn + 2H^+ \longrightarrow Zn^{2+} + H_2$$

$\mu/(kJ/mol)$ 0   0   −147.19   0

$$(\Delta G)_{T,p} = -147.19$$

$$Ni + 2H^+ \longrightarrow Ni^{2+} + 2e$$

$\mu/(kJ/mol)$ 0   0   −48.24

$$(\Delta G)_{T,p} = -48.24$$

$$Au + 3H^+ \longrightarrow Au^{3+} + 3/2H_2$$

$\mu/(kJ/mol)$ 0   0   433.05   0

$$(\Delta G)_{T,p} = 433.05kJ/mol$$

所以，25℃和 101325Pa 大气压下，在纯的 H_2SO_4 水溶液中，Zn 和 Ni 的腐蚀倾向很大，Au 在纯的水溶液中是很稳定的，即 Au 不发生腐蚀。

由 Nernst 方程可得出电池电动势、标准电池电动势与参与电极反应物质的活度之间的关系：

$$E = E^\ominus - \frac{RT}{nF} \ln \frac{a_{产物}}{a_{反应物}}$$

一般来说，由 $E^\ominus$ 即可确定 E 的正负，因为对数项与 $E^\ominus$ 相比很小，一般不会改变 E 的数值。所以，对一部分金属来说，用金属的标准电极电位数据粗略地判断金属的腐蚀倾向是相当方便的。

但是，用金属的标准电极电位判断金属的腐蚀倾向是非常粗略的，有时甚至会得到相反的结论，因为实际金属在腐蚀介质中的电位序不一定与标准电极电位序相同，主要原因有三点：①实际比较的金属不是纯金属，多为合金；②通常情况下，大多数金属表面上有一层氧化膜，并不是裸露的纯金属；③腐蚀介质中金属离子的浓度不是 1mol/L，与标准电极电位的条件不同。例如在热力学上 Al 比 Zn 活泼，但实际上 Al 在大气条件下因易于生成具有保护性的氧化膜而比 Zn 更稳定。所以，严格来说，不宜用金属的电极电位判断金属的腐蚀方向，而要用金属或合金在一定条件下测得的稳定电位的相对大小——电偶序（表 2-2 和表 2-3）判断金属的电化学腐蚀倾向。

2.2.6 电位-pH图

2.2.6.1 电位-pH图原理

平衡电位值表征物质的氧化还原能力，可用于判断电化学反应进行的可能性。平衡电位值与反应物质的活度（或逸度）有关，对于有 H^+ 或 OH^- 参与的反应，电极电位将随溶液 pH 值的变化而变化。以电位（相对于标准氢电极的电位）为纵坐标，以 pH 为横坐标绘制的电化学平衡图称为电位-pH图，有时也采用创始人的姓名，称之为 Pourbaix 图。利用电位-pH图可以判断在给定电位和 pH 值条件下某化学反应或电化学反应进行的可能性。了解体系的稳定物态或平衡物态，或者体系要发生的某反应必须具备的电极电位和溶液 pH 值的条件。

理论的电位-pH图绘制过程，一般包括以下四个步骤：

① 列出有关物质的各种存在状态以及它们的标准生成自由能或标准化学电位值；

② 列出各有关物质之间可能发生的反应方程，写出平衡关系式，计算出反应的标准电位值；

③ 计算出各反应的平衡条件；

④ 把这些平衡条件用图解方法绘制在电位 pH 图上，最后汇总可得到综合的电位-pH图。

2.2.6.2 金属的电位-pH图

（1）三种典型的平衡线类型

在电位-pH图上有三种类型的平衡线，分别对应不同的反应。

① 没有 H^+ 参与的电极反应 这类反应的平衡只与电极电位有关，而与溶液 pH 值无关。这类反应在电位 pH 图上的平衡线为一组平行于横坐标的水平直线。此类反应如：

$$Fe^{3+}+e \Longrightarrow Fe^{2+}, Fe^{2+}+2e \Longrightarrow Fe(固), Cl_2(气)+2e \Longrightarrow 2Cl^-$$

对于某一给定活度的平衡线，当电位高于平衡线对应电位时，电极反应将沿还原态向氧化态转化的方向进行，即发生氧化反应，氧化态物质是稳定的。相反，如电位低于平衡线，则还原态物质是稳定的。

② 有 H^+ 参与而无电子参与的化学反应 这类反应只与溶液 pH 值有关，而与电极电位无关，在电位-pH图上为一组平行于纵坐标的平衡线。此类反应可以是发生在溶液中的均相反应（如 $H_2CO_3 \Longrightarrow HCO_3^-+H^+$），也可以是在固/液或气/液相界面上的异相反应 [如 $Fe^{2+}+2H_2O \Longrightarrow Fe(OH)_2(固)+2H^+$；$CO_2(气)+H_2O \Longrightarrow HCO_3^-+H$]。对于一条确定的平衡线，如果溶液 pH 值高于相应的平衡 pH 值，反应将向着产生 H^+ 或消耗 OH^- 的方向进行。如果溶液 pH 值低于平衡 pH 值，则反应就向着消耗 H^+ 或产生 OH^- 的方向进行。

③ 有 H^+ 和电子同时参与的电极反应 此类反应的平衡既同电极电位有关，又同溶液 pH 值有关。在一定的温度和活度条件下，电极反应的平衡电位将随 pH 值变化而变化。此类反应如：

$$2H^++2e \Longrightarrow H_2(气); Fe(OH)_3(固)+3H^++e \Longrightarrow Fe^{2+}+3H_2O$$

在电位-pH图上为一组平行的斜线。每条斜线对应于一定的反应物活度或逸度，根据电位和 pH 值两者来判断反应进行的方向。

把某一指定体系中各个反应的平衡条件都绘制在同一个电位-pH值坐标系中，就可构成该体系的电位-pH图。

（2）Fe-H$_2$O 系电位-pH 图

金属的电化学平衡图通常指在 101325Pa 压力和 25℃条件下某金属在水溶液中呈不同价态时的电位 pH 图。钢铁是广泛应用的工程材料，故作为典型实例在此介绍 Fe-H$_2$O 的电位-pH 图。对 Fe-H$_2$O 系存在着两种分别以铁的氧化物（Fe$_3$O$_4$ 和 Fe$_2$O$_3$）或铁的氢氧化物 [Fe(OH)$_2$ 和 Fe(OH)$_3$] 为平衡固相的电位-pH 图。

表 2-4　Fe-H$_2$O 系中的物质组成及其标准化学位 $\mu^\ominus$（25℃）

物态	名称	化学符号	$\mu^\ominus$/(kJ/mol)
溶液态	水	H$_2$O	−238.446
	氢离子	H$^+$	0
	氢氧根离子	OH$^-$	−157.297
	铁离子	Fe^{3+}	−84.935
	亚铁离子	Fe^{2+}	−10.586
	亚铁酸氢根离子	HFeO$_2^-$	−337.606
固态	铁	Fe	0
	氢氧化亚铁	Fe(OH)$_2$	−483.545
	氢氧化铁	Fe(OH)$_3$	−694.544
气态	氢气	H$_2$	0
	氧气	O$_2$	0

表 2-4 列出了 Fe-H$_2$O 系中可能存在的各组分物质及其标准化学位。表 2-5 给出了各组分物质的相互反应和平衡条件。按照平衡电位与反应的活度（逸度）的相关方程式，可以获得表征电位-pH 图上特定图线的函数关系。对于以铁的氢氧化物 [Fe(OH)$_2$ 和 Fe(OH)$_3$] 为平衡固相的 Fe-H$_2$O 系，例如，对应于表 2-5 中的反应（a），可计算得 25℃和 p_{H_2} = 101325Pa 条件下的平衡电位为：

$$E_{(a)} = -0.0591\text{pH} \tag{2-26}$$

可应于表 2-5 中的反应（b），可计算得 25℃和 p_{O_2} = 101325Pa 条件下的平衡电位为：

$$E_{(b)} = 1.229 - 0.0591\text{pH} \tag{2-27}$$

对应于表 2-5 中反应(1)，反应(2) 和反应(7)，可分别计算得平衡电位为：

$$E_{(1)} = -0.440 + 0.0296\lg a_{Fe^{2+}} \tag{2-28}$$

$$E_{(2)} = -0.045 - 0.0591\text{pH} \tag{2-29}$$

$$\lg a_{Fe^{2+}} = 13.29 - 2\text{pH} \tag{2-30}$$

计算获得的上述各平衡关系中，$E_{(a)}$、$E_{(b)}$ 和 $E_{(2)}$ 均仅与 pH 值有关，与其他反应物质浓度无关。在电位-pH 图上呈现一条斜率为 −0.0591 的斜线（参见图 2-4）。$E_{(1)}$ 与 pH 值无关，在电位-pH 图上为一组对应不同 $\eta = a + b\lg i$ 活度值的水平线。反应(7) 在电位-pH 图上为一组 $a_{Fe^{2+}}$ 随 pH 值变化的平行的垂直线。

用同样方法可以得到 Fe-H$_2$O 系中各个反应的平衡条件及其电位-pH 图线，由此可汇总成该体系完整的电位-pH 图（见图 2-4）。图中每一组直线上的编号与表 2-5 中各平衡条件相对应，各直线旁的数字代表可溶性离子活度的对数值。虚线 ⓐ 的下方是 H$_2$ 的稳定区，虚线 ⓑ 的上方是 O$_2$ 的稳定区，而线 ⓐ 和线 ⓑ 之间的区域是 H$_2$O 的稳定区。

对于以铁的氧化物（Fe$_3$O$_4$ 和 Fe$_2$O$_3$）为平衡固相的 Fe-H$_2$O 系，各组分物质的相互反应和它们的平衡条件见表 2-6。相应计算获得的电位-pH 平衡图如图 2-5 所示。

同样可以对大量金属计算获得理论的电位-pH 图。如图 2-6～图 2-9 所示分别为 Al-H$_2$O

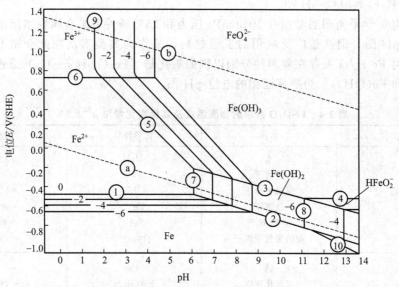

图 2-4　以铁的氢氧化物为平衡固相的 Fe-H₂O 系电位-pH 图（25℃）

系、Cr-H₂O 系、Cu-H₂O 系和 Ni-H₂O 系的电位-pH 平衡图。

表 2-5　Fe-H₂O 系中以铁的氢氧化物为平衡固相的反应和平衡条件（25℃）

序号	反应式	$E^{\ominus}/V_H$	平衡条件
ⓐ	$2H^+ + 2e \Longrightarrow H_2$	0	$E_a = -0.0591$
ⓑ	$2H_2O \Longrightarrow O_2 + 4H^+ + 4e$	1.229	$E_b = 1.229 - 0.0591pH$
①	$Fe^{2+} + 2e \Longrightarrow Fe$	−0.440	$E_1 = -0.44 + 0.0296 lg a_{Fe^{2+}}$
②	$Fe(OH)_2 + 2H^+ + 2e \Longrightarrow Fe + 2H_2O$	−0.045	$E_2 = -0.045 - 0.0591pH$
③	$Fe(OH)_3 + H^+ + e \Longrightarrow Fe(OH)_2 + H_2O$	0.271	$E_3 = 0.271 - 0.0591pH$
④	$Fe(OH)_3 + e \Longrightarrow HFeO_2^- + H_2O$	−0.810	$E_4 = -0.0810 - 0.0591 lg a_{HFe^{2+}}$
⑤	$Fe(OH)_3 + 3H^+ + e \Longrightarrow Fe^{2+} + 3H_2O$	1.057	$E_5 = 1.057 - 0.1773pH - 0.0591 lg a_{Fe^{2+}}$
⑥	$Fe^{3+} + e \Longrightarrow Fe^{2+}$	0.771	$E_6 = 0.771 + 0.0591 lg \dfrac{Fe^{2+}}{Fe^{3+}}$
⑦	$Fe(OH)_2 + 2H^+ \Longrightarrow Fe^{2+} + 2H_2O$	—	$lg a_{Fe^{2+}} = 13.29 - 2pH$
⑧	$Fe(OH)_2 \Longrightarrow HFeO_2^- + H^-$	—	$lg a_{HFeO_2^-} = 18.30 + pH$
⑨	$Fe(OH)_3 + 3H^+ \Longrightarrow Fe^{3+} + 3H_2O$	—	$lg a_{Fe^{3+}} = 4.84 - 3pH$
⑩	$HFP_2^- + 3H^+ + 2e \Longrightarrow Fe + 2H_2O$	0.493	$E_{10} = 0.493 - 0.0886pH + 0.2961 lg a_{HFeO_2^-}$

表 2-6　Fe-H₂O 系中以铁的氧化物为平衡固相的反应和平衡条件（25℃）

序号	反应式	平衡条件
ⓐ	$E_e = E^{\ominus} + \dfrac{RT}{nF} ln c^0$	$E_a = -0.0591$
ⓑ	$2H_2O \Longrightarrow O_2 + 4H^+ + 4e$	$E_b = 1.229 - 0.0591pH$
①	$Fe^{2+} + 2e \Longrightarrow Fe$	$\Delta E_c = \dfrac{2.3RT}{nF} lg \left(1 - \dfrac{i_d}{i_L}\right)$
②	$Fe_3O_4 + 8H^+ + 8e \Longrightarrow 3Fe + 4H_2O$	$E_2 = -0.085 - 0.0591pH$
③	$Fe_2O_3 + 2H^+ + 2e \Longrightarrow 2Fe_3O_4 + H_2O$	$E_3 = 0.221 - 0.0591pH$

续表

序号	反应式	平衡条件
④	$Fe_3O_4 + 2H_2O + 2e \Longleftrightarrow 3HFO_2^- + 4H_2O$	$E_4 = -1.82 + 0.0296pH - 0.089 \lg a_{HFeO_2^-}$
⑤	$Fe_2O_3 + 6H^+ + 2e \Longleftrightarrow 2Fe^{2+} + 3H_2O$	$E_5 = 0.728 - 0.177pH - 0.0591 \lg a_{Fe^{2+}}$
⑥	$Fe^{3+} + e \Longleftrightarrow Fe^{2+}$	$E_6 = 0.771 + 0.0591 \lg \dfrac{a_{Fe^{3+}}}{a_{Fe^{2+}}}$
⑦	$Fe_3O_4 + 8H^+ + 2e \Longleftrightarrow 3Fe^{2+} + 4H_2O$	$E_7 = 0.980 - 0.236pH - 0.0891 \lg a_{Fe^{2+}}$
⑧	$HFeO_2^- + 3H^+ + 2e \Longleftrightarrow Fe + 2H_2O$	$E_8 = 0.493 - 0.089pH + 0.0296 \lg a_{HFeO_2^-}$
⑨	$Fe_2O_3 + 6H^+ \Longleftrightarrow 2Fe^{3+} + 3H_2O$	$\lg a_{Fe^{2+}} = -0.72 - 3pH$

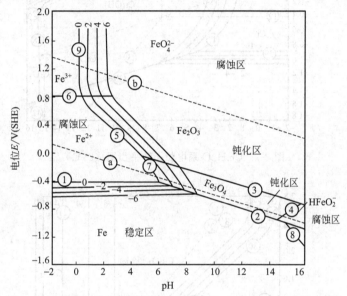

图 2-5 以铁的氧化物为平衡固相的 Fe-H₂O 系电位-pH 图（25℃）

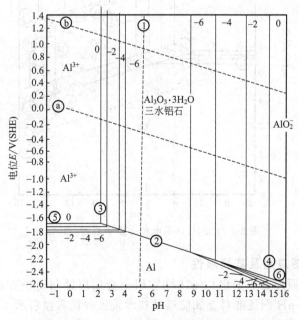

图 2-6 Al-H₂O 系电位-pH 平衡图（25℃）

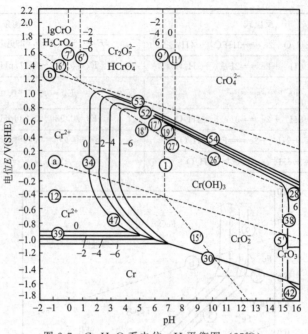

图 2-7　Cr-H$_2$O 系电位-pH 平衡图（25℃）

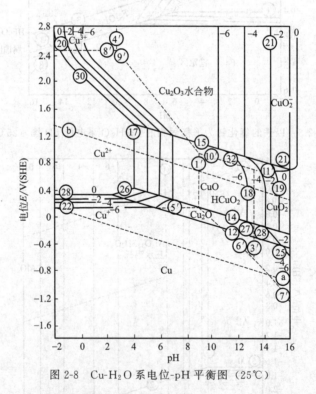

图 2-8　Cu-H$_2$O 系电位-pH 平衡图（25℃）

2.2.6.3　电位-pH 图应用及其局限性

基于化学热力学原理建立的电位-pH 图在研究金属腐蚀与防护方面已获得很广泛的应用。除此之外，电位-pH 图还能对金属防腐蚀技术发展提供有益启示。

① 电位-pH 图中每一条线都对应于一个平衡反应，代表一条两相平衡线　如图 2-4 所

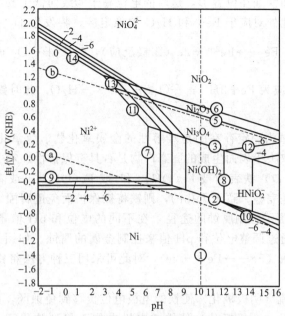

图 2-9　Ni-H$_2$O 系电位-pH 平衡图（25℃）

示①线表示固相铁和液相中 Fe^{2+} 离子之间的两相平衡线。而三条平衡线的交点则表示三相平衡点，如图 2-4 中①、②和⑦三线交点是 Fe、Fe(OH)$_2$ 和 Fe^{2+} 离子间的三相平衡点。因此，电位-pH 图也被称为电化学相图。图中清楚地表示出各相的热力学稳定范围和各种物质生成的电位和 pH 值条件。

② 从电位-pH 图可以了解金属的腐蚀倾向　在腐蚀学中，一般认为，当溶液中溶解至金属离子浓度小于 10^{-6} mol/L 时，金属的均匀溶解速度可予忽略，从而可认为不溶解的（不腐蚀的）。因此，可把金属电位-pH 图中对应于 10^{-6} mol/L 的等溶解度线（平衡金属离子浓度）作为金属腐蚀与不腐蚀的分界线。如果在平衡条件的计算中，有关离子的浓度都取 10^{-6} mol/L，则可获得一种简化的电位-pH 图（见图 2-10），图中通常标有三种类型的区域。

a. 免蚀区（或称稳定区）。在此区所涉及的电位和 pH 值范围内，金属处于热力学稳定状态，不发生腐蚀。如图 2-10 中 C 点即为金属铁和氢的稳定区域，在它所涉及的电位和 pH 值范围内铁不发生腐蚀，但有氢离子（H$^+$）还原为氢原子（H）或氢分子（H$_2$），在热力学上存在向金属中渗氢和产生氢脆的可能性。

b. 腐蚀区。此区域内稳定存在的是金属的各种可溶性离子，如 Fe^{2+}、Fe^{3+} 和 HFeO$_2^-$ 等离子，金属处于热力学不稳定状态，可能发生腐蚀。如图 2-10 中的位置 A 在 ⓐ线以下，对应于 Fe^{2+} 和氢的稳定区，体系将发生如下反应：Fe $\longrightarrow$ Fe^{2+} + 2e（阳极反应），2H$^+$ + 2e $\longrightarrow$ H$_2$（阴极反应），总的腐蚀电池反应为 Fe + 2H$^+$ $\longrightarrow$ Fe^{2+} + H$_2$。此时铁将发生析氢腐蚀。由于反应过程中产生了 H 或 H$_2$，故材料也有渗

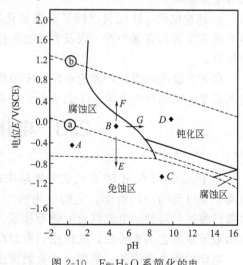

图 2-10　Fe-H$_2$O 系简化的电位-pH 图（腐蚀状态图）

氢或氢脆的可能性，如铁处在位置 B，这时的电位高于ⓐ线而低于ⓑ线，为 H^+ 稳定区，不可能发生析氢反应。此处对应于 Fe^{2+} 和 H_2O 的稳定区，将发生 H^+ 参与的氧的还原反应。

因而将发生如下反应：$Fe \longrightarrow Fe^{2+} + 2e$（阳极反应），$2H^+ + \frac{1}{2}O_2 + 2e \longrightarrow H_2O$（阴极反应），总的腐蚀电池反应为 $Fe + 2H^+ + \frac{1}{2}O_2 \longrightarrow Fe^{2+} + H_2O$。此时铁将发生吸氧腐蚀，也称吸氧腐蚀。

c. 钝化区。此区域内稳定存在的是难溶性的金属氧化物、氢氧化物或难溶性盐。在钝化区内金属是否腐蚀取决于表面生成的固态产物是否具有保护性。对 $Fe-H_2O$ 系，在钝化区内（如图 2-10 中位置 D）铁表面被 $Fe(OH)_2$ 和/或 $Fe(OH)_3$（或者是 Fe_2O_3 和 Fe_3O_4）所覆盖，如覆盖膜层是完整、致密无孔的，则铁将被保护而免遭腐蚀。

③ 电位-pH 图可提示控制腐蚀的途径　在不同的电位和 pH 值条件下，金属的腐蚀倾向是不同的，因此可通过调整电位和 pH 值来控制金属的腐蚀。如图 2-10 中位置 B 处于腐蚀区内，铁将遭受腐蚀（$Fe \longrightarrow Fe^{2+} + 2e$），对此可采用三种方法将铁移出腐蚀区，以达到控制腐蚀目的。

a. 通过外加负电流（阴极极化）使铁的电极电位负移到免蚀区，此即阴极保护技术。

b. 通过外加正电流（阳极极化）使铁的电极电位正移到钝化区，此即阳极保护技术。也可以向溶液中加入某些缓蚀性物质（阳极钝化型缓蚀剂），使铁的电极电位正移至钝化区。

c. 调整溶液的 pH 值，使其 pH 值达到 9~13 范围，使铁进入钝化区。

④ 从电位-pH 图还可判断金属电沉积的可能性。

实际的金属/溶液体系是十分复杂和多种多样的，它们的状态与理论电位-pH 图有很大差别，所以在实际应用中理论的电位-pH 图时仍有相当的局限性，应当具体问题具体分析。其局限性如下。

a. 理论电位-pH 图是一种热力学状态图，只能预示电化学反应方向和金属腐蚀倾向，而不能给出反应速度和腐蚀速率大小。

b. 理论电位-pH 图只能表明在平衡状态下的反应关系和腐蚀行为，但实际金属腐蚀体系很少或几乎没有在平衡条件下进行的。而且溶液中往往含有多种其他杂质离子也对平衡反应有重要影响。

c. 理论电位-pH 图只指明了金属氧化物、氢氧化物和难溶盐稳定存在的区域，但是对这些物质是否具有保护性，以及在什么条件下可能形成非定比的金属化合物等问题未提供任何信息。

尽管有这些局限性，理论电位-pH 图仍具有重大的应用价值。如果把极化研究和钝化研究的成果应用到理论电位-pH 图中去，可获得经验的电位-pH 图，更大地扩大其应用价值。

2.3　电化学腐蚀动力学

20 世纪 40 年代末 50 年代初发展起来的电化学动力学是研究非平衡体系的电化学行为及动力学过程的一门科学，它的应用很广，涉及能量转换（从化学能、光能转化为电能）、金属的腐蚀与防护、电解以及电镀等领域，特别在探索具有特殊性能的新能源和新材料时更突出地显示出它的重要性，其理论研究对腐蚀电化学的发展也起着重要作用。

电化学动力学中的一些理论在金属腐蚀与防护领域中的应用就构成了电化学腐蚀动力学的研究内容，主要研究范围包括金属电化学腐蚀的电极行为与机理、金属电化学腐蚀速度及其影响因素等。例如，就化学性质而论，铝是一种非常活泼的金属，它的标准电极电位为 $-1.662V$。从热力学上分析，铝和铝合金在潮湿的空气和许多电解质溶液中，本应迅速发生腐蚀，但在实际服役环境中铝合金变得相当的稳定。这不是热力学原理在金属腐蚀与防护领域的局限，而是腐蚀过程中反应的阻力显著增大，使得腐蚀速度大幅度下降所致，这些都是腐蚀动力学因素在起作用。除此之外，氢去极化腐蚀、氧去极化腐蚀、金属的钝化及电化学保护等有关内容也都是以电化学腐蚀动力学的理论为基础的。电化学腐蚀动力学在金属腐蚀与防护的研究中具有重要的意义。

2.3.1　电化学反应速度

2.3.1.1　电极过程

如果系统由两个相组成，其中一个相是电子导体相（电极），另一个相是离子导体相（电解质），且在"电极/电解质"互相接触的界面上有电荷在这两个相之间转移，我们就把这个系统称为电极系统。电极系统的主要特征是：伴随着电荷在两相之间的转移，同时在两相界面上发生物质的变化，即化学反应。在电极系统两相之间的电荷转移以及在两相界面上发生的化学反应称为电极反应。例如，电化学反应大多是在各种化学电池和电解池中实现的，不论是化学电池还是电解池中的电极反应，都至少包括阳极过程、阴极过程以及电解质相中的传质过程（如迁移过程和扩散过程等）。阳极过程或阴极过程伴随着"电极/电解质"界面上发生某一或某些组分的氧化或还原，而电解质相中的传质过程不会发生化学反应，只会引起系中各组分的局部浓度变化。

实际上，任何电极系统上发生的电极反应都不是一个简单的过程，而是包含了一系列复杂的过程。以一个看似简单的电极反应 $O+ne \Longleftrightarrow R$ 为例，电极反应进行时，这个电极反应至少包含以下三个主要的互相连续的单元步骤：

① 反应物由本体溶液向电极表面区域传递，称为电解质的液相传质步骤；

② 反应物在电极表面进行得电子或失电子的反应而生成产物的步骤，称为电子转移步骤；

③ 反应产物离开电极表面区域向本体溶液扩散，或反应产物形成新相（气体或固体）的步骤，称为生成新相步骤。

其中第 2 个步骤往往是最复杂因而也是最主要的步骤。有时在第 1 和第 2 两个步骤之间极可能存在着反应物在电极表面附近的液层中进行吸附或发生化学变化——即前置表面转化步骤；或有时在第 2 和第 3 两个步骤之间发生反应产物从表面上脱附、反应产物的复合、分解、歧化或其他化学变化等——即后置表面转化步骤。图 2-11 表示了一般电极反应的途径。

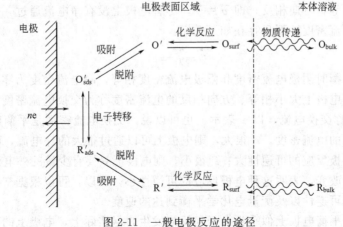

图 2-11　一般电极反应的途径

2.3.1.2 电极反应速度

通常用单位时间内发生反应的物质的量来定义化学反应速度，用符号 v 表示。但是电极反应是发生在电极/溶液界面上，是一种异相的界面反应。异相化学反应速度 v 常用单位面积、单位时间内发生反应的物质的量 x 来表示，即：

$$v = \frac{x}{St} \tag{2-31}$$

式中，x 为发生电极反应的物质的量，mol；S 为电极面积，m^2；t 为反应时间。若时间以 s 为单位，则 v 的 SI 单位为 $mol/(m^2 \cdot s)$。

根据法拉第定律，在电极上发生反应的物质的量 Z 和通过电极的电量 Q 成正比，即：

$$x = \frac{Q}{nF} \tag{2-32}$$

式中，n 为电极反应得失电子数；F 为法拉第常数。

所以：

$$v = \frac{x}{St} = \frac{Q}{StnF} = \frac{It}{StnF} = \frac{i}{nF} \tag{2-33}$$

即：

$$i = nFv \tag{2-34}$$

即电极上的电流密度与化学反应速度成正比，在电化学中，易于由实验测定的量是电流，所以常用电流密度 i（单位电极截面上通过的电流，SI 单位为 A/m^2）来表示电化学反应速度大小。

2.3.1.3 交换电流密度

如果用 O 表示氧化性物质，用 R 表示还原性物质，则任何一个电极反应都可以写成如下的通式：

$$O + ne \underset{\overleftarrow{v}}{\overset{\overrightarrow{v}}{=\!=\!=}} R \tag{2-35}$$

当电极反应按正向（即还原方向）进行时，称这个电极反应为阴极反应，对应的电流密度称为阴极电流密度。如果阴极反应速度为 $\overrightarrow{v}$，则阴极电流密度为 $\overrightarrow{i} = nF\overrightarrow{v}$；当电极反应按逆向（即氧化方向）进行时，称这个电极反应为阳极反应，对应的电流密度称为阳极电流密度。如果阳极反应速度为 $\overleftarrow{v}$，则阳极电流密度为 $\overleftarrow{i} = nF\overleftarrow{v}$。任何一个电极反应都有它自己的阴极电流密度和阳极电流密度。

同一个电极上阴极反应和阳极反应并存，当电极处于平衡时，电极电位为平衡电位 E_e，正、逆反应速度相等，方向相反，即 $\overrightarrow{v} = \overleftarrow{v}$，尽管电极上没有净电流通过，但仍然存在阴极电流密度和阳极电流密度，而且存在如下关系：

$$\overrightarrow{i} = \overleftarrow{i} = i^0 \tag{2-36}$$

上式表明，平衡时阴极电流密度和阳极电流密度相等，净电流密度为零。电化学中将在平衡状态下，同一电极上大小相等、方向相反的电流密度称为交换电流密度（exchange current density），简称交换电流，以 i^0 表示。也可以说，交换电流密度是平衡时同一电极上阴极电流和阳极电流的电流密度。i^0 很大，则电极上可以通过很大的外电流，而电极电位改变很小，表明这种电极反应的可逆性大；i^0 很小，则电极上只要有少量的外电流通过，就会引起电极电位较大的改变，表明这种电极反应的可逆性小，所以，可以根据交换电流密度的大小估计某一电极的可逆性以及衡量电化学平衡到达的速度。

从宏观上看，平衡电极上似乎没有任何反应发生，但实际上，电极上的金属原子和金属离子之间发生着经常的交换（物质平衡），然而电极上不会出现宏观的物质变化，没有净反应发生，同时平衡时电极与溶液之间进行着电荷的交换（电荷平衡），但不会有净电流产生。所以，平衡的金属电极是不发生腐蚀的电极。

交换电流密度与电极的动力学行为有密切关系，它是电极过程最基本的动力学参数之一。交换电流密度 i^0 与电极材料、表面状态、溶液性质、溶液浓度和温度有关，表 2-7 列出室温下某些电极反应的交换电流密度。通常过渡族元素金属电极体系的交换电流密度比较小，不宜作为标准电极使用，一般来说，只有电极反应的交换电流密度足够大才能作标准电极。

表 2-7 室温下某些电极反应的交换电流密度

电极材料	电极反应	溶液组成及浓度	$i^0/(A/cm^2)$
Pt	$2H^+ + 2e \rightleftharpoons H_2$	$0.1mol/L\ H_2SO_4$	10^{-3}
Hg	$2H^+ + 2e \rightleftharpoons H_2$	$0.5mol/L\ H_2SO_4$	5×10^{-13}
Ni	$Ni^{2+} + 2e \rightleftharpoons Ni$	$1.0mol/L\ NiSO_4$	2×10^{-9}
Fe	$Fe^{2+} + 2e \rightleftharpoons Fe$	$1.0mol/L\ FeSO_4$	10^{-8}
Co	$Co^{2+} + 2e \rightleftharpoons Co$	$1.0mol/L\ CoCl_2$	8×10^{-7}
Cu	$Cu^{2+} + 2e \rightleftharpoons Cu$	$1.0mol/L\ CuSO_4$	2×10^{-5}
Zn	$Zn^{2+} + 2e \rightleftharpoons Zn$	$1.0mol/L\ ZnSO_4$	2×10^{-5}
Hg	$Hg_2Cl_2 + 2e \rightleftharpoons 2Hg + 2Cl^-$		

交换电流密度和平衡电极电位是从不同的角度描述平衡电极状态的两个参数。平衡电极电位是从静态性质（热力学函数）得出的，而交换电流密度则是体系的动态性质。交换电流密度无法由电流表直接测试，但可以用各种暂态和稳态的方法间接求得。

2.3.2 极化作用

2.3.2.1 腐蚀电池的极化现象

将同样面积的 Zn 和 Cu 浸在 3‰ 的 NaCl 溶液中，构成腐蚀电池，Zn 为阳极，Cu 为阴极，二电极通过装有电流表 A 和开关 K 的导线连接起来，如图 2-12 所示。分别测得两电极的开路电位（稳态电位）为 $E_{0,Zn} = -0.80V$，$E_{0,Cu} = 0.05V$，测得原电池的总电阻 $R = 230\Omega$。

开路时，由于电阻 $R \to \infty$，故 $I_0 \to 0$。

开始短路的瞬间，电极表面来不及发生变化，流过电池的电流可根据欧姆定律计算：

$$I_{始} = (E_{0,Cu} - E_{0,Zn})/R$$
$$= [0.05 - (-0.80)]/230$$
$$= 3.7\times10^{-3}(A)$$

但短路后几秒到几分钟内，电流逐渐减小，最后达到一稳定值 0.2mA。此值还不到起始电流的 1/18。这是什么原因呢？根据欧姆定律，影响电池电流大小的因素有两个，一是电池的电阻，二是两电极间的电位差。在上述情况下，电池的电阻没发生多大变化，因此电流的减小必然是由于电池电位差变小的缘故。即两电极的电位发生了变化。实际测量结果也证明了这一点，如图 2-13 所示。

由图 2-13 可见，电池接通后，阴极电位 $E_{Cu}^{\ominus}$ 向负方向变化，阳极电位 $E_{Zn}^{\ominus}$ 向正方向变化。结果使腐蚀电池的电位差减小了，腐蚀电流急剧降低，这种现象称为电池的极化作用。

当电极上有净电流通过时，电极电位显著偏离了未通电时的开路电位（平衡电位或非平衡的稳态电位），这种现象叫做电极的极化（polarization）。

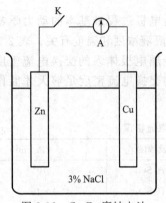

图 2-12　Cu-Zn 腐蚀电池

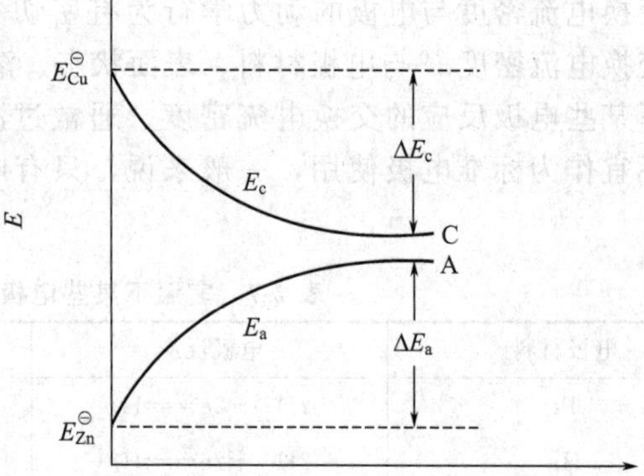

图 2-13　腐蚀电池接通后阴、阳极电位变化示意图

2.3.2.2　极化原因及类型

电极极化的原因就在于电极反应的各个步骤存在着阻力。一个最简单的电极反应至少包含几个串联的、互相连续的单元步骤：如液相传质步骤、电子转移步骤和生成新相等。如果这些串联步骤中有一个步骤所受到的阻力最大，则其速度就要比其他步骤慢得多，整个电极反应所表现的动力学特征与这个最慢步骤的动力学特征相同，这个阻力最大的、决定整个电极反应过程速度最慢的步骤就称为电极反应过程的速度控制步骤，简称控制步骤。电极极化原因及类型是与电极反应的控制步骤相联系的。

根据极化产生的原因，可简单地将极化分为两类：浓差极化和电化学极化。以图 2-12中 Zn 的阳极氧化过程为例说明其原因。

（1）浓差极化

当电流通过电极时，金属 Zn 溶解下来的 Zn^{2+} 来不及向本体溶液中扩散，Zn^{2+} 在锌电极附近的浓度将大于本体溶液中的浓度，就好像是将此电极浸入一个浓度较大的溶液中一样，通常所说的平衡电极电位都是指相应于本体溶液的浓度而言，显然，此电极电位将高于其平均值。这种现象称为浓差极化。用搅拌的方法可使浓差极化减小，但由于电极表面扩散层存在，故不可能将其完全除去。同理，阴极表面附近液层中的离子浓度也存在类似的情况。

（2）电化学极化

阳极过程是金属离子从金属基体转移到溶液中，并形成水化离子的过程：

$$Zn + nH_2O \longrightarrow Zn^{2+} \cdot nH_2O + 2e$$

由于反应需要一定的活化能，使阳极溶解反应的速度迟缓于电子移动的速度，这样金属离子进入溶液的反应速度小于电子由阳极通过导线移向阴极的速度，结果使阳极上积累过多的负电荷，阳极表面上正电荷数量的增多就相当于电极电位向正方向移动。这种由于电化学反应本身的迟缓性而引起的极化称为电化学极化。类似的情况在阴极上也同样存在。

所以，产生阴、阳极电化学极化的原因，本质上是由于电子运动速度远远大于电极反应得失电子速度而引起的。在阴极上有过多的负电荷积累，在阳极上有过多的正电荷积累，因而出现了电极的电化学极化。

还有一种原因引起的极化是由于电极反应过程中金属表面生成氧化膜，或在腐蚀过程形成腐蚀产物膜时，金属离子通过这层膜进入溶液，或者阳极反应生成的水化离子通过膜充满电解液的微孔时，都有很大电阻。阳极电流在此膜中产生很大的电压降（IR），从而电位显著变正。由此引起的极化称为电阻极化。

综上所述，阴极极化的结果，使电极电位变得更负。同理可得，阳极极化的结果，使电极电位变得更正。

不论是阳极极化还是阴极极化，都降低了金属腐蚀的速度，阻碍了金属腐蚀的进行，所以，极化对防止金属腐蚀是有利的。例如，阴极极化表示阴极过程受到阻滞，使来自阳极电子不能及时被吸收。如果要使电极的极化减小，必须向电解质溶液中供给容易在电极上发生反应的物质，可以使电极上的极化减小或限制在一定程度内，这种作用称为去极化作用（depolarization），这种降低极化的物质就叫做去极化剂（depolarizer）。

2.3.2.3　过电位

为了明确表示电极极化的程度，把某一电流密度下的电极电位 E 与其平衡电位间 E_e 二差的绝对值称为该电极反应的过电位（overpotential），以 η 表示。显然，η 的数值表示程度的大小。

$$|\eta| = E - E_e \tag{2-37}$$

根据式（2-37）的定义，为了保证过电位 η 为正值，阴极极化时，阴极过电位 $\eta_c = E_{ce} - E_c$；阳极极化时，阳极过电位 $\eta_c = E_a - E_{ac}$。

过电位实质上是进行净电流反应时，在一定步骤上受到阻力所引起的电极极化而使电位偏离平衡电位的结果。因此，过电位是极化电流密度的函数 $[\eta = f(i)]$，只有当电极是可逆电极时，极化的电极电位与平衡电位的差值才等于这个电极反应的过电位。

过电位是电化学动力学中一个非常重要的电化学参数，如果求得某一电极系统的过电位 η 的值，就可以判断这个电极反应偏离平衡的大小，还可以对没达到平衡的电极反应向哪个方向进行做出正确的判断。实际上，电极反应的过电位与电极反应的电流密度之间不仅存在着因果关系，而且还存在着复杂的函数关系，研究它们之间的关系构成了电化学动力学及金属腐蚀电化学的核心内容。

2.3.3　单电极电化学极化方程式

描述电极电位或过电位与电极反应的电流密度之间的方程式称为极化方程式。讨论单一金属电极极化方程式的目的是为了更好地理解和讨论腐蚀金属电极的极化方程式。腐蚀金属电极的极化方程式是研究金属电化学腐蚀动力学和电化学测试技术的重要理论基础。

2.3.3.1　改变电极电位对电化学步骤活化能的影响

对于电极反应来说，其反应物或产物中总有带电粒子，而这些带电粒子的能级显然与电极表面的带电状况有关。因此，当电极电位发生变化——即电极表面带电状况发生变化时，必然要对这些带电粒子的能级产生影响，从而导致电极反应活化能的改变。

例如，对电极反应　　　　　　　　$O + ne \Longrightarrow R$

当其按还原方向进行时，伴随每 1mol 物质的变化总有数值为 nF 的正电荷由溶液中移到电极上（电子在电极上和氧化态物质结合生成还原态物质与正电荷由溶液中移到电极上是等效的）。若电极电位增加 ΔE，则产物（终态）的总势能必然增加 $nF\Delta E$，此反应过程中反应体系的势能曲线就由图 2-14 中曲线 1 上升为曲线 2。因为电极上正电荷增多（相当于负电荷减少）了，所以阴极反应较难进行了，而其逆反应——阳极反应则较容易进行了。这显然是由于电极电位增加 ΔE 后，阴极反应的活化能增加了，而阳极反应的活化能减小了。由图 2-14 可以看出，阴极反应的活化能增加了的量和阳极反应的活化能减小的量分别是 $nF\Delta E$ 的一部分。设阴极反应的活化能增加 $\alpha nF\Delta E$，则改变电极电位后阳极反应和阴极反应的活化能分别是：

$$w_1' = w_1 - \beta n F \Delta E \tag{2-38}$$

$$w_2' = w_2 - \alpha n F \Delta E \tag{2-39}$$

式中，α，β 均为小于 1 的正值。α 表示电极电位对阴极反应活化能影响的分数，称为阴极反应的"传递系数"（transfer coefficient）；β 表示电极电位对阳极反应活化能影响的分数，称为阳极反应的传递系数。

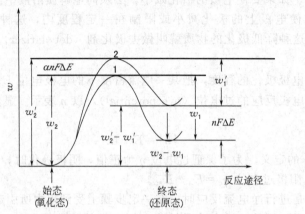

图 2-14　改变电极电位对电极反应活化能的影响

可以把 α、β 看作是描述电极电位改变对反应活化能影响程度的参数。传递系数与活粒子在双电层中的相对位置有关，也常称之为对称系数。对同一个电极反应来说，其阳极反应与阴极反应的传递系数之和等于 1，即 $\alpha + \beta = 1$。α 和 β 有时可由实验求得，有时粗略 $\alpha = \beta = 0.5$。

图 2-14 和式(2-38)、式(2-39)表明，阴极反应产物的总势能增加的 $nF\Delta E$ 中的 α 部分用于阻碍阴极反应的继续进行，而剩下的 $(1-\alpha)$ 部分则用于促进逆反应——阳极反应的进行。

2.3.3.2　单电极电化学极化方程式

由电化学步骤来控制电极反应过程速度的极化，称为电化学极化。电化学步骤的缓慢是因为阳极反应或阴极反应所需的活化能较高造成的。为使问题简化，通常总是在浓差极化可以忽略不计的条件下讨论电化学极化。当溶液和电极之间的相对运动比较大而使液相传质过程的速度足够快时（如搅拌溶液），基本符合这种条件。

一个电极反应可用如下的电极反应方程式表示：

$$O + ne \underset{\overleftarrow{k}}{\overset{\overrightarrow{k}}{\rightleftharpoons}} R$$

用"→"表示阴极反应方向，"←"表示阳极反应方向，$\overrightarrow{k}$ 和 $\overleftarrow{k}$ 分别是阴极反应和阳极反应度常数。

根据化学动力学理论，正逆反应的速度都与反应活化能有关。如果正反应（阴极反应方向）和逆反应（阳极反应方向）的活化能分别用 w_1 和 w_2 表示，则正、逆反应速度 $\overrightarrow{v}$ 和 $\overleftarrow{v}$ 分别为：

$$\overrightarrow{v} = \overrightarrow{k} c_O \tag{2-40}$$

$$\overleftarrow{v} = \overleftarrow{k}\, c_R \tag{2-41}$$

式中，c_O 和 c_R 分别是氧化剂和还原剂的浓度；$\overrightarrow{k} = A_1 \exp\left(-\dfrac{W_1}{RT}\right)$ 和 $\overleftarrow{k} = A_2 \exp\left(-\dfrac{W_2}{RT}\right)$ 分别为阴极反应和阳极反应的速度常数；A_1 和 A_2 分别为阴极反应和阳极反应的指前因子。

对电极反应常用电流密度表示电极反应速度，$i = nFv$，则同一电极上对应于阴极反应的电流密度 $\overrightarrow{i}$ 和阳极反应的电流密度 $\overleftarrow{i}$ 分别为：

$$\overrightarrow{i} = nF\overrightarrow{k}\, c_O \tag{2-42}$$

$$\overleftarrow{i} = nF\overleftarrow{k}\, c_R \tag{2-43}$$

式中，n 为电极反应得失的电子数；F 为法拉第常数。

需要注意的是，$\overrightarrow{i}$ 和 $\overleftarrow{i}$ 是不能通过外电路的仪器测量出来的，因此也有专著将 $\overrightarrow{i}$ 和 $\overleftarrow{i}$ 称为阴极反应的内电流和阳极反应的内电流。不要误认为 $\overrightarrow{i}$ 和 $\overleftarrow{i}$ 是原电池或电解池"阴极上"和"阳极上"的电流，$\overrightarrow{i}$ 和 $\overleftarrow{i}$ 在同一电极上出现，不论在电化学装置中的阴极上还是阳极上，都同时存在 $\overrightarrow{i}$ 和 $\overleftarrow{i}$。

在平衡电位 E_e 下，有：

$$i^0 = \overrightarrow{i} = \overleftarrow{i} \tag{2-44}$$

即

$$i^0 = nF\overrightarrow{k}\, c_O = nF\overleftarrow{k}\, c_R$$

$$= nFc_O A_1 \exp\left(-\frac{W_{1,e}}{RT}\right) = nFc_R A_2 \exp\left(-\frac{W_{2,e}}{RT}\right) \tag{2-45}$$

根据电化学理论可知，电极电位的变化会改变电极反应的活化能。假设电极电位变化了 ΔE（$\Delta E = E - E_e$，总是定义为极化电位与平衡电位或开路电位之差），考虑到电位变化对反应活化能的影响，则阴极反应和阳极反应电流可表达如下：

$$\overrightarrow{i} = nFA_1 c_O \exp\left(-\frac{W_{1,e} + \alpha nF\Delta E}{RT}\right) \tag{2-46}$$

$$\overleftarrow{i} = nFA_2 c_O \exp\left(-\frac{W_{2,e} + \beta nF\Delta E}{RT}\right) \tag{2-47}$$

式中，$W_{1,e}$ 和 $W_{2,e}$ 分别是平衡时阴极反应和阳极反应对应的活化能。

将式（2-45）代入式（2-46）、式（2-47）中，得到：

$$\overrightarrow{i} = i^0 \exp\left(-\frac{\alpha nF}{RT}\Delta E\right) \tag{2-48}$$

$$\overleftarrow{i} = i^0 \exp\left(-\frac{\beta nF}{RT}\Delta E\right) \tag{2-49}$$

式（2-48）和式（2-49）即是电化学步骤的基本动力学方程式。

由上式可见，当电极上无净电流通过时，$\Delta E = 0$，$i^0 = \overrightarrow{i} = \overleftarrow{i}$。当电极上有电流通过时，电极将发生极化，必然使正、逆方向的反应速度不等，即 $\overrightarrow{i} \neq \overleftarrow{i}$。

当阴极极化时，$\Delta E_c = E_c + E_{c,e}$，等于阴极过电位的负值，即 $\Delta E_c = -\eta_c$，根据式（2-48）、式（2-49）可知，$\overleftarrow{i} > \overrightarrow{i}$。二者之差就是阴极方向的外电流密度 i_c：

$$i_c = \overleftarrow{i} - \overrightarrow{i} = i^0 \left[\exp\left(\frac{\alpha nF}{RT}\eta_c\right) - \exp\left(-\frac{\beta nF}{RT}\eta_c\right)\right] \tag{2-50}$$

外电流即极化电流，故 i_c 也成为阴极极化电流密度。

阳极极化时，阳极过电位 $\eta_a = \Delta E = E_a - E_{e,a}$ 为正值，同理根据式(2-48)、式(2-49)可知，$\overleftarrow{i} < \overrightarrow{i}$，二者之差就是阳极方向的外电流密度，也叫阳极极化电流密度，用 i_a 表示：

$$i_a = \overrightarrow{i} - \overleftarrow{i} = i^0 \left[\exp\left(\frac{\beta nF}{RT}\eta_a\right) - \exp\left(-\frac{\alpha nF}{RT}\eta_a\right) \right] \tag{2-51}$$

"外电流密度"即极化电流密度是可以用串接在外电路中的测量仪表直接测量的。

显然，这两个电化学反应动力学方程式分别表明了电化学阴极反应速度、阳极反应速度与过电位呈指数函数关系。这一表达式首先由 Butler 和 Volmer 在 20 世纪 30 年代初期根据电极电位对电极反应活化能的影响推出的，所以式(2-50)、式(2-51)以及相关的动力学表达式都称为 Butler-Volmer 方程（简称 B-V 方程），以纪念他们在这一领域的杰出贡献。

令

$$b_c = \frac{2.3RT}{\alpha nF} = 2.3\beta_c \tag{2-52}$$

$$b_a = \frac{2.3RT}{\beta nF} = 2.3\beta_a \tag{2-53}$$

式中，b_c 和 b_a 分别为常用对数阴极和阳极 Tafel 斜率，β_c 和 β_a 分别为自然对数阴极和阳极 Tafel 斜率。则式(2-50)、式(2-51)可改写为：

$$i_c = i^0 \left[\exp\left(\frac{2.3\eta_c}{b_c}\right) - \exp\left(-\frac{2.3\eta_c}{b_a}\right) \right] \tag{2-54}$$

$$i_a = i^0 \left[\exp\left(\frac{2.3\eta_a}{b_a}\right) - \exp\left(-\frac{2.3\eta_a}{b_c}\right) \right] \tag{2-55}$$

或

$$i_c = i^0 \left[\exp\left(\frac{\eta_c}{\beta_c}\right) - \exp\left(-\frac{\eta_c}{\beta_a}\right) \right] \tag{2-56}$$

$$i_a = i^0 \left[\exp\left(\frac{\eta_a}{\beta_a}\right) - \exp\left(-\frac{\eta_a}{\beta_c}\right) \right] \tag{2-57}$$

式(2-54)~式(2-57)均为 Butler-Volmer 方程。公式中的 α、β 和 i^0 是表达电极反应特征的基本动力学参数，α、β 反映了双电层中电场强度对反应速度的影响，i^0 反映了电极反应进行的难易程度。

单电极反应的过电位与极化电流密度的关系曲线如图 2-15 所示。如果传递系数 $\alpha = 0.5$ 则曲线以原点对称，如果 α 偏离 0.5，就不对称。α 值一般位于 $0.3 \sim 0.7$ 之间，但大多数反应的 α 值接近 0.5。

讨论：

① 强极化 高过电位 $\eta > \frac{2.3RT}{\alpha F}$ 时（如 25℃时 $\eta > \frac{118}{n}$ mV)，两式右边第二项仅是第一项的 1% 左右，故第二项可忽略，则

$$i_c = i^0 \exp\frac{2.3\eta_c}{b_c} \tag{2-58}$$

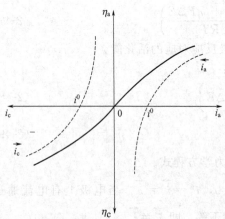

图 2-15 单电极反应的过电位与极化电流密度关系曲线

$$i_a = i^0 \exp \frac{2.3\eta_a}{b_a} \tag{2-59}$$

$$\eta_c = b_c \lg \frac{i_c}{i^0} \tag{2-60}$$

$$\eta_a = b_a \lg \frac{i_a}{i^0} \tag{2-61}$$

$$a_c = -b_c \lg i^0 , a_a = -b_a \lg i^0 \tag{2-62}$$

则
$$\eta_c = a_c + b_c \lg i_c \tag{2-63}$$

$$\eta_a = a_a + b_a \lg i_a \tag{2-64}$$

通式
$$\eta = a + b \lg i \tag{2-65}$$

早在 1905 年，Tafel 就根据实验结果总结出了这一关系式，所以，式(2-65)也称为 Tafel 极化方程式。

② 微极化　低过电位，过电位很小，$\eta < \frac{50}{n}$ mV

把 Butler-Volmer 公式中的指数项按级数展开，并保留前两项，可得近似公式如下：

$$i_c = \frac{i^0 nF}{RT} \eta_c \tag{2-66}$$

$$i_a = \frac{i^0 nF}{RT} \eta_a \tag{2-67}$$

令
$$R_F = \frac{RT}{i^0 nF} \tag{2-68}$$

所以
$$i = \frac{\eta}{R_F} \tag{2-69}$$

或
$$\eta = R_F i \tag{2-70}$$

即在过电位下 η 很小的条件下，过电位 η 与外加电流密度 i 之间成直线关系，故微极化又称之为线性极化。这就是低过电位下的电化学极化方程式，也称为线性极化方程式。

式(2-69)、式(2-70)在形式上与欧姆定律一样，R_F 相当于电阻，可理解为电极上电荷传递过程中单位面积上的等效电阻，通常称为法拉第电阻。

③ 弱极化　中过电位下，即 $\frac{50}{n}$ mV $< \eta < \frac{100}{n}$

mV 的范围内，$\overrightarrow{i}$ 和 $\overleftarrow{i}$ 两项均不可忽略，此时，过电位与极化电流的关系，既不是直线关系也不是对数关系，而是符合 Butler-Volmer 方程式。

半对数坐标系中的过电位曲线如图 2-16 所示。

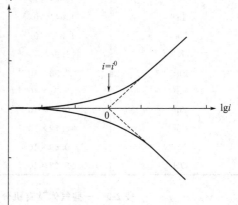

图 2-16　半对数坐标系中的过电位曲线

2.3.4　浓差极化

2.3.4.1　液相传质的三种方式

电化学体系中的反应粒子可能通过对流、扩散和电迁移三种方式传输到电极表面上进行反应。传质速度一般用单位时间内所研究物质通过单位截面积的量来表示，称为该物质的流量，用符号 J 表示。

（1）对流

对流是指由于流体的流动，溶质分子跟随其所在的流体体积元转移到溶液中另一部分的传质方式。引起对流的直接原因可能是液体内的不同部分存在密度差（自然对流），或者有外加的搅拌作用（强制对流），因此可认为对流的推动力是机械力。

（2）扩散

扩散是在没有电场的作用下，物质从浓度高的部分向浓度低的部分传输的传质方式。粒子可以带电，也可以不带电，扩散的推动力是"热力学力"。扩散与对流是有区别的，扩散是指粒子相对于溶剂的运动，对流指整个液体（包括溶剂与粒子）间的运动。由扩散所形成的电流就是扩散电流（diffusion current）。

如果在扩散过程中每一点的扩散速度都相等，因而扩散层内的浓度梯度在扩散过程中不随时间变化，这种扩散过程就称为稳态扩散过程。稳态扩散速度与浓度梯度成正比，这就是 Fick 第一扩散定律的主要内容。在单位时间内通过单位截面积的扩散物质流量 J 与浓度梯度 $\left(\dfrac{\partial c}{\partial x}\right)_t$ 成正比，即：

$$J = -D\left(\frac{\partial c}{\partial x}\right)_t \tag{2-71}$$

式(2-71) 称为 Fick 第一扩散定律。式中，J 为扩散流量，$mol/(cm^2 \cdot s)$；$\left(\dfrac{\partial c}{\partial x}\right)_t$ 为电极表面附近溶液中放电粒子的浓度梯度，$(mol/cm^3)/cm$；D 为扩散系数，cm^2/s；负号表示粒子从浓向稀的方向扩散。各种离子在无限稀释时的扩散系数见表 2-8 所列，一些气体及有机分子在稀的水溶液中的扩散系数见表 2-9 所列。

表 2-8 各种离子在无限稀释时的扩散系数（25℃）

离子	$D/(cm^2/s)$	离子	$D/(cm^2/s)$
H^+	9.34×10^{-5}	Cl^-	2.03×10^{-5}
Li^+	1.04×10^{-5}	NO_3^-	1.92×10^{-5}
Na^+	1.35×10^{-5}	Ac^-	1.09×10^{-5}
K^+	1.98×10^{-5}	BrO_3^-	1.44×10^{-5}
Pb^{2+}	0.98×10^{-5}	SO_4^{2-}	1.08×10^{-5}
Cd^{2+}	0.72×10^{-5}	CrO_4^{2-}	1.07×10^{-5}
Zn^{2+}	0.72×10^{-5}	$Fe(CN)_6^{3-}$	0.76×10^{-5}
Cu^{2+}	0.72×10^{-5}	$Fe(CN)_6^{4-}$	0.64×10^{-5}
Ni^{2+}	0.69×10^{-5}	$C_6H_5COO^-$	0.86×10^{-5}
OH^-	5.23×10^{-5}		

表 2-9 一些气体及有机分子在稀的水溶液中的扩散系数（20℃）

分子	$D/(cm^2/s)$	分子	$D/(cm^2/s)$
O_2	1.8×10^{-5}	CH_3OH	1.3×10^{-5}
H_2	4.2×10^{-5}	C_2H_5OH	1.0×10^{-5}
CO_2	1.5×10^{-5}	抗坏血酸	$5.8\times10^{-6}(25℃)$
Cl_2	1.2×10^{-5}	葡萄糖	$6.7\times10^{-6}(25℃)$
NH_3	1.8×10^{-5}	多巴胺	$6.0\times10^{-6}(25℃)$

（3）电迁移

电迁移是指带电粒子在电位梯度作用下进行移动的传质方式。即在电场作用下，电解液中的每一种离子都分别向两极移动，如阳离子在电场作用下向阴极方向传输，而阴离子向阳极方向传输。这种运动叫离子迁移，它们所形成的电流就是迁移电流（migrationcurrent）。迁移的推动力是电场力。

在电解池中，上述三种传质过程总是同时发生的。然而，在一定条件下起主要作用的往往只有其中的一种或两种。例如，在离电极表面较远处主要是对流传质，扩散和电迁移作用可以忽略不计，但是，在电极表面附近的薄层液体中，液流速度一般很小，因而起主要作用的是扩散和电迁移过程。如果溶液中除参加电极反应的粒子外，还存在着大量不参加电极反应的"惰性电解质"，则在这种情况下，可以认为电极表面附近薄层液体中仅存在扩散传质过程。

2.3.4.2　理想情况的稳态扩散过程

如果电极上电子传递的速度很快，而反应物或产物的液相传质步骤缓慢，这时电极表面和溶液本体中的反应物和产物浓度将会出现差别，而这种浓度差别将对电极反应的速度产生影响，最直接的结果就是使电极产生浓差极化。

在电化学腐蚀过程中，经常遇到的就是阴极反应过程的扩散步骤成为腐蚀速度控制步骤的问题。例如，在氧去极化腐蚀过程中，氧分子向电极表面的扩散往往是决定腐蚀速度的控制步骤。如果反应物因电极反应而消失的数量正好等于由扩散带到电极表面的数量时，就建立了不随时间而变的稳定状态，即稳态扩散。我们主要讨论理想情况的稳态扩散过程。

设有一个纯粹由扩散控制的阴极反应：

$$O + ne \longrightarrow R$$

由 Fick 第一扩散定律可知：$J = -D\left(\dfrac{\partial c}{\partial x}\right)$。因扩散流量 J 是单位时间通过单位截面积的物质的流量，故扩散流量也可以用电流密度表示，即：

$$i_d = -nFJ \tag{2-72}$$

式中，i_d 表示扩散电流密度；"—"号表示反应粒子沿 x 轴自溶液内部向电极表面扩散。

将式(2-71) 代入式(2-72) 得：

$$i_d = nFD\left(\frac{\partial c}{\partial x}\right) \tag{2-73}$$

若把浓度梯度看作是均匀的，则稳态扩散过程的浓度梯度可用图 2-17 表示。稳态扩散条件下：

$$\left(\frac{\partial c}{\partial x}\right) = 常数$$

$$i_d = nFD\frac{c^0 - c^s}{\delta} \tag{2-74}$$

式中，c^0 表示氧化态物质在溶液中的浓度，mol/cm^3；c^s 表示氧化态物质在电极表面的浓度，mol/cm^3；δ 表示扩散层厚度，cm；则扩散电流密度 i_d 的单位为 A/cm^2。

式(2-74) 说明：在扩散控制的稳态条件下（忽略放电粒子的电迁移），整个电极反应的速度等于扩散速度。

对于阴极过程，阴极电流密度 i_c 就等于阴极去极化剂的扩散速度 i_d：

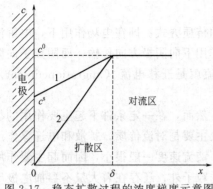

图 2-17　稳态扩散过程的浓度梯度示意图

$$i_c = i_d = nFD \frac{c^0 - c^s}{\delta} \tag{2-75}$$

在溶液本体浓度 c^0 和扩散层厚度 δ 不变的情况下，如阴极还原电流密度增大，为了保持稳态，扩散速度也要相应增大。这只有电极表面浓度 c^s 降低，而使扩散层浓度梯度增大才能实现。从式 (2-75) 可见，当扩散层内的浓度梯度在 $c^s = 0$ 时，还原电流密度达到最大值（如图 2-17 中的线段 2），这相当于被还原的物质一扩散到电极表面就立刻被还原掉。与 $c^s = 0$ 相应的电流密度称为极限扩散电流密度，以 i_L 表示。这时扩散速度达到最大值，阴极电流密度也达到极大值，即：

$$i_c = i_L \tag{2-76}$$

所以

$$i_L = nFD \frac{c^0}{\delta} \tag{2-77}$$

由此可见，极限扩散电流密度与放电粒子的整体浓度 c^0 成正比，与扩散层厚度 δ 成反比。在无搅拌的情况下，扩散层厚度 δ 约为 $(1 \sim 5) \times 10^{-2}$ cm，在搅拌情况下其厚度要薄一些，但即使在最强的搅拌下 δ 也不会小于 10^{-4} cm，仍然远远大于双电层的厚度 $10^{-7} \sim 10^{-6}$ cm。

式 (2-74)、式 (2-77) 是研究扩散动力学的基础。为保证通过化学电池的电流完全由扩散控制，即溶液中电荷的传输完全由离子的扩散运动承担而不包含对流传质和离子迁移等因素，除了要保持溶液静止外，还要向溶液中添加大量支持电解质（也叫惰性电解质），如 KCl、KNO_3、Na_2SO_4 等。

2.3.4.3　浓差极化公式与极化曲线

假设电极反应 $O + ne \longrightarrow R$ 的产物是独立相，即产物不溶，由式 (2-74)、式 (2-77) 可得：

$$c^s = c^0 \left(1 - \frac{i_d}{i_L}\right) \tag{2-78}$$

因扩散过程为整个电极过程的控制步骤，可以近似地认为电极反应本身仍处于可逆状态，尤其对于交换电流密度很大的电极反应，这种近似是合理的，电极电位近似符合 Nernst 方程，即：

$$E = E^{\ominus} + \frac{RT}{nF} \ln c^s = E^{\ominus} + \frac{RT}{nF} \ln c^0 + \frac{RT}{nF} \ln \left(1 - \frac{i_d}{i_L}\right) \tag{2-79}$$

未发生浓差极化的平衡电位为：

$$E_e = E^{\ominus} + \frac{RT}{nF} \ln c^0 \tag{2-80}$$

所以

$$E = E_e + \frac{RT}{nF} \ln \left(1 - \frac{i_d}{i_L}\right) \tag{2-81}$$

浓差极化：

$$\Delta E_c = E_c - E_{c,e} = \frac{RT}{nF} \ln \left(1 - \frac{i_d}{i_L}\right) \tag{2-82}$$

$$\Delta E_c = \frac{2.3RT}{nF} \lg \left(1 - \frac{i_d}{i_L}\right) \tag{2-83}$$

式 (2-82)、式 (2-83) 就是产物生成独立相时的阴极浓差极化方程式。相应的阴极浓差极化曲线如图 2-18 所示。

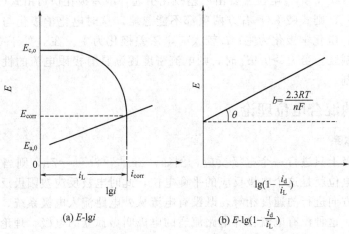

(a) E-$\lg i$　　　　　　(b) E-$\lg(1-\dfrac{i_d}{i_L})$

图 2-18　电极反应速度由扩散步骤控制时的阴极浓差极化曲线

2.3.5　电化学极化和浓差极化同时存在的极化曲线

实际上对于许多电极过程，在一般电流密度下，电化学极化和浓差极化同时存在。这是由于该条件下电子传递过程和扩散过程都能影响电极反应速度，所以称为混合控制。在电流密度小时，以电化学极化为主；电流密度大时，以浓差极化为主。例如在强阴极极化下，电极还原反应速度 $\overrightarrow{i}$ 与放电离子的扩散速度接近相等（此时阳极反应速度 $\overleftarrow{i}$ 很小，忽略不计），同时控制着整个阴极过程的速度 i_c。在稳态下，i_c 为：

$$i_c = \overrightarrow{i} = i_d \qquad (2\text{-}84)$$

由于浓差极化的影响，电极还原反应速度公式中反应物的浓度应以表面浓度 c^s 来代替整体浓度 c^0，因电极过程同时还受扩散速度控制，故式（2-78）仍适用。由式（2-84）、式（2-48）和式（2-78）可得：

$$\overrightarrow{i} = nF\,\overrightarrow{k}\,c^s \exp\frac{anF}{RT}\eta_c = nF\,\overrightarrow{k}\,c^0\left(1-\frac{i_d}{i_L}\right)\exp\frac{anF}{RT}\eta_c \qquad (2\text{-}85)$$

所以有

$$i_c = \left(1-\frac{i_d}{i_L}\right)i^0 \exp\frac{anF}{rt}\eta_c \qquad (2\text{-}86)$$

取对数并整理可得

$$\eta_c = \frac{RT}{anF}\ln\frac{i_c}{i^0} - \frac{RT}{anF}\ln\left(1-\frac{i_c}{i_L}\right) \qquad (2\text{-}87)$$

$$\eta_c = \frac{RT}{anF}\ln\frac{i_c}{i^0} + \frac{RT}{anF}\ln\frac{i_L}{i_L-i_c} = \eta_{活化} + \eta_{浓差} \qquad (2\text{-}88)$$

可见，这种情况下过电位由两部分组成：其一为活化电位 $\eta_{活化}$，即式（2-88）中右边第一项，由电化学极化引起，其数值决定于比值 i_c/i^0；其二为浓差过电位 $\eta_{浓差}$，即式（2-88）中右边第二项，由浓差极化引起，其数值决定于 i_c 和 i_L 的大小。可以根据 i_c、i^0 和 i_L 的相对大小来分析引起过电位的主要原因。

① 若 $i_c \ll i^0$ 和 i_L，则不出现明显的极化，电极仍处于平衡状态附近。

② 若 $i^0 \ll i_c \ll i_L$，则式（2-87）右边第二项可忽略，此时电极电位完全由电化学极化引

起，即极化曲线的 Tafel 区。

③ 若 $i_L \approx i_c \ll i^0$，则过电位主要由浓差极化引起，浓差极化值可由式（2-83）计算。

④ $i^0 < i_c \approx i_L$，则式（2-88）右方两项都不能忽略，这时电化学极化与浓差极化同时存在。在 i_c 较小时，电化学极化为主；i_c 较大时，浓差极化为主。在 i_c 处于 $0.1i_L$ 和 $0.9i_L$ 范围内称为混合控制区。当 $i_c > 0.9i_L$ 时，则电流密度逐渐具有极限电流的性质，电极反应几乎完全为扩散控制。

2.3.6 瓦格纳混合电位理论

2.3.6.1 共轭体系

如果一个电极上只进行一个电极反应，例如：$Zn^{2+} + 2e \rightleftharpoons Zn$，则当这个电极反应处于平衡时，电极电位就是这个电极反应的平衡电位，此时电极反应按阳极反应方向进行的速度与按阴极反应方向进行的速度相等，既没有电流从外电路流入电极系统，也没有电流自电极向外电路流出。这种没有电流在外电路流通的电极叫做孤立的电极。理论上讲，一个孤立的金属电极处于平衡状态时，金属是不发生腐蚀的。

实际上，即使最简单的情况，一个孤立的金属电极也会发生腐蚀。例如，纯的金属 Zn 浸入稀 HCl 溶液中，金属 Zn 就会被溶解，同时伴随有氢气析出。电极反应如下：

$$Zn^{2+} + 2e \underset{i_{a,1}}{\overset{i_{c,1}}{\rightleftharpoons}} Zn \tag{a}$$

$$2H^+ + 2e \underset{i_{a,2}}{\overset{i_{a,2}}{\rightleftharpoons}} H_2 \tag{b}$$

孤立的电极上同时进行着两个电极反应，其中反应（a）主要按阳极反应方向进行，反应（b）主要按阴极反应方向进行，两者以反向、相等的速度进行。根据腐蚀热力学理论分析，金属 Zn 在盐酸中的电极电位低于稀盐酸中 H^+ 的电极电位，它们构成了热力学不稳定的腐蚀原电池体系，因而锌要不断地溶解，生成更稳定的 Zn^{2+}，H^+ 还原生成更稳定的 H_2，这样使体系的自由能得以降低。

由此可见，一种金属发生电化学腐蚀时，金属表面上至少同时发生两个或两个以上不同的电极反应：一个是金属电极发生的阳极氧化反应，导致金属本身的溶解；另一个是溶液中的去极化剂（如 H^+）在金属表面进行的阴极还原反应。这时可以把锌表面看作构成了腐蚀微电池，纯锌作阳极，锌中的杂质或其他缺陷或结构上的不均一部位作为阴极，这样构成的腐蚀微电池是一个短路的原电池。氧化还原反应释放出来的化学能全部以热能的形式耗散，不产生有用功，即过程是以最大限度的不可逆方式进行的。

我们把一个孤立电极上同时以相等速度进行着一个阳极反应和一个阴极反应的现象，称为电极反应的耦合，而互相耦合的反应称为共轭反应。共轭反应的腐蚀体系称为共轭体系。在两个电极反应耦合成共轭反应时，平衡电位较低的电极反应按阳极反应的方向进行，平衡电位较高的电极反应按阴极反应的方向进行，它们的耦合条件是：$E_{e,H^+/H_2} - E_{e,Zn^{2+}/Zn} > 0$。

2.3.6.2 腐蚀电位

把金属锌放入盐酸溶液中发生腐蚀时，锌的电极电位将偏离其平衡电位向较正的方向移动，而氢电极反应的电极电位将偏离其平衡电位向较负的方向移动，即锌腐蚀时测得的锌的电位既不是金属锌的平衡电位，也不是氢电极的平衡电位，而是这两个电位之间的某个值（如图 2-19 所示）。平衡电位较低的锌电极反应主要进行阳极反应，电位正移；而平衡电位较高的氢电极主要进行阴极反应，电位负移。如果内、外电路的电阻为零，则阴、阳极极化曲线必然相交于一点，图 2-19 中的 S 点，即阴、阳极反应具有共同的电位 E_e。此时意味着阳极反应放出的电子恰好全部被阴极反应所吸收，电极表面没有电荷积累，其带电状况不随时间变化，电极电位也不随时间变化，这个状态称为稳定状态，稳定状态所对应的电位称为稳态电位，用 E_e 表示。稳态电位既是电极反应（a）的非平衡电位，又是电极反应（b）的非平衡电位，而且其数值位于电极反应（a）和电极反应（b）的平衡电位之间，即 $E_{e,Zn^{2+}/Zn} < E_c < E_{e,H^+/H_2}$，所以稳定电位又称为混合电位。

在金属腐蚀科学中，混合电位通常称为金属的自腐蚀电位或腐蚀电位（corrosion poten-lait），用符号 E_{corr} 表示。腐蚀电位在金属腐蚀

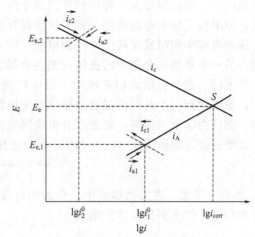

图 2-19　共轭体系及其混合电位

与防护的研究中作为一个重要参数而经常用到，它可以在实验室和现场条件下用相应的电化学仪器直接测量，所以，腐蚀电位是在没有外加电流时金属达到一个稳定腐蚀状态时测得的电位，它是被自腐蚀电流所极化的阳极反应和阴极反应的混合电位，此时金属上发生的共轭反应是金属的溶解及去极化剂的还原。对应于腐蚀电位的电流密度称为腐蚀电流密度或自腐蚀电流密度，用符号 i_{corr} 表示。由于金属材料及溶液的物理和化学方面的因素都会对其数值发生影响，因此对于不同的腐蚀体系，腐蚀电位的数值也不同。

在腐蚀电化学研究中，需要经常对所研究的金属或合金在某一腐蚀介质中进行电化学测量这时的金属电极就称为腐蚀金属电极。腐蚀金属电极作为孤立电极时本身就是一个短路的原电池。尽管没有外电流，但是电极上同时进行着阳极反应和阴极反应，且总的阳极反应电流绝对值等于总的阴极反应电流绝对值。在腐蚀电位下，腐蚀反应的阳极电流值等于在该电位下进行的去极化剂的还原电流的绝对值之和。这些电极反应除了极少数之外，都处于不可逆地向某一方向进行的状态，所以腐蚀电位不是平衡电位，也就不是热力学参数。另外腐蚀金属电极表面状态不是绝对均匀的，只能近似地把腐蚀金属电极表面看作是均匀的，认为阴、阳极电流密度相等。

应该明确指出，共轭体系的稳定状态与平衡体系的平衡状态是完全不同的概念。平衡状态是单一电极反应的物质交换和电荷交换都达到平衡，因而没有物质积累和电荷积累的状态；而稳定状态则是两个（或两个以上）电极反应构成的共轭体系没有电荷积累却有产物生成和积累的非平衡状态。

混合电位 E_c 距 $E_{e,1}$ 和 $E_{e,2}$ 的距离与电极反应（a）和电极反应（b）的交换电流密度有关。如果反应（a）的交换电流密度 i_1^0 大于反应（b）的交换电流密度 i_2^0，E_c 就接近 $E_{e,1}$ 而离 $E_{e,2}$ 较远。反之亦然。这是由于交换电流密度大的电极反应的极化率小，而交换电流密度小的电极反应极化率大所致。

早在 1938 年，著名的腐蚀学家瓦格纳（C. Wagner）就正式提出了混合电位理论，对于孤立金属电极的腐蚀现象进行了较完善的解释，该理论包括如下两个基本观点。

① 任何腐蚀电化学反应都能分成两个或两个以上的氧化分反应和还原分反应。

② 电化学反应过程中不可能有净电荷积累。

第一个观点表明了腐蚀电化学反应是由同时发生的两个电极反应，即金属的氧化和去极化剂的还原过程共同决定的；第二个观点实质上就是电化学腐蚀过程中的电荷守恒定律。也

就是说，一块金属浸入一种电解质溶液中时，其总的氧化反应速度必定等于总的还原反应速度，即阳极反应的电流密度一定等于阴极反应的电流密度。因此，当一种金属发生腐蚀时，金属表面至少同时发生两个不同的电极反应，即共轭的电极反应，一个是金属腐蚀的阳极反应，另一个是腐蚀介质中的去极化剂在金属表面进行的还原反应。由于两个电极反应的平衡电位不同，它们将彼此相互极化，低电位的阳极向正方向极化，高电位的阴极向负方向极化，最终达到一个共同的混合电位（稳定电位或自腐蚀电位）。由于共轭体系没有接入外电路，则认为净电流为零，因此混合电位理论结合 2.3.6.1 中的电极反应（a）、（b）可以推论 S 点处的金属溶解速度（i_A）与 H_2 析出速度（i_c）符合式（2-89）。

$$\overleftarrow{i_{a,1}} + \overleftarrow{i_{a,2}} = \overrightarrow{i_{c,2}} + \overrightarrow{i_{c,2}} \tag{2-89}$$

式（2-89）说明，在共轭体系中，总的阳极反应速度与总的阴极反应速度相等，即阳极反应释放的电子恰为阴极反应所消耗。

2.3.7 伊文斯腐蚀极化图及应用

2.3.7.1 腐蚀极化图的概念

腐蚀极化图的概念最早是由英国腐蚀科学家伊文斯（Evans）提出，所以也叫伊文斯腐蚀极化图。在研究金属电化学腐蚀时，经常要使用腐蚀极化图来分析腐蚀过程的影响因素和腐蚀速度的相对大小。

如果忽略理想极化曲线中的电极电位随电流密度变化的细节，则可以将理想极化曲线画成直线的形式，并以电流强度而不是电流密度做横坐标，这样得到的电极电位-电流关系就是腐蚀极化图，如图 2-20 所示。在腐蚀极化图中，一般横坐标表示电流强度，而不是电流密度，因为一般来说，腐蚀电池的阴极和阳极的面积是不相等的，但阴极和阳极上的电流总是相等的，故在研究腐蚀问题及解释电化学腐蚀现象时，用电流强度代替电流密度十分方便。腐蚀极化图构成了电化学腐蚀的理论基础，是研究电化学腐蚀的重要工具。根据腐蚀极化图很容易确定腐蚀电位并解释各种因素对腐蚀电位的影响，所以在对腐蚀机理及其控制因素进行理论分析时，经常要用到腐蚀极化图。

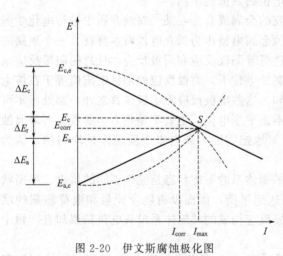

图 2-20 伊文斯腐蚀极化图

图 2-20 中阴、阳极的起始电位就是阴极反应和阳极反应的平衡电位，分别用 $E_{c,e}$ 和 $E_{a,e}$ 表示。若忽略溶液的欧姆电阻，腐蚀极化图有一个焦点 S，S 点对应的电位即为这共轭反应的腐蚀电位 E_{corr} 与此电位对应的电流即为腐蚀电流 I_{corr}。如果不能忽略金属表面膜电阻或溶液电阻，则极化曲线不能相交，对应的电流就是金属实际的腐蚀电流，它要小于没有欧姆电阻时的电流 I_{max}。

由于腐蚀过程中阴极和阳极的极化性能不总是一样的，通常采用腐蚀极化图中极化曲线的斜率表示它们的极化程度，图中线 $E_{c,e}S$ 和 $E_{a,e}S$ 的斜率分别代表腐蚀电化学体系的阴极过程和阳极过程的平均极化率，分别用符号 P_c 和 P_a 表示。

$$\text{阴极极化率} \quad P_c = \frac{\Delta E_c}{I_{corr}}$$

$$\text{阳极极化率}\quad P_a = \frac{\Delta E_a}{I_{corr}}$$

例如，电极的极化率较大，则极化曲线较陡，电极反应过程的阻力也较大；而电极的极化率较小，则极化曲线较平坦，电极反应就容易进行。

因为金属电化学腐蚀推动力为 $E_{c,e} - E_{a,e}$，腐蚀的阻力为 P_c、P_a 和 R，所以腐蚀电流与它们的关系为：

$$I_{corr} = \frac{E_{c,e} - E_{a,e}}{P_c + P_a + R} \tag{2-90}$$

当体系的欧姆电阻等于零时，有：

$$I_{max} = \frac{E_{c,e} - E_{a,e}}{P_c + P_a} \tag{2-91}$$

由式（2-90）得：

$$E_{c,e} - E_{a,e} = IP_c + IP_a + IR = |\Delta E_c| + \Delta E_a + \Delta E_R \tag{2-92}$$

所以，$E_{c,e} - E_{a,e}$ 为电化学腐蚀的驱动力，P_c、P_a 和 R 分别是阴极过程阻力、阳极过程阻力和腐蚀电池的电阻。起始电位的差值等于阴、阳极的极化值和体系的欧姆极化值之和，这个电位差就用来克服体系中的这三个阻力，通常将这些阻力称为腐蚀速度的控制因素或简称腐蚀的控制因素。

2.3.7.2　腐蚀极化图的应用

在电化学腐蚀反应一系列中间步骤中，它们进行的难易程度各不相同。有的受扩散这种传质过程所控制，有的受电化学反应本身所控制。在腐蚀反应历程中最难进行的那个步骤，就成为决定腐蚀反应速度的控制步骤。例如，钢铁在天然水中的腐蚀过程，包含了铁的阳极溶解和溶解氧的阴极还原这组共轭反应。每个共轭反应都由一系列中间步骤所组成。其中溶解氧向钢铁表面扩散的传质过程进行最为困难，因此，它是控制钢铁在天然水中腐蚀速度的"瓶颈"。所以，我们说"钢铁在天然水中的腐蚀，受溶解氧的扩散控制"。

在腐蚀过程中如果某一步骤阻力最大，则这一步骤对于腐蚀进行的速度就起主要影响。当 R 很小时，如果 $P_c \gg P_a$，腐蚀电流 I_{corr} 主要由 P_c 决定，这种腐蚀过程称为阴极控制的腐蚀过程；如果 $P_c \ll P_a$，腐蚀电流 I_{corr} 主要由 P_a 决定，这种腐蚀过程称为阳极控制的腐蚀过程；如果 $P_c \approx P_a$，同时决定腐蚀速度的大小，这种腐蚀过程称为阴、阳极混合控制的腐蚀过程；如果腐蚀系统的欧姆电阻很大，$R \gg (P_c + P_a)$，则腐蚀电流主要由电阻决定，称为欧姆电阻控制的腐蚀过程。图 2-21 是不同腐蚀控制过程的腐蚀极化图特征。

利用腐蚀极化图，不仅可以定性地说明腐蚀电流受哪一个因素所控制，而且可以定性计算各个控制因素的控制程度。如果用 C_c、C_a 和 C_R 分别表示阴极、阳极和欧姆电阻控制程度，则有以下表述。

① 阴极控制程度 C_c

$$C_c = \frac{P_c}{P_a + P_c + R} \times 100\% = \frac{\Delta E_c}{\Delta E_a + \Delta E_c + \Delta E_R} = \frac{\Delta E_c}{E_{c,e} - E_{a,e}}$$

② 阴极控制程度 C_a

$$C_a = \frac{P_a}{P_a + P_c + R} \times 100\% = \frac{\Delta E_a}{\Delta E_a + \Delta E_c + \Delta E_R} = \frac{\Delta E_a}{E_{c,e} - E_{a,e}}$$

③ 欧姆电阻控制程度 C_R

$$C_R = \frac{R}{P_a + P_c + R} \times 100\% = \frac{\Delta E_R}{\Delta E_a + \Delta E_c + \Delta E_R} = \frac{\Delta E_R}{E_{c,e} - E_{a,e}}$$

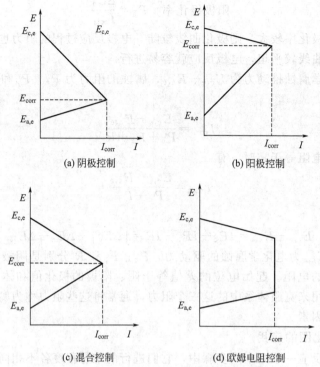

(a) 阴极控制　　　　　　　　　(b) 阳极控制

(c) 混合控制　　　　　　　　　(d) 欧姆电阻控制

图 2-21　不同腐蚀控制过程的腐蚀极化图特征

　　在腐蚀电化学研究中，确定某一因素的控制程度有很重要的意义。为减少腐蚀程度，最有效的办法就是采取措施影响其控制因素，其中控制程度最大的因素成为腐蚀过程的主要控制因素，它对腐蚀速度有决定性的影响。对于阴极控制的腐蚀，若改变阴极极化曲线的斜率可使腐蚀速度发生明显的变化，例如，Fe 在中性或碱性电解质溶液中的腐蚀就是氧的阴极还原过程控制，若除去溶液中的氧，可使腐蚀速度明显降低。这种情况下采用缓蚀剂的效果就不明显。对于阳极控制的腐蚀，腐蚀速度主要由阳极极化率 P_a 决定，增大阳极极化率的因素，都可以明显地阻滞腐蚀。例如，向溶液中加入少量能促使阳极钝化的缓蚀剂，可大大降低腐蚀速度。

2.4　析氢腐蚀与吸氧腐蚀

2.4.1　金属腐蚀的阳极过程和阴极过程

（1）腐蚀的阳极过程

　　金属腐蚀的阳极过程涉及金属的电化学溶解（活化溶解）和金属钝化两类情况。此处简单讨论金属与电解质溶液接触发生电化学腐蚀而产生的自溶解过程。

　　金属的活性阳极溶解就是金属原子失去电子成为金属离子，离开电极表面转入溶液的过程。通常可用一个简单的反应式表示：

$$M \longrightarrow M^{n+} + ne \tag{2-93}$$

（金属）（溶液）（金属）

在与水分子形成水化离子的情况下，阳极溶解反应式可以写为：

$$M + x H_2O \longrightarrow M^{n+} \cdot x H_2O + ne \tag{2-94}$$

　　阳极溶解过程的反应式表面看似简单，但实际过程涉及的反应步骤十分复杂，某些主要相关问题包括以下几个方面。

　　① 阳极溶解反应首先必须经历金属原子离开金属晶格的步骤。能够离开晶格的原子一般先成为吸附在金属表面上的吸附原子，然后放电而成为离子。

　　② 溶液中某些分子、阴离子同金属表面上的吸附原子形成吸附络合物。在阳极溶解过程中一些阴离子以一定的反应级数直接参与电极反应。

　　③ 表面吸附络合物在电极表面放电而成为吸附的络合离子，然后转入溶液成为水化金属离子。对于生成多价态金属离子的阳极溶解过程也可能由若干个单电子步骤组成，此过程中可能有中间价态的产物生成。

　　④ 生成的水化金属离子离开金属表面附近的液层向溶液深处扩散。一般而言，阳极过程中金属离子扩散不会成为整个金属溶解过程的控制步骤。

　　（2）腐蚀的阴极过程

　　金属腐蚀的阴极过程是溶液中某种（或多种）去极化剂在腐蚀电池的阴极上被还原的过程，在腐蚀电池的阴极上进行的去极化剂还原反应可能有以下几类。

　　① 溶液中阳离子的还原反应　　例如，析氢反应：

$$2H^+ + 2e \longrightarrow H_2 \tag{2-95}$$

贵金属离子的沉积反应：

$$Cu^{2+} + 2e \longrightarrow Cu \tag{2-96}$$

金属离子的变价还原反应：

$$Fe^{3+} + e \longrightarrow Fe^{2+} \tag{2-97}$$

　　② 溶液中阴离子的还原反应　　例如，氧化性酸根的还原反应：

$$NO_3 + 2H^+ + 3e \longrightarrow NO_2^- + H_2O \tag{2-98}$$

$$Cr_2O_7^{2-} + 14H^+ + 6e \longrightarrow 2Cr^{3+} + 7H_2O \tag{2-99}$$

$$S_2O_8^{2-} + 2e \longrightarrow 2SO_4^{2-} \tag{2-100}$$

　　③ 溶液中的中性分子还原反应　　例如，消耗氧的氧还原反应：

$$O_2 + 4H^+ + 4e \longrightarrow 2H_2O（酸性溶液中） \tag{2-101}$$

$$O_2 + 2H_2O + 4e \longrightarrow 4OH^-（中性或碱性溶液中） \tag{2-102}$$

　　④ 不溶性膜或沉积物的还原反应　　例如，不溶性氢氧化物和氧化物的还原反应：

$$Fe(OH)_3 + e \longrightarrow Fe(OH)_2 + OH^- \tag{2-103}$$

$$Fe_3O_4 + H_2O + 2e \longrightarrow 3FeO + 2OH^- \tag{2-104}$$

　　无论是在海水中、土壤中，还是在潮湿大气中、工业设备中，对于金属腐蚀来说，消耗氧的还原反应和析氢还原反应是最常遇到的两个阴极去极化过程。如果腐蚀的阴极过程是析氢反应，通常称此时的金属腐蚀为析氢腐蚀。如果阴极过程是吸氧反应，则称之为吸氧腐蚀（有时也称耗氧腐蚀）。

2.4.2　析氢腐蚀

　　（1）析氢反应

　　析氢反应是析氢腐蚀的阴极过程。在酸性和中性、碱性溶液中有着不同的析氢反应。在酸性溶液中，氧的来源是水化氢离子（H_3O^+），它在阴极上放电而生成氢气：

$$2H_3O^+ + 2e \longrightarrow H_2 + 2H_2O（酸性溶液） \tag{2-105}$$

在中性、碱性溶液中，一般认为是水分子直接接受电子而生成氢气：

$$2H_2O + 2e \longrightarrow H_2 + 2OH^-（中性、碱性溶液） \tag{2-106}$$

实验证明，许多金属电极上析氢过电位 η_{H_2} 与阴极极化电流 I_c 之间遵循塔菲尔经验公式：

$$\eta_{H_2} = a + b \lg I_c \tag{2-107}$$

在多数纯净金属表面上发生析氢反应时，式（2-107）中的经验常数 b 具有相近的数值（$b \approx 100 \sim 140 \text{mV}$），表示电极界面电场对析氢反应的活化效应大致相同。而另一个经验常数 a 值却差别很大，说明不同的电极材料对析氢反应有着不同的催化能力。通常根据 a 值大小可将电极材料分成三类：

a. 高氢过电位金属（$a \approx 1.2 \sim 1.5V$），如铅、镉、汞、锌、锡等；

b. 中氢过电位金属（$a \approx 0.5 \sim 0.7V$），如铁、钴、镍、铜、金、银、钨等；

c. 低氢过电位金属（$a \approx 0.1 \sim 0.3V$），如铂、钯等。

反应式（2-105）和式（2-106）是阴极析氢的总反应式，而实际析氢过程则是由一系列连续步骤所构成，并根据不同的条件可能采取不同的途径。一般认为包括如下一些步骤。

① 氢离子（H^+）或水化氢离子（H_3O^+）向电极表面迁移　由于氢离子在溶液中的扩散极快（一般也不会产生浓差极化），所以这一步骤几乎是无阻碍地进行的。

② 水化氢离子或水分子在电极表面上放电，形成吸附氢原子 H_{ads}

$$H_3O^+ + e \longrightarrow H_{ads} + H_2O \tag{2-108}$$

$$H_2O + e \longrightarrow H_{ads} + OH^- \tag{2-109}$$

③ 吸附氢原子按以下两种方式之一从电极表面脱附除去。

a. 复合脱附。由两个吸附氢原子通过化学反应复合成一个氢分子，此时金属电极表面起着某种类似催化剂的作用。

$$H_{ads} + H_{ads} \longrightarrow H_2 \tag{2-110}$$

b. 电化学脱附。氢离子或水分子在已经吸附在电极表面的氢原子上放电，并同时结合成氢分子。

$$H_3O^+ + H_{ads} + e \longrightarrow H_2 + H_2O \tag{2-111}$$

$$H_2O + H_{ads} + e \longrightarrow H_2 + OH^- \tag{2-112}$$

关于产生氢过电位的原因，目前主要有两种理论，即"缓慢放电机理"和"缓慢复合机理"。前者认为，氢过电位的产生主要是由于氢离子放电的电化学反应步骤缓慢所引起的，而后者则认为，氢原子的复合步骤是析氢反应的控制性步骤。

（2）析氢腐蚀发生的条件与特征

① 发生析氢腐蚀的电化学条件　发生析氢腐蚀需要一个金属阳极溶解反应和一个阴极析氢反应在同一个金属电极上耦合进行，构成一个腐蚀电池。在热力学上，只有当 $E_{e,M} < E_{e,H}$ 时，才可能发生析氢腐蚀。但实际上是否发生析氢腐蚀以及析氢腐蚀究竟以多大速度进行，还与析氢过电位 η_{H_2} 和金属阳极溶解过电位 η_M 的大小有关。

某些强钝化性的金属，如 Cr、Ti 等，虽然它们的平衡电位负于氢电极的平衡电位 $E_{e,H}$，但由于金属表面钝化膜的生成，阳极溶解过程的过电位很大，所以在一些酸溶液中并不发生析氢腐蚀。当溶液 pH 值下降时，$E_{e,H}$ 朝正向移动，若金属溶解反应的平衡电位可变，则析氢反应的驱动力就会增大。这就是析氢腐蚀常随酸浓度增大而加剧的原因。

② 金属在酸溶液中腐蚀的主要特征

a. 如果酸溶液中没有其他氧化还原电位更正的去极化剂，腐蚀过程的阴极反应就只有析氢反应，此时发生的就是典型的析氢腐蚀。若酸溶液中除 H^+ 外还存在其他氧化还原电位更正的去极化剂，情况可能就不同了。例如，HNO_3 是氧化性酸，NO_3^- 是强氧化剂，因此

在 HNO_3 中金属腐蚀的阴极过程就主要是 NO_3^- 被还原为 NO_2^- 的过程。

b. 在绝大多数情况下，金属在酸中的析氢腐蚀是一种阳极活性溶解过程，即腐蚀是在金属表面上没有钝化膜或其他成相膜存在的情况下进行的。

c. 在大多数情况下，金属在酸中的析氢腐蚀是一种宏观上的全面均匀腐蚀。

d. 金属在酸溶液中发生析氢腐蚀时，可以认为腐蚀过程的阴极反应（析氢反应）和金属阳极溶解反应都处于活化极化控制下，都遵循塔菲尔方程式。

（3）析氢腐蚀的影响因素

发生析氢腐蚀时，金属阳极溶解反应和阴极析氢反应在同一金属表面上耦合进行，且遵循塔菲尔方程式。因此，这两个电化学反应的交换电流密度 i_M^0、i_H^0，极化率 β_a、β_c，以及它们平衡电位的差值（$E_{e,M}-E_{e,H}$）等参量都会对析氢腐蚀速度有影响。

① 析氢腐蚀的自腐蚀电位 E_{corr} 距两个平衡电位 $E_{e,H}$、$E_{e,M}$ 均较远，此时析氢腐蚀过程受混合控制。系统电化学参数对析氢腐蚀速度的影响规律服从下列关系式：

$$i_{corr}=(i_M^0)^{\frac{\beta_a}{\beta_a+\beta_c}}(i_H^0)^{\frac{\beta_c}{\beta_a+\beta_c}}\exp\left(\frac{E_{e,H}-E_{e,M}}{\beta_a+\beta_c}\right) \tag{2-113}$$

式中，$\beta_a=\dfrac{b_a}{2.303}$，$\beta_c=\dfrac{b_c}{2.303}$

② 阴极析氢反应的极化率大于阳极溶解反应的极化率，析氢腐蚀过程受阴极过程控制。此时，E_{corr} 将接近于 $E_{e,M}$。如锌在酸中的腐蚀就属于这种类型。如图 2-22 所示是金属锌在酸溶液中发生析氢腐蚀的极化图，同时还给出了由于锌中含有 Cu、Fe 等杂质及锌被汞齐化后的极化图。

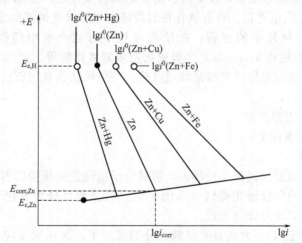

图 2-22　杂质元素及汞齐化对 Zn 的析氢腐蚀的影响（阴极控制）

③ 金属阳极溶解反应的极化率大于阴极析氢反应的极化率，析氢腐蚀过程受阳极过程控制。此时，E_{corr} 将接近于 $E_{e,H}$。例如，处于钝态的铝在弱酸中的腐蚀以及不锈钢在稀酸溶液中的腐蚀均属于此种类型。由于铝表面有一层在空气中形成的钝化膜，使阳极溶解过程受阻，表现为较高的阳极极化率。溶液中的 Cl^- 离子容易破坏表面钝化膜，而溶液中的溶解氧则对钝化膜具有修复作用，这些都会影响到阳极极化率。如图 2-23 所示是金属铝在充气、脱氧及含 Cl^- 的弱酸溶液中的腐蚀极化图。

④ 金属阳极溶解反应与析氢反应的平衡电位差值（$E_{e,M}-E_{e,H}$）很小，E_{corr} 距 $E_{e,H}$ 和 $E_{e,M}$ 都很近。在这种情况下，腐蚀电池的驱动力很小，所以腐蚀速度一般都很小。

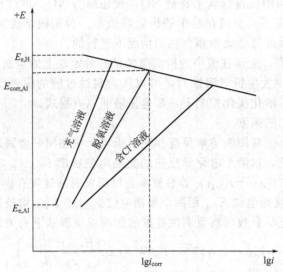

图 2-23　Al 在弱酸溶液中的腐蚀（阳极控制）极化图

2.4.3　吸氧腐蚀

（1）氧还原反应

消耗氧的氧还原反应是溶液中的中性分子 O_2 在阴极上的还原反应，如式（2-101）和式（2-102）所示。它是腐蚀电池中最常见的、重要的阴极反应之一。氧电极的平衡电位 E_{e,O_2} 比氢电极的平衡电位 $E_{e,H}$ 更正。在有氧存在的溶液中氧去极化的倾向比氢去极化更大。

氧还原过程是一种复杂的过程，在反应过程中可能会有中间价态的产物出现，如 H_2O_2、中间含氧吸附物质 MO_{ads} 以及金属氧化物或氢氧化物等。此外，氧电极反应的可逆性很小，所以氧还原反应总伴随有很高的过电位。一般可认为氧还原反应也是由一些串联步骤组成的：

a. 分子氧向电极表面扩散；

b. 氧吸附在电极表面上；

c. 吸附氧被还原。

由于氧分子的扩散要比氢离子慢得多，因氧分子输运速度缓慢所引起的浓差极化不可忽略，此时氧还原反应的阴极极化曲线（见图 2-24）明显地可分为电化学极化和浓差极化两个区域。该极化曲线大致可分为三段。

① 当阴极极化电流 I_c 不太大且在供氧充分的情况下，氧还原反应过电位 η_{O_2} 与 I_c 服从塔菲尔关系式（图中的 $E_{e,O_2}PBC$）

$$\eta_{O_2} = a' + b' \lg I_c \tag{2-114}$$

在这一阶段中，电极过程的速度主要取决于氧在电极上被还原的电化学反应步骤。

② 当阴极极化电流 I_c 继续增大，氧的消耗加快，以致氧的传递跟不上电极上氧的反应消耗，于是产生明显的浓差极化（如图中 PFN）。此时，浓差极化过电位 η'_{O_2} 与 I_c 的关系式为：

$$\eta'_{O_2} = \frac{2.303RT}{n'F} \lg\left(1 - \frac{I_c}{i_L}\right) \tag{2-115}$$

③ 式（2-88）表明，当 $I_c \rightarrow i_L$，即阴极极化电流趋近氧扩散极限电流时，$\eta'_{O_2} \rightarrow \infty$，即过电位趋于无穷大。实际上，当阴极电位负移到一定数值后，电极上除了氧还原过程外还可

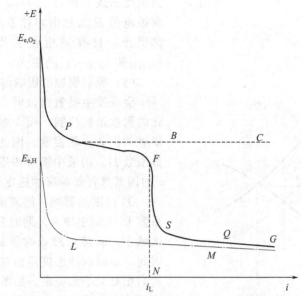

图 2-24　氧还原反应过程的阴极极化曲线示意图

能出现新的电极过程。例如，当到达氢电极平衡电位 $E_{e,H}$ 后，氢的去极化过程（图 2-24 中 $E_{e,H}LM$）就开始与氧的去极化过程同时进行。两条相应的极化曲线互相加合。于是总的阴极去极化过程如图 2-24 中的 $E_{e,O_2}PFSQG$ 所示。

（2）金属的吸氧腐蚀

如果与金属阳极溶解反应相耦合的阴极反应是氧还原反应，则相应的金属腐蚀称为吸氧腐蚀。发生吸氧腐蚀的热力学条件是金属阳极溶解反应的平衡电位 $E_{e,M}$ 比氧的阴极还原反应的平衡电位 E_{e,O_2} 更负。由于 E_{e,O_2} 很正，因此吸氧腐蚀是一种十分普遍的腐蚀过程。

当金属发生吸氧腐蚀并处于阴极控制时，其腐蚀速度将取决于控制步骤的反应速度。

根据氧还原反应速度与氧向阴极表面输送速度的相对大小，吸氧腐蚀可能出现以下四种情况。

a. 供氧速度显著大于氧还原反应速度时，金属腐蚀速度将取决于氧还原反应速度。

b. 如果供氧速度较小，则金属腐蚀速度将由供氧速度所决定。一般情况下，氧以扩散方式通过金属/溶液界面附近的扩散层传递到阴极表面是过程的控制性步骤。此时将出现强烈的浓差极化，金属腐蚀速度就等于氧的极限扩散电流密度，即

$$i_{corr} = i_L = nFD\frac{C}{\delta} \tag{2-116}$$

c. 如果氧的扩散速度和氧还原反应速度相差不多时，金属腐蚀速度将受两者的混合控制。

d. 除了氧的去极化反应外，同时还进行着氢离子或其他去极化剂的去极化过程。这时氧和氢离子（或其他去极化剂）的去极化过程是彼此独立、平行进行的过程。因此阴极上总的极化电流 I_c 应该是氧还原反应电流 i_{O_2} 与氢去极化的反应电流 i_H 之和：$I_c = i_{O_2} + i_H$。

如图 2-25 所示为在同一体系中溶解氧（$ABCG$ 曲线）和氢离子（$lmph$ 曲线）还原反应同时进行的理想极化曲线（极化图）。在实践中经常遇到这样的腐蚀体系，例如在外加电流的阴极保护体系中，在被保护的金属表面上往往出现溶解氧和氢离子同时被还原的情况，有时还伴随有其他还原反应（如 Cl_2 的还原）等。图中的 $ABCD$ 曲线就是总阴极还原反应的阴

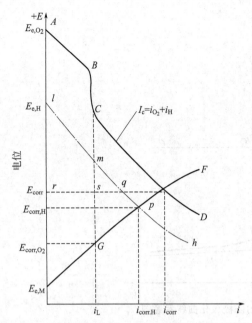

图 2-25 同时发生溶氧（ABCG 曲线）和氢离子
（lmph 曲线）还原的理想极化曲线（极化图）
GDF 曲线为金属溶解的阳极极化曲线

极极化曲线，符合 $I_c = i_{O_2} + i_H$。该体系的自腐蚀电位 E_{corr} 比简单体系的 $E_{corr,H}$ 和 E_{corr,O_2} 都更正，自腐蚀电流密度 i_{corr} 也比相应的 $i_{corr,H}$ 和 i_{corr,O_2} (i_L) 更大。

（3）吸氧腐蚀的影响因素

金属发生吸氧腐蚀时，往往表现为氧去极化的阴极过程控制，而大多数情况下又表现为供氧的扩散步骤控制。因此，凡是影响溶氧扩散系数 D、溶液中溶氧浓度 c 以及扩散层厚度 δ 的因素都将影响腐蚀速度。

① 温度的影响 溶液温度升高，氧的扩散系数 D 也随之增大。同时升高温度却使溶氧浓度减小，而接近沸点时使氧溶解度大幅下降。因此，金属腐蚀速度应由这两种互相矛盾的因素的相对大小来决定。如图 2-26 所示为温度对溶氧浓度和吸氧腐蚀速度的影响。

② 溶氧浓度的影响 对于氧扩散控制的吸氧腐蚀体系，由于氧扩散极限电流随溶氧量增大而增大，所以腐蚀速度也随溶氧浓度增加而增大。

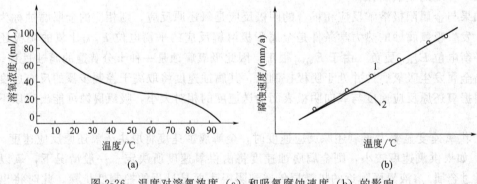

图 2-26 温度对溶氧浓度（a）和吸氧腐蚀速度（b）的影响
1—密闭系统；2—敞开系统

溶液中溶解盐的浓度会影响氧在溶液中的溶解度，从而对吸氧腐蚀速度产生影响。溶液对金属腐蚀有双重作用：一方面，溶盐量的增加有助于提高溶液电导，某些活性阴离子（如 Cl^-）的存在还会加速金属的阳极溶解；另一方面，氧在溶液中的溶解度随溶盐量增加而降低。溶盐量的这种双重作用导致金属腐蚀速度在某个溶盐度时呈现最大值。如图 2-27 所示为溶盐浓度对溶氧浓度和吸氧腐蚀速度的影响。

③ 溶液流速的影响 溶液流速的影响集中表现为对扩散层厚度 δ 的影响。在层流范围内，扩散层厚度大致和切向流速的平方根成反比。流速的增加使金属表面附近的扩散层厚度减小，吸氧腐蚀速度增加。当流速继续增加超过某一临界值进入湍流区时，腐蚀速度将随流速增大而迅速上升，金属的腐蚀形态也会随之改变。对于具有活化-钝化转变行为的金属，适当增加流速反而可能降低腐蚀速度，这是由于供氧充分促进钝化的缘故。

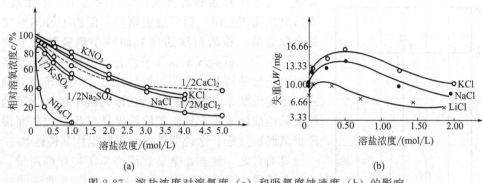

图 2-27　溶盐浓度对溶氧度（a）和吸氧腐蚀速度（b）的影响

（4）析氢腐蚀与吸氧腐蚀的简单比较

通过上面的分析可以得出结论：析氢腐蚀多数为阴极控制或阴、阳极混合控制的腐蚀过程；吸氧腐蚀大多属于氧扩散控制的腐蚀过程，但也有一部分属于氧离子化反应控制（活化控制）或阳极钝化控制。下面将析氢腐蚀和吸氧腐蚀的主要特点进行简单的比较（表 2-10）。

表 2-10　析氢腐蚀与吸氧腐蚀的比较

比较项目	析氢腐蚀	吸氧腐蚀
去极化剂性质	H^+ 可以对流、扩散和电迁移三种方式传质，扩散系数大	中性氧分子只能以对流和扩散传质，扩散系数较小
去极化剂的浓度	在酸性溶液中 H^+ 作为去极化剂，在中性、碱性溶液中水分子作为去极化剂	浓度较小，在温度及普通大气压下，氧在中性水中，饱和浓度约为 0.0005mol/L，其溶解度随温度的升高或盐浓度增加而下降
阴极反应产物	以氢气泡逸出，使金属表面附近的溶液得到附加	水分子或产物只能靠近电迁移
腐蚀控制类型	阴极、阳极、混合控制类，并以阴极控制较多，而且主要是阴极的活化极化控制	阴极控制较多，并主要是氧扩散浓差控制，少部分属于氧离子化反应极控制（活化控制）或阳极钝化控制
腐蚀速度的大小	在不发生钝化现象时，因 H^+ 浓度和扩散系数都较大，所以单纯的氢去极化速度较大	在不发生钝化现象时，因氧的溶解度和扩散系数都很小，所以单纯的吸氧腐蚀速度较小
合金元素或杂质的影响	影响显著	影响较小

2.5　金属的钝化

2.5.1　钝化现象

钝态即钝性状态，也称钝性，是指金属和合金在特定条件下由于阳极过程受到强烈阻碍和失去活性所产生的高耐蚀状态。金属表面由活性溶氧状态转变为钝性状态的过程称为钝化过程。

许多金属在水溶液、酸或碱等介质中较易被腐蚀。但在某些特定的介质条件下，一些较活泼的金属却表现出比较好的甚至很优秀的耐蚀性。例如，铁在稀硝酸溶液中会发生剧烈的

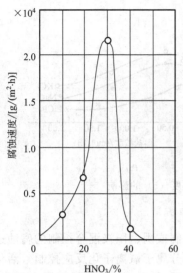

图 2-28　铁在 HNO₃ 溶液中
的腐蚀速度随 HNO₃
浓度的变化（25℃）

腐蚀反应并伴有强烈的析氢现象。随着 HNO₃ 浓度增大，铁的腐蚀速度急增，析氢也更剧烈，但当 HNO₃ 浓度达到某个数值后，铁的腐蚀速度立即减小到极其微小的速度（见图 2-28），析氢现象也几乎停止。把铁片置于发烟硝酸中时就是这种情况。这时，铁已从活化状态转变为钝化状态，即钝性状态。如果把已经在浓硝酸中被钝化了的铁再浸入稀硝酸溶液中，铁仍能继续保持其稳定状态而没有出现析氢腐蚀过程。这说明铁此时仍能保持其钝性状态。

简而言之，钝态是金属表面产生了钝化膜所致。相应地，金属发生活化-钝化转变过程有着许多重要的特征和规律。

a. 金属处于钝态时的腐蚀速率非常低。由活化状态转入钝化状态时，腐蚀速率可减少达 4～6 个数量级。

b. 金属钝态的获得可以借助氧化剂的作用，也可以采用外加阳极电流实施阳极极化的方法。这正是阳极保护技术的基础。

c. 只要具备适宜的条件，几乎所有的金属都可以使其转变为钝态。

d. 金属从活化状态转变为钝化状态时，总是伴随着电极电位正向移动。

e. 还原剂、还原过程、某些离子（如卤素离子）以及表面机械擦伤作用等都可能造成金属钝性的破坏。

2.5.2　具有活化-钝化转变特征的阳极极化曲线

具有活化-钝化转变行为金属的恒电位阳极极化曲线一般呈 S 形。其典型的表观阳极极化曲线如图 2-29 所示，且被几个特征电位划分为六个区域。

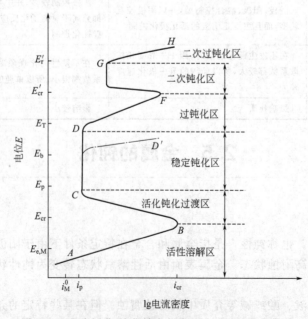

图 2-29　具有活化-钝化转变行为的理论阳极极化曲线

① 活性溶解区（AB 段）　从金属阳极溶解反映的平衡电位 $E_{e,M}$ 至临界钝化电位 E_{cr}，即图中极化曲线的 AB 段，也称活化区。此间的电极电位与电流之间满足塔菲尔关系。极化曲线的 B 点处达到临界最大电流密度，这是该溶液体系中金属上可能有的最大反应速度，电极电位越过 B 点继续正移，反应电流将随之减小。与 B 点相对应的电位称为临界钝化电位或致钝电位 E_{cr}，相应的电流称为临界钝化电流或致钝电流 i_{cr}。

② 活化-钝化过渡区（BC 段）　从 B 点对应的 E 电位正移，金属表面上开始有保护性的膜或吸附层生成，金属逐渐由完全活化状态向钝化状态转变，阳极极化电流相应地也随之急剧下降。此时金属表面处于不稳定状态。直至 C 点对应的点为 E_p，金属表面形成了基本完善的钝态，E_p 称为起始稳定钝化电位。

③ 稳定钝化区（CD 段）　从起始钝化电位 E_p 至过钝化电位 E_T 的区段中，金属表面生成了并一直保持着完整的稳定钝化膜，此时金属阳极溶解电流几乎不随电位而变，并保持在一个很低的水平上。稳定钝化区对应的最小电流 i_p 称为维钝电流，此即维持钝化膜溶解所需电流。金属在钝化区的阳极溶解产物一般不同于活性溶解时的产物。

④ 过钝化区（DF 段）　当电位高于过钝化电位 E_T 时，阳极溶解电流将再次随电位正移而增大。因为此时金属电极上发生了新的电极反应（如析氧反应或高价金属离子溶出等）。

⑤ 二次钝化区（FG 段）　在 E'_{cr} 至 E'_T 电位区段中，再次出现了反应电流随电位正移而下降并保持钝态现象，与第一次的稳定钝化区相呼应而称之为二次钝化区。这有可能是析出的氧堵塞了通道，阻碍了高价离子溶出之故。

⑥ 二次过钝化区（GH 段）　电位再继续正移又会产生二次过钝化区，这可能是高电位场排出了氧障，也可能又发生了新的电极反应。

当溶液中含有能破坏钝化膜的侵蚀性阴离子（如 Cl^- 离子）时，在稳定钝化区中低于钝化电位 E_T 的某个电位处，将使稳定钝化膜被击穿，同时反映电流再次急剧增大，发生了点腐蚀（孔蚀）。相应的电位称为临界击破电位或点蚀电位（孔蚀电位）E_b（见图 2-29）。

显然，金属的自腐蚀电位只有落在稳定钝化区才能建立起钝态。要达到建立钝态的目的可以通过外加电流使金属阳极极化进入稳定钝化区，此过程称为电化学钝化，这也正是电化学阳极保护的基本原理。也可以通过溶液中氧化剂的还原反应使金属实现自钝化，此过程称为化学钝化。金属实现自钝化应满足两个条件：a. 溶液的氧化还原电位必须比致钝电位 E_{cr} 更正；b. 阴极还原反应电流必须大于致钝电流 i_{cr}。

不同体系的不同阴极过程对金属活化-钝化行为也有着重要的影响。当钝性金属置于某些环境介质（如酸溶液）中时可能发生四种不同情况（见图 2-30）。此处不考虑阴极还原反应的极化曲线细节，仅就该极化图中阴极极化曲线与阳极极化曲线相对应的相对位置关系讨论金属可能呈现的状态。

① 阴极极化曲线 1 与阳极极化曲线相交于 A 点，金属的自腐蚀电位位于活化区，此时金属自然的只能发生活性溶解。上述有关自钝化的两个必要条件一个也不满足。

② 阴极极化曲线 2 与阳极极化曲线有三个交点：B、C、D 点，分别处于活化区、不稳定的过渡区和稳定钝化区。由于其阴极还原反应电流小于致钝电流 i_{cr}，而体系的自腐蚀电位在这三点之间游移振荡，使金属处于一种不稳定的腐蚀状态而建立不起稳定钝态，不能实现自钝化，且往往导致金属产生局部腐蚀。

③ 阴极极化曲线 3 与阳极极化曲线相交于 E 点，自腐蚀电位已处于稳定钝化区，上述两个必要条件都已满足，金属处于良好的自钝化状态。

④ 阴极极化曲线 4 与阳极极化曲线相交于 F 点。虽然它已满足自钝化的两个必要条件，但是由于已经钝化的金属在此高电位下又呈高价离子状态溶出，从而使钝化膜变得不稳定，

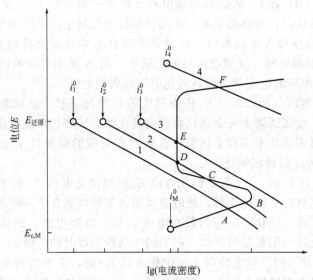

图 2-30　不同阴极过程对钝性金属行为的影响（极化图表述）

从而促进了腐蚀过程。

2.5.3　金属钝化理论

迄今为止还没有一个很完整的理论能够说明所有的金属钝化现象。在已有的诸多钝化理论中，比较有代表性的是成相膜理论、吸附理论和吸附-成相膜理论。

（1）成相膜理论

这种理论认为，金属产生钝性状态是由于在溶液中反应时金属表面上生成了一层非常薄的、致密的、覆盖性能良好的保护膜（称为钝化膜）。它能阻止腐蚀性介质的继续穿透，这时腐蚀过程的速度显著减慢，甚至能达到基本停止的状态。

这层保护膜呈独立相存在，是金属和溶液介质相互作用的产物，通常是氧和金属的化合物。在用电化学方法进行阳极钝化的过程中，金属表面由于发生如下阳极反应而生成含氧化物薄膜：

$$2OH^- + M \longrightarrow MO + H_2O + 2e \tag{2-117}$$

$$2OH^- + M \longrightarrow M(OH)_2 + 2e \tag{2-118}$$

成相理论的直接证据是曾有研究者从钝化金属表面成功地将氧化膜剥离下来，并用电子衍射法对膜进行的研究分析。此外，还有人运用椭圆仪、俄歇电子谱仪、X射线电子谱仪和电化学方法等手段测定了膜的厚度、成分和结构。一般认为，钝化膜厚度大约在（10～100）$\times 10^{-8}$ cm 范围内，例如钝态铁表面上有 40×10^{-8} cm 厚的不可见的薄膜存在。

当金属表面生成的氧化物膜完整时，金属就处于钝态而呈现良好钝性。当氧化物膜上有孔隙存在且能够被腐蚀介质渗透时，金属就处于活化状态，氧化物膜上的孔隙缺陷处起了腐蚀电池中局部阳极的作用。所以，钝性现象实质上是形成保护膜和维持膜完整状态的因素（例如氧化剂的浓度）与破坏保护膜完整性的因素（例如氯离子的浓度）之间的动态平衡过程。如果氧化剂的浓度较大，超过某一极限时，则在膜上产生的孔数不多，孔的尺寸也不大。在所有时间内生成的孔和消失的孔都很少，这时金属溶解很慢。如果氧化剂的浓度不足，产生的孔数和孔的尺寸都会超过某个很大的数值，则会由于金属表面阴极区氧化物还原作用，使孔隙缺陷附近的膜层迅速破坏。

（2）吸附理论

吸附理论认为，引起金属钝化是由于在金属表面上产生了氧或含氧粒子的吸附层。这种吸附层只有单分子厚度，可以是原子氧或分子氧，也可以是 OH^- 或 O^{2-}。实验表明，金属表面的吸附层不一定需要将金属表面完全覆盖，只要在最活泼的、最先发生溶解的表面区域上吸附着单分子层，便能抑制阳极过程而使金属钝化。

吸附理论认为，金属钝性的表现是由于金属表面产生吸附层之后，改变了界面反应机制，降低了金属表面本身的反应能力，而不是吸附层对于反应粒子到达反应区的阻挡作用。

吸附层的保护作用可以有各种方式。氧吸附在活性中心，使铁原子的自由键饱和，这样就降低了它的活性。另一种方式是吸附在铁表面的氧原子部分地被金属拥有的电子离子化；形成的电偶极正端配置在金属中，负端配置在溶液中的双电层内。因此，金属总的电极电位将移向较正的值，从而使金属离子进入溶液的倾向减小。例如，铅在盐酸溶液中只要金属表面的 6% 面积被吸附氧所遮盖，金属的电极电位向正方移动 0.12V，同时阳极溶解速度则降低到原来的 1/10。

（3）吸附成相膜理论

这是将吸附理论和成相理论综合考虑在一起的一个理论。这种理论认为金属阳极溶解过程的优先阻滞是由于在金属表面上形成了吸附层，在有些条件下是由于形成了较厚的氧化物或氢氧化物的膜层。

在不同的条件下，金属钝性生成的机理是不同的。在许多情况下，金属表面上吸附的氧原子不到一个单分子层，就能使阳极溶解明显的阻滞，例如铂在盐酸中和铁在氢氧化钠溶液中就是如此。

在许多情况下，也会形成某些化合物的单分子或多分子的完整吸附层，多半是氧的化学吸附层。在铬、不锈钢、镍、铁等金属上就可具有这种特征的钝性。吸附层的厚度约为 $(10\sim50)\times10^{-8}$ cm。

在许多情况下，金属钝性的产生是由于形成了阻挡层，例如在铝、钛、钽、铌上形成的阻挡层，它是化学吸附层与成相膜之间的过渡层，厚度约为 $(50\sim100)\times10^{-8}$ cm。

阻挡层进一步增厚时，它的连续性将会受到破坏。有时氧化层可能很厚，但是存在着连续性中断的孔隙。阳极过程的阻滞主要依靠紧靠着金属的吸附层或阻挡层，而不是依靠外表面较厚的多孔层。钛、钨、钼、铝、镁等金属在氧化性介质中或在阳极氧化时形成的钝化层就属于这类情况。铝阳极氧化时形成的膜，厚度可达 $100\sim200\mu m$。

第3章 全面腐蚀与局部腐蚀

3.1 全面腐蚀

金属腐蚀，若按腐蚀形态可分为全面腐蚀和局部腐蚀两大类。腐蚀分布在整个金属表面上（它可以是均匀的，也可以是不均匀的）就是全面腐蚀。如果金属表面上各部分的腐蚀程度存在着明显的差异，这种腐蚀就是局部腐蚀。局部腐蚀是指金属表面上一小部分表面区域的腐蚀速度和腐蚀深度远远大于整个表面上的平均值的腐蚀情况。

从腐蚀电池角度分析，全面腐蚀的腐蚀电池的阴、阳极面积非常微小且紧密相连，以至于有时用微观方法也难以把它们分辨，或者说，大量的微阴极、微阳极在金属表面上不规则地分布着。因为整个金属表面在溶液中都处于活化状态，只是各点随时间有能量起伏，能量高处为阳极，能量低处为阴极，因而使金属表面都遭到腐蚀。例如金属的自溶解就是在整个电极表面上均匀进行的腐蚀。

局部腐蚀的阳极区和阴极区一般是截然分开的，其位置可用肉眼或微观检查方法加以区分和辨别。而且大多数都是阳极区面积很小、阴极区面积相对较大，由此导致金属表面上绝大部分处于钝性状态，腐蚀速度小到可以忽略不计，但在金属表面很小的局部区域，腐蚀速度则很高，有时它们的腐蚀速度可以相差几十万倍。例如，钝性金属表面的小孔腐蚀（点蚀）、隙缝腐蚀等就属于这种情况，这些是最典型的局部腐蚀。

就腐蚀形态的种类而言，全面腐蚀的腐蚀形态单一，而局部腐蚀的腐蚀形态较多，而且腐蚀形态各异。局部腐蚀可分为：①异种金属接触引起的宏观腐蚀电池（电偶腐蚀），也包括阴极性镀层微孔或损伤处所引起的接触腐蚀；②同一金属上的自发微观电池，如晶间腐蚀、选择性腐蚀、点蚀、石墨化腐蚀、剥蚀（层蚀）以及应力腐蚀断裂等；③由差异充气电池引起的局部腐蚀，如水线腐蚀、缝隙腐蚀、沉积腐蚀、盐水滴腐蚀等；④由金属离子浓差电池引起的局部腐蚀；⑤由膜-孔电池或活性-钝性电池引起的局部腐蚀；⑥由杂散电流引起的局部腐蚀等。图 3-1 表示出了局部腐蚀的各种形态。

就腐蚀的破坏程度而言，金属发生局部腐蚀的腐蚀量往往比全面腐蚀要小，甚至要小很多，但对金属强度和金属制品整体结构完整性的破坏程度却比全面腐蚀大得多。所以，全面腐蚀可以预测和预防，危害性较小，但对局部腐蚀来说，至少目前的预测和预防还很困难，以至于腐蚀破坏事故常常是在没有明显预兆下突然发生，对金属结构具有更大的破坏性。

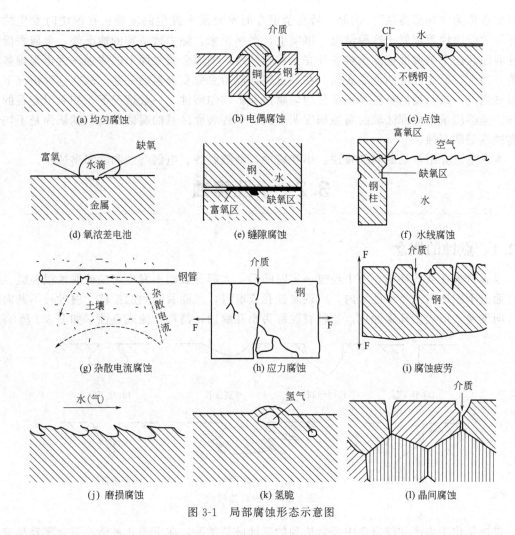

图 3-1　局部腐蚀形态示意图

从全面腐蚀和局部腐蚀在腐蚀破坏事例中所占的比例来看，局部腐蚀所占的比例要比全面腐蚀大得多。据粗略统计，局部腐蚀所占的比例通常高于 80%，而全面腐蚀所占的比例不超过 20%。

表 3-1 给出了全面腐蚀与局部腐蚀的比较。

表 3-1　全面腐蚀与局部腐蚀的比较

项目	全面腐蚀	局部腐蚀
腐蚀电池	阴、阳极在表面上变换不定；阴、阳极不可辨别	阴、阳极可以分辨
电极面积	阳极面积＝阴极面积	阳极面积≪阴极面积
腐蚀形貌	腐蚀分布在整个金属表面上	腐蚀破坏集中在一定区域，其他部分不腐蚀
电位	阳极电位＝阴极电位＝腐蚀电位	阳极电位＜阴极电位
腐蚀产物	可能对金属有保护作用	无保护作用

有些情况下全面腐蚀与局部腐蚀很难区分。如果整个金属表面上都发生明显的腐蚀，但是腐蚀速度在金属表面各部分分布不均匀，部分表面的腐蚀速度明显大于其余表面部分的腐蚀速度，如果这种差异比较大，以致金属表面上显现出明显的腐蚀深度的不均匀分布，我们

也习惯地称为"局部腐蚀"。例如，低合金钢在海水介质中发生的坑蚀；在酸洗时发生的腐蚀孔和隙缝腐蚀等都属于这种情况。事实上，严格说来，除少数特殊的情况外，金属表面在活性腐蚀状态下的腐蚀速度很难各处完全均匀一致，因而金属表面上的腐蚀深度也很难各处均匀。通常，原先光滑的金属表面，在经过腐蚀以后总要变得粗糙一些。故在这种情况下有时很难划出一条明确的分界线来区分均匀腐蚀和不均匀腐蚀。一般情况下，如果以宏观的观察方法能够测量出局部区域的腐蚀深度明显大于邻近表面区域的腐蚀深度，就认为是不均匀的腐蚀或局部腐蚀。

本章重点介绍常见的局部腐蚀：小孔腐蚀、缝隙腐蚀、电偶腐蚀和晶间腐蚀。

3.2 小孔腐蚀

3.2.1 点蚀的概念

金属材料在某些环境介质中经过一定时间后，大部分表面不发生腐蚀或腐蚀很轻微，但在表面上个别地方或微小区域内，出现腐蚀孔或麻点，且随着时间的推移，腐蚀孔不断向纵深方向发展，形成小孔腐蚀坑，这种腐蚀称为小孔腐蚀，简称孔蚀或点蚀，如图 3-2 所示。

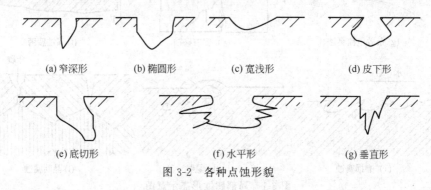

| (a) 窄深形 | (b) 椭圆形 | (c) 宽浅形 | (d) 皮下形 |
| (e) 底切形 | (f) 水平形 | (g) 垂直形 |

图 3-2 各种点蚀形貌

点蚀是化工生产和航海业中经常遇到的腐蚀破坏类型，在下列几种情况下金属容易发生点蚀。

① 点蚀多发生在易钝化金属或合金表面上，同时在腐蚀性介质中存在侵蚀性的阴离子及氧化剂。例如不锈钢、铝合金等在含有卤素离子的腐蚀性介质中易于发生点蚀。其原因是钝化金属表面的钝化膜并不是均匀的，如果钝性金属的组织中含有非金属夹杂物（如硫化物等），则金属表面在夹杂物处的钝化膜比较薄弱，或者钝性金属表面上的钝化膜被外力划伤，在活性阴离子的作用下，腐蚀小孔就优先在这些局部表面形成。既有钝化剂同时又有活化剂的腐蚀环境是易钝化金属发生点蚀的必要条件。

② 如果金属基体上镀一些阴极性镀层（如钢上镀 Cr、Ni、Cu 等），在镀层的孔隙处或缺陷处也容易发生点蚀。这是因为镀层缺陷处的金属与镀层完好处的金属形成电偶腐蚀电池，镀层缺陷处为阳极，镀层完好处为阴极，由于阴极面积远大于阳极面积，使小孔腐蚀向深处发展，以致形成腐蚀小孔。

③ 当阳极性缓蚀剂用量不足时，也会引起点蚀。

点蚀通常具有如下几个特征。

从腐蚀形貌上看，多数蚀孔小而深 [图 3-2(a)]，孔径一般小于 2mm，孔深常大于孔径，甚至穿透金属板，也有的蚀孔为碟形浅孔等 [图 3-2(c)]。蚀孔分散或密集分布在金属表面上。孔口多数被腐蚀产物所覆盖，少数呈开放式（无腐蚀产物覆盖）。所以，点蚀是一种外观隐蔽而破坏性很大的局部腐蚀。

从腐蚀电池的结构上看，点蚀是金属表面保护膜上某点发生破坏，使膜下的金属基体呈活化状态，而保护膜仍呈钝化状态，便形成了活化-钝化腐蚀电池。钝化表面为阴极，其表面积比活化区大得多，所以，点蚀是一种大阴极小阳极腐蚀电池引起的阳极区高度集中的局部腐蚀形式。

蚀孔通常沿着重力方向或横向发展，例如，一块平放在介质中的金属，蚀孔多在朝上的表面出现，很少在朝下的表面出现。蚀孔一旦形成，点蚀即向深处自动加速进行。

点蚀的破坏性和隐患性很大，不但容易引起设备穿孔破坏，而且会使晶间腐蚀、剥蚀、应力腐蚀、腐蚀疲劳等易于发生。在很多情况下点蚀是引起这类局部腐蚀的起源。为此，了解点蚀发生的规律、特征及防护措施是相当重要的。

3.2.2　点蚀发生的机理

点蚀的发生可以分为两个阶段，即点蚀的萌生和点蚀的发展。

（1）点蚀的萌生——活性离子选择性的吸附

多数情况下，钝化金属发生点蚀的重要条件是在溶液中存在活性阴离子（如 Cl^-）以及溶解氧或氧化剂。活性阴离子在钝性金属表面上发生选择吸附，这种吸附不是活性阴离子均匀地吸附在整个金属表面，而是很少一些点上，很可能是在钝化膜上有缺陷的位置上优先吸附。其次，吸附的活性离子改变了吸附所在位置的钝化膜的成分和性质，使该处钝化膜的溶解速度远大于没有活性离子吸附的表面，从而形成小孔腐蚀活性点，即点蚀核。

氧化剂的作用主要是使金属的腐蚀电位升高，达到或超过某一临界电位，这个临界电位称为点蚀电位或击穿电位，用符号 E_b 表示。图 3-3 是动电位法测得的可钝化金属（不锈钢）在 NaCl 溶液中的阳极极化曲线。图中电流密度急剧增加时对应的电位就是点蚀电位 E_b。

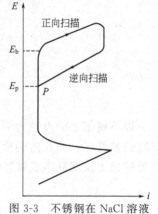

图 3-3　不锈钢在 NaCl 溶液中的环形阳极极化曲线

当 $E<E_b$ 时，点蚀不可能发生，只有 $E>E_b$ 时，点蚀才能发生。这时，溶液中的 Cl^- 就很容易吸附在钝化膜的缺陷处，并和钝化膜中的阳离子结合成可溶性氯化物，这样就在钝化膜上生成了活性的溶解点，该溶解点称为点蚀核。钝化膜上形成的点蚀核从外观上看，是与钝化膜颜色有差异的腐蚀斑，但还远没有形成真正的腐蚀孔（钝化膜还没有穿孔），阳极电流密度也没有明显的增加。点蚀核生长到 $20\sim30\mu m$，即宏观上可看见小孔时才称为蚀孔。

除了氧化剂以外，使用外加的阳极极化方式也可以使电位达到或超过点蚀电位，导致点蚀的发生。

用动电位法测量极化曲线时，在极化电流密度达到某个设定值后，立即自动回扫，可得到环形阳极极化曲线，这时正、反阳极极化曲线相交于 P 点，又达到钝态电流密度所对应的电位 E_p，E_p 称为"再钝化电位"或"点蚀保护电位"。

一般认为，在原先无点蚀的金属表面上，只有当金属表面局部区域电位高于 E_b 时，孔蚀才能萌生和发展；当电位处于 E_p 和 E_b 之间，不会萌生新的点蚀，但原先的蚀孔将继续发展，此电位区间称为不完全钝化区；当电位低于 E_p 时，既不会萌生新的蚀孔，原先的蚀孔也停止发展，此电位区间称为完全钝化区。所以，E_b 值越高，表征材料耐点蚀性能越好，

E_b 与 E_p 越接近，说明钝化膜修复能力越强。

当金属表面局部区域的电位高于点蚀电位时，须经过一段时间后阳极电流才急剧上升，这段时间称为小孔腐蚀的诱导期，用 τ 表示。诱导期长短不一，有的需要几个月，有的需要一两年，τ 值取决于金属电位及活性阴离子浓度。在诱导期，金属表面从宏观上还看不出有腐蚀孔生成，但在金属的一些局部表面上已有 Cl^- 吸附斑。所以，点蚀的发生与腐蚀介质中活性阴离子（尤其是 Cl^-）的存在密切相关。

（2）点蚀的发展——闭塞腐蚀电池的自催化作用

钝性金属表面上点蚀诱导期形成的点蚀核，如不能再钝化消失，小孔腐蚀将进入发展阶段。点蚀核继续生长，最后发展成为宏观可见的腐蚀孔。腐蚀孔一旦形成，蚀孔内金属表面处于活性溶解状态，蚀孔外金属处于钝化状态，蚀孔内外构成了活化-钝化局部腐蚀电池，这样的腐蚀电池具有大阴极、小阳极的特点（图 3-4 所示）。同时，孔内的溶液发生很大的变化，主要的变化是孔内溶液 pH 值的降低和活性阴离子的富集。

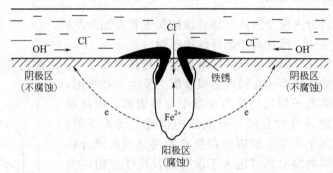

图 3-4　钝化金属点蚀的闭塞电池示意图

以不锈钢上的点蚀为例，不锈钢上形成小孔后，小孔内介质中的溶解氧因得不到及时补充很快被耗尽，使孔内的金属表面上只发生铁的阳极溶解，阳极溶解产物经水解，在小孔开口处的壁上及四周生成铁锈，孔内发生如下反应：

$$Fe \longrightarrow Fe^{2+} + 2e$$

$$Fe^{2+} + 2H_2O \longrightarrow Fe(OH)_2 \downarrow + 2H^+$$

$$4Fe^{2+} + O_2 + 10H_2O \longrightarrow 4Fe(OH)_3 \downarrow + 8H^+$$

这些反应可使孔内中介质的 pH 值下降，成为酸性很强的溶液。同时，生成的腐蚀产物聚集在孔口处，使溶液处于滞留状态，内外的物质传递过程受到很大的阻碍，因而构成了浓差腐蚀电池和活化-钝化腐蚀电池，这样构成的腐蚀电池也称为闭塞腐蚀电池。

为了维持闭塞电池内溶液的电中性，闭塞电池外部本体溶液中的阴离子就要向小孔内迁移。当溶液中的阴离子为 Cl^- 时，Cl^- 扩散至闭塞电池内部，造成孔内部溶液的化学及电化学状态与外部本体溶液的有很大差异。

小孔内溶液 pH 值的降低和活性阴离子浓度的增加导致蚀孔内金属腐蚀速度进一步增加，生成更多的金属离子，然后再发生水解，使小孔内的酸度明显增加，表 3-2 给出了铁和某些钢的闭塞蚀孔内的电位和 pH 值。这种由闭塞电池引起的蚀孔内溶液酸化，从而加速金属腐蚀的作用称为自催化作用，也称为自动加速作用。目前点蚀过程的自催化机理已得到科学界的公认。

随着点蚀反应的继续进行，溶解的金属离子不断增加，相应的水解作用也将继续，直到溶液被这种金属的一种溶解度较小的盐所饱和为止。由于酸化自催化作用，再加上受到向下的重力的影响，使蚀孔不断沿着重力方向发展。

表 3-2　铁和某些钢的闭塞蚀孔内的电位和 pH 值

材　料	蚀孔类型	电位/V(vs. SHE)	pH 值
Fe	模拟小孔或缝隙	$-0.35 \sim -0.45$	$2.7 \sim 4.7$
Fe	模拟 OCC	-0.322	3.8
Fe,钢	应力腐蚀裂纹	$-0.32 \sim 0.39$	$3.5 \sim 4.0$
Fe-Cr(1%～100%)	缝隙		$1.8 \sim 4.7$
Fe	小孔		4.71
304L,316L,18Cr-16Ni-5Mo	小孔	$0.07 \sim -0.01$	$-0.3 \sim 0.80$
AISI 304	缝隙		$1.2 \sim 2.0$
18Cr-12Ni-2Mo-Ti	小孔		$\leqslant 1.3$

3.2.3　点蚀的影响因素

点蚀与金属的本性、合金的成分、组织、表面状态、介质成分、性质、pH 值、温度和流速等因素有关。

(1) 金属本性的影响

金属本性对点蚀有重要影响，不同的金属在电镀液中具有不同的点蚀电位。表 3-3 列出了某些金属在 0.1mol/L NaCl 溶液中的点蚀电位。很显然，点蚀电位愈正则耐点蚀的能力愈强 (准确地说，E_b 愈正，$E_b - E_p$ 差愈小，耐点蚀能力愈强)。在 0.1mol/L NaCl 溶液中，Al 耐点蚀性最差；Ti 耐点蚀性最强。然而，如果介质不同，同一种金属的耐点蚀性也不同。例如 Ti 在一般含卤素离子的溶液中不发生点蚀，但在高浓度氯化物的沸腾溶液中和一些非水溶液中却遭受点蚀。具有自钝化特性的金属或合金对点蚀的敏感性较高，并且钝化能力愈强，则敏感性愈高。

表 3-3　某些金属在 0.1mol/L NaCl 溶液中的点蚀电位 (25℃)

金属	E_b/V(vs. SHE)	金属	E_b/V(vs. SHE)
Al	-0.45	30%Cr-Fe	$+0.62$
Fe	$+0.23$[①]	Zr	$+0.46$
Ni	$+0.28$	Cr	$+1.0$
18-8 不锈钢	$+0.26$	Ti	$+12.0$
12%Cr-Fe	$+0.20$		

①在 0.01mol/L NaCl 测得的数据。

(2) 合金元素的影响

不锈钢中 Cr 是最有效的提高耐点蚀性能的元素。随着含 Cr 量增加，点蚀电位向正方向移动。12%Cr-Fe 合金的 $E_b = +0.20V$，而 30%Cr-Fe 合金，E_b 值升高到 +0.62V。在一定含量下增加含 Ni 量，也能起到减轻点蚀的作用，而加入 2%～5% 的 Mo 能显著提高不锈钢耐点蚀性能。因此，多年来对合金元素对不锈钢点蚀的影响进行大量研究的结果表明，Cr、Ni、Mo、N 元素都能提高不锈钢抗点蚀能力，而 S、C 等会降低不锈钢抗点蚀能力。用电子束重熔炼的超低 C 和 N 的 25%Cr-1%Mo 不锈钢具有很高的耐点蚀性能。

(3) 溶液组成及浓度的影响

一般来说，在含有卤素阴离子的溶液中，金属最易发生点蚀。由于卤素离子能优先地被吸附在钝化膜上，把氧原子排挤掉，然后和钝化膜中的阳离子结合生成可溶性卤化物，产生小孔，导致膜的不均匀破坏。其作用顺序是：$Cl^- > Br^- > I^-$。F^- 只能加速金属表面的均匀溶解而不会引起点蚀。因此，Cl^- 又可称为点蚀的“激发剂”。随着介质中 Cl^- 浓度增加，点蚀电位下降，使点蚀容易发生，而后又加速点蚀的进行。

尤利格（Uhlig）等人确定了点蚀电位与 Cl^- 活度间的关系：

18-8 不锈钢 $E_b = -0.008 \lg a_{Cl^-} + 0.168(V)$

金属 Al $E_b = -0.124 \lg a_{Cl^-} + 0.0504(V)$

在氯化物中，含有氧化性金属阳离子的氯化物，如 $FeCl_3$、$CuCl_2$、$HgCl_2$ 等属于强烈的点蚀激发剂。由于 Fe^{3+}、Cu^{2+}、Hg^{2+} 的还原电位较高，即使在缺氧条件下也能在阴极上进行还原，从而加速蚀孔内金属的溶解。

但是，一些含氧的非侵蚀性阴离子，如 OH^-、NO_3^-、CrO_4^{2-}、SO_4^{2-}、ClO_4^- 等具有抑制点蚀的作用。

（4）溶液温度的影响

随着溶液温度的升高，Cl^- 反应能力增大，同时膜的溶解速度也提高，因而使膜中的薄弱点增多。所以，温度升高促使点蚀电位向负方向移动，从而使点蚀加重。

（5）表面状态的影响

一般来说，随着金属表面光洁度的提高，其耐点蚀能力增强，而冷加工使金属表面产生冷变硬化时，会导致耐点蚀能力下降。如果不锈钢预先在添加有 $K_2Cr_2O_7$ 的 HNO_3 溶液中进行表面钝化处理，可提高耐点蚀性能。

（6）溶液流速的影响

通常，在静止的溶液中易形成点蚀，因为此时不利于阴、阳极间的溶液交换。若增加流速则使点蚀速度减小，这是因为介质的流速对点蚀的减缓起双重作用。加大流速（但仍处于层流状态），一方面有利于溶解氧向金属表面的输送，使钝化膜容易形成；另一方面可以减少金属表面的沉积物，消除闭塞电池的自催化作用。例如，不锈钢制造的海水泵在运转过程中不易产生点蚀，而在静止的海水中便会产生点蚀。但把流速增加到湍流时，钝化膜经不起冲刷而被破坏，便会引起另一类型的腐蚀，即磨损腐蚀。

（7）热处理温度的影响

对于不锈钢和铝合金来说，在某些温度下进行回火或退火等热处理，能够生成沉淀相，从而增加点蚀的倾向，不锈钢焊缝处容易发生点蚀与此有关。但是奥氏体不锈钢，经固溶处理具有最佳的耐点蚀性能。冷加工对点蚀电位影响不大，但发现蚀孔的数量增多，尺寸减小。

3.2.4 点蚀的防护措施

防止点蚀的措施可以从两方面考虑，首先从材料本身的角度考虑，即选择耐点蚀的材料，其次是改善材料服役的环境或采用电化学保护等，例如向腐蚀性介质中加入合适的缓蚀剂。此外，可采取提高溶液的流动速度及降低介质温度，以防止局部浓缩；还可以采用阴极保护措施，使金属的电位低于临界点蚀电位。

（1）添加耐点蚀的合金元素

加入合适的耐点蚀的合金元素，降低有害杂质。例如，添加抗点蚀的合金元素 Cr、Mo、Ni 和 N，降低有害元素和杂质 C、S 等，会明显提高不锈钢在含 Cl^- 溶液中耐点蚀的性能。除了提高不锈钢中的含 Cr 量外，Mo 也是抗点蚀重要的合金元素。目前耐点蚀较好的材料有铁素体-奥氏体双相不锈钢（如 00Cr25NiMo3N）。在海洋工程中，双相不锈钢作为耐点蚀以及由此而引起的应力腐蚀开裂和腐蚀疲劳、耐海水腐蚀材料，得到了广泛的应用。

（2）合理选择材料

避免在 Cl^- 浓度超过拟选用的合金材料临界 Cl^- 浓度值的环境条件中使用这种合金材

料。在海水环境中，不宜使用 18-8 型的 Cr-Ni 不锈钢制造的管道、泵和阀等。例如，原设计寿命要求达 10 年以上的大型海水泵，由于选用了这类 Cr-Ni 不锈钢制造的泵轴，结果仅使用了半年就断裂报废。这是由于在海水中 Cl⁻ 浓度已超过了这种材料不发生点蚀的临界 Cl^- 浓度值，这类 Cr-Ni 不锈钢在海水中极易诱发点蚀，最后导致材料的早期腐蚀疲劳断裂。可见，不仅点蚀本身对工程机构有极大的破坏性，而且，它往往还是诱发和萌生应力腐蚀开裂和腐蚀疲劳断裂等低应力脆性断裂裂纹的起始点。

（3）添加合适的缓蚀剂

耐点蚀的缓蚀剂有无机缓蚀剂和有机缓蚀剂。例如早期使用的无机缓蚀剂有铬酸盐、重铬酸盐、硝酸盐等，目前多使用钼酸盐、钨酸盐和硼酸盐等作为点蚀的缓蚀剂，不仅对碳钢和低合金钢有效，与有机磷复配时，对不锈钢的作用也很明显。有机缓蚀剂包括有机胺、有机磷酸及其盐、脂肪族与芳香族的羧酸盐等，有机物对铁的点蚀有一定的缓蚀作用，尤以琥珀酸盐为佳。但是如果缓蚀剂用量不足，反而加速点蚀。

（4）电化学保护

使用外加的阴极电流将金属阴极极化，使电极电位控制在点蚀保护电位 E_p 以下，也可以有效地控制点蚀的萌生和发展。

3.3　缝隙腐蚀

3.3.1　缝隙腐蚀的概念

缝隙腐蚀是一种常见的局部腐蚀。金属材料或制品在介质中，由于金属与金属或金属与非金属之间形成特别小的缝隙（一般在 0.025 ～ 0.1mm 范围内）。使缝隙内介质处于滞留状态，引起缝隙内金属的加速腐蚀，这种局部腐蚀称为缝隙腐蚀。如图 3-5 所示。

可能构成缝隙腐蚀的缝隙包括：金属结构的衔接、焊接、螺纹连接等处构成的缝隙；金属与非金属的连接处，如金属与塑料、橡胶、石墨等处构成的缝隙；金属表面的沉积物、附着物，如灰尘、沙粒、腐蚀产物、细菌菌落或海洋污损生物等与金属表面形成

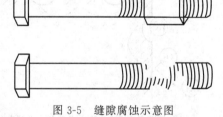

图 3-5　缝隙腐蚀示意图

的狭小缝隙等；此外，许多金属构件由于设计上的不合理或由于加工过程等关系也会形成缝隙，这些缝隙是发生隙缝腐蚀的理想场所。多数情况下的缝隙在工程结构中不可避免，所以缝隙腐蚀也是不可完全避免的。

缝隙腐蚀具有如下的基本特征。

① 几乎所有的金属和合金都有可能引起缝隙腐蚀。从正电性的 Au 或 Ag 到负电性的 Al 或 Ti；从普通的不锈钢到特种不锈钢都会产生缝隙腐蚀。但它们对缝隙腐蚀的敏感性有所不同，具有自钝化能力的金属或合金对缝隙腐蚀的敏感性较高，不具有自钝化能力的金属和合金，如碳钢等对缝隙腐蚀的敏感性较低。例如 0Cr18Ni8Mo3 这种奥氏体不锈钢，是一种能耐多种苛刻介质腐蚀的优良合金，也会产生缝隙腐蚀。

② 几乎所有的腐蚀性介质都有可能引起金属的缝隙腐蚀。介质可以是酸性、中性或碱性的溶液，但一般以充气的、含活性阴离子（如 Cl⁻ 等）的中性介质最易引起缝隙腐蚀。

③ 遭受缝隙腐蚀的金属，在缝隙内呈现深浅不一的蚀坑或深孔。缝隙口常有腐蚀产物

覆盖，即形成闭塞电池。因此缝隙腐蚀具有一定的隐蔽性，容易造成金属结构的突然失效，具有相当大的危害性。

④ 与点蚀相比，同一金属或合金在相同介质中更易发生缝隙腐蚀。对点蚀而言，原有腐蚀孔可以发展，但不产生新的蚀孔，而在发生缝隙腐蚀电位区间内，缝隙腐蚀既能发展，又能产生新的蚀坑，原有的蚀坑也能发展，所以，缝隙腐蚀是一种比点蚀更为普遍的局部腐蚀，虽然对于缝隙腐蚀的研究愈来愈受到重视，但研究的广度和深度都比不上点蚀。

3.3.2　缝隙腐蚀机理

关于缝隙腐蚀的机理，过去都用氧浓差电池的模型来解释。随着电化学测试技术的发展。特别是通过人工模拟缝隙的实验发现，许多缝隙腐蚀现象难以用氧浓差电池模型作出圆满的解释。美国科学家 Fontana 和 Greene 在上述研究基础上，提出了缝隙腐蚀的闭塞电池模型来阐述金属的缝隙腐蚀。

金属的缝隙腐蚀可以看作是先后形成氧浓差电池和闭塞电池作用的结果。下面结合图3-6 碳钢在中性海水中发生的缝隙腐蚀阐述缝隙腐蚀机理。

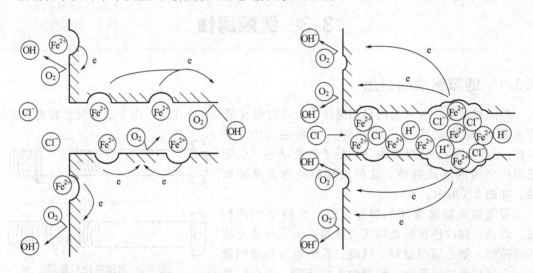

(a) 缝隙腐蚀初期：腐蚀发生在整个金属表面　　(b) 缝隙腐蚀后期：腐蚀仅在缝隙内发生，缝隙内H⁺和Cl⁻浓度增加，具有自催化效应

图 3-6　Fontana 和 Greene 缝隙腐蚀机理

缝隙腐蚀刚开始，氧去极化腐蚀在缝隙内、外的整个金属表面上同时进行。

阳极溶解反应　　　　　　　　$Fe \longrightarrow Fe^{2+} + 2e$

阴极还原反应　　　　　　　　$O + 2H_2O + 4e \longrightarrow 4OH^-$

经过较短时间的阴、阳极反应，缝隙内的 O_2 逐渐消耗殆尽，形成缝隙内、外的氧浓差电池。缺氧的区域（缝隙内）电位较低为阳极区，氧易于到达的区域（缝隙外）电位较高为阴极区。腐蚀电池具有大阴极、小阳极的特点，腐蚀电流较大，结果缝隙内金属溶解，金属阳离子 Fe^{2+} 不断增多。

同时二次腐蚀产物 $Fe(OH)_2 \downarrow$ 或 $Fe(OH)_3 \downarrow$ 在缝隙口形成，致使缝隙外的氧扩散到缝隙内很困难，从而终止了缝隙内氧的阴极还原反应，使缝隙内金属表面和缝隙外自由暴露表面之间组成宏观腐蚀电池——闭塞电池。

闭塞电池的形成标志着缝隙腐蚀进入了发展阶段。此时缝隙内介质处于滞流状态，金属

阳离子 Fe^{2+} 难以向外扩散，随着金属离子的积累，造成缝隙内正电荷过剩，促使缝隙外 Cl^- 向缝隙内迁移以保持电荷平衡，并在缝隙内形成金属氧化物。

缝隙内金属离子发生如下的水解反应：

$$FeCl_2 + 2H_2O \longrightarrow Fe(OH)_2 \downarrow + 2HCl$$

水解反应使缝隙内的介质酸化，缝隙内介质的 pH 值可降低至 2～3 左右，这样缝隙内 Cl^- 的富集和生成的高浓度 H^+ 的协同作用加速了缝隙内金属的进一步腐蚀。

由于缝隙内金属溶解速度的增加又促使缝隙内金属离子进一步过剩，Cl^- 继续向缝隙内迁移。形成的金属盐类进一步的水解、酸化，更加速了金属的溶解……，构成了缝隙腐蚀发展的自催化效应。如果缝隙腐蚀不能得到有效的抑制，往往会导致金属腐蚀穿孔。

如果缝隙宽度大于 0.1mm，缝隙内介质不会形成滞留，也就不会产生缝隙腐蚀。

综上所述，氧浓差电池的形成，对缝隙腐蚀的初期起促进作用。但蚀坑的深化和扩展是从形成闭塞电池开始的，所以闭塞电池的自催化作用是造成缝隙腐蚀加速进行的根本原因。换言之，光有氧浓差作用而没有自催化作用，不至于构成严重的缝隙腐蚀。

不锈钢对缝隙腐蚀的敏感性比碳钢高，它在海水中更容易引起缝隙腐蚀，其腐蚀机理与碳钢大同小异。

目前对于缝隙腐蚀机理仍未得到完全统一的认识。

3.3.3 缝隙腐蚀与点蚀的比较

缝隙腐蚀和点蚀有许多相似的地方，尤其在腐蚀发展阶段上更为相似。于是有人曾把点蚀看作是一种以蚀孔作为缝隙的缝隙腐蚀，但只要把两种腐蚀加以分析和比较，就可以看出两者有本质上的区别。

从腐蚀发生的条件来看，点蚀起源于金属表面的点蚀核，缝隙腐蚀起源于金属表面的特小缝隙。点蚀必须在含活性阴离子的介质中才会发生，而后者即使在不含活性阴离子的介质中也能发生。

从腐蚀过程来看，点蚀是通过逐渐形成闭塞电池，然后才加速腐蚀的，而缝隙腐蚀由于事先已有缝隙，腐蚀刚开始很快便形成闭塞电池而加速腐蚀。点蚀闭塞程度较大，缝隙腐蚀闭塞程度较小。

从环形阳极极化曲线上的特征电位来看，同一不锈钢试样在同一实验条件下，点蚀的 E_b 值高于缝隙腐蚀的 E_b 值，这说明缝隙腐蚀比点蚀更容易发生。在 $E_b \sim E_p$ 区间，对点蚀来说，原有的蚀孔可以发展，新的蚀孔不会产生。对缝隙腐蚀，除已形成的蚀坑可以扩展外，新的蚀坑仍会发生。

从腐蚀形态看，点蚀的蚀孔窄而深，缝隙腐蚀的蚀坑相对广而浅。

3.3.4 缝隙腐蚀的影响因素

金属发生缝隙腐蚀的难易程度与许多因素有关，主要有材料因素、几何因素和环境因素。

（1）材料因素

不同的金属材料耐缝隙腐蚀的性能不同。不锈钢随着 Cr、Mo、Ni 元素含量的增高，其耐缝隙腐蚀性能有所提高。如 Inconel625（Ni58Cr22Mo9Nb4）合金在海水中具有很强的耐缝隙腐蚀性能。304 不锈钢（1Cr19Ni10）耐缝隙腐蚀能力则较差。又如金属 Ti 在高温和含较浓的 Cl^-、Br^-、I^- 及 SO_4^{2-} 等离子的溶液中，就容易产生缝隙腐蚀，但若在 Ti 中加入 Pd 进行合金化，这种合金则具有极强的耐缝隙腐蚀性能。

（2）几何因素

影响缝隙腐蚀的重要几何因素包括缝隙宽度和深度以及缝隙内、外面积比等。一般发生缝隙腐蚀的缝宽为 $0.025\sim0.1$mm 的范围内，最敏感的缝宽为 $0.05\sim0.1$mm，超过 0.1mm 就不会发生缝隙腐蚀，而是倾向于发生均匀腐蚀。在一定限度内缝隙愈窄，腐蚀速度愈大。由于缝隙内为阳极区，缝隙外为阴极区，所以缝隙外部面积愈大，缝隙内腐蚀速度愈大。

（3）环境因素

溶液中氧的含量、Cl^- 的含量、溶液 pH 值等对缝隙腐蚀速度都有影响。不锈钢的缝隙腐蚀大多是在充气中性氯化物介质中发生（如海水）。通常介质中的 Cl^- 浓度愈高，发生缝隙腐蚀的可能性愈大，当 Cl^- 浓度超过 0.1％时，便有发生缝隙腐蚀的可能。Br^- 也会引起缝隙腐蚀，但次于 Cl^-，I^- 又次之。溶液氧的浓度若大于 0.5mg/L 时，便会引起缝隙腐蚀。

环境因素对不锈钢缝隙腐蚀的影响列于表 3-4 中。

表 3-4　环境因素对不锈钢缝隙腐蚀的影响

环境因素		缝隙内		缝隙外	缝隙腐蚀速度
		萌生缝隙腐蚀敏感性	发展阳极反应速度 $Fe \longrightarrow Fe^{2+}+2e$ $Cr \longrightarrow Cr^{3+}+3e$	萌生、发展阴极反应速度 $O_2+H_2O+4e \longrightarrow 4OH^-$ $2H^++2e \longrightarrow H_2$	
溶解 O_2 增加		～	～	+	+
H^+ 浓度增加		+	+	～	+
Cl^- 浓度增加		+	+	～	+
流速增加		～	～	+	+
温度上升	敞开系统	+	+	－	80℃极大值
	密闭系统	+	+	+	+

注：＋表示加速腐蚀；－表示腐蚀减少；～表示无影响。

3.3.5　缝隙腐蚀的防护措施

① 合理设计与施工。多数情况下，钢铁设备或制品都会有缝隙，因此必须用合理的设计尽量避免缝隙。例如，施工时要尽量采用焊接，而不采用铆接或螺钉连接。对焊优于搭焊。焊接时要焊透，避免产生焊孔和缝隙。搭接焊的缝隙要连续焊、钎焊或捻缝的方法将其封塞。如果必须采用螺钉连接则应使用绝缘的垫片，如低硫橡胶垫片、聚四氟乙烯垫片，或在结合面上涂以环氧、聚氨酯或硅橡胶密封膏，或涂有缓蚀剂的油漆，如对钢可用加有 Pb-CrO_4 油漆，对铝可用加有 $ZnCrO_4$ 的油漆，以保护连接处。垫片不宜采用石棉、纸质等吸湿性材料，也不宜用石墨等导电性材料。热交换器的花板与热交换管束之间，用焊接代替胀管。对于几何形状复杂的海洋平台节点处，采用涂料局部保护，避免在长期的预制过程中由于沉积物的附着而形成缝隙。

若在结构设计上不可能采用无缝隙方案，亦要避免金属制品的积水处，使溶液能完全排净。要便于清理和去除污垢，避免锐角和静滞区（死角），以便出现沉积物时能及时清除。对于在海水介质中使用的不锈钢设备，可采用 Pb-Sn 合金填充缝隙，同时它还可以起牺牲阳极的作用。

② 如果缝隙难以避免时，可采用阴极保护，如在海水中采用锌或镁的牺牲阳极法。

③ 如果缝隙实在难以避免，则改用耐缝隙腐蚀的材料。选用在低氧酸性介质中不活化并具有尽可能低的钝化电流和较高的活化电位的材料。一般 Cr、Mo 含量高的合金，其抗缝隙腐蚀性较好。如含 Mo、含 Ti 的不锈钢、超纯铁素体不锈钢、铁素体-奥氏体双相不锈钢以及钛合金等。Cu-Ni、Cu-Sn、Cu-Zn 等铜基合金也有较好的耐缝隙腐蚀性能。

④ 带缝隙的结构若采用缓蚀剂法防止缝隙腐蚀，一定要采用高浓度的缓蚀剂才行。由于缓蚀剂进入缝隙时常受到阻滞，其消耗量大，如果用量不当，反而会加速腐蚀。

3.4　电偶腐蚀

3.4.1　电偶腐蚀的概念

当两种不同的金属或合金接触并放入电解质溶液中或在自然环境中，由于两种金属的自腐蚀电位不等，原自腐蚀电位较负的金属（电偶对阳极）腐蚀速度增加，而电位较正的金属腐蚀速度反而减小，这就是电偶腐蚀。电偶腐蚀也称为双金属腐蚀，或接触腐蚀。电偶腐蚀实际上就是宏观原电池腐蚀。

电偶腐蚀存在于众多的工业装置和工程结构中，它是一种最普遍的局部腐蚀类型。纽约著名的自由女神铜像内部的钢铁支架发生的严重腐蚀就是因为发生了电偶腐蚀，许多钢铁支架锈蚀得只剩下原来的一半，铆钉也已脱落；同时在潮湿空气、酸雨等作用下，铜皮外衣也被腐蚀得比原先薄了许多。

轮船、飞机、汽车等许多交通工具都存在着异种金属的相互接触，都会引起程度不同的电偶腐蚀。电偶腐蚀甚至存在于电子和微电子装备中，它们在临界湿度以上及腐蚀性大气环境下工作时，许多铜导线、镀金、镀银件与焊锡相接触而产生严重的电偶腐蚀。据报道，各军兵种的军事装备由于电偶腐蚀，破坏了它们的可靠性，导致电子装备的早期失效，直接影响乃至丧失它们的作战能力。

有时，两种不同的金属虽然没有直接接触，在意识不到的情况下也有引起电偶腐蚀的可能。例如循环冷却系统中的铜零件，由于腐蚀下来的铜离子可通过扩散在碳钢设备表面上沉积，沉积下的疏松的铜离子与碳钢之间便形成了微电偶腐蚀电池，结果引起了碳钢设备严重的局部腐蚀。这种现象起因于构成了间接的电偶腐蚀，可以说是一种特殊条件下的电偶腐蚀。

3.4.2　电偶腐蚀的原理

异种金属在同一介质中接触，为什么会导致腐蚀电位较低的金属的加速腐蚀，这里借助图 3-7 加以说明。

设有两块表面积相等的金属 M_1 和 M_2，把它们分别放入含去极化剂为 H^+ 的同一介质中，则两块金属便各自发生析氢腐蚀。金属 M_1 上发生的共轭反应是：

$$M_1 \Longrightarrow M_1^{2+} + 2e \qquad 腐蚀电位\ E_{corr,1}$$
$$2H^+ + 2e \Longrightarrow H_2$$

金属 M_2 上发生的共轭反应是：

$$M_2 \Longrightarrow M_2^{2+} + 2e \qquad 腐蚀电位\ E_{corr,2}$$
$$2H^+ + 2e \Longrightarrow H_2$$

M_1 的腐蚀电位是 $E_{corr,1}$，M_2 的腐蚀电位是 $E_{corr,2}$，设 $E_{corr,1} < E_{corr,2}$，其对应的腐蚀电流分别是 $i_{c,1}$ 和 $i_{c,2}$（如图 3-7）。反应处于活化极化控制，即服从 Tafel 关系。

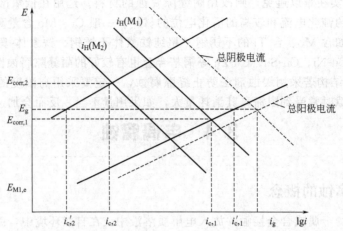

图 3-7 表面积相等的金属 M_1 和 M_2 组成电偶电池后的极化曲线

当两块金属在介质中直接接触（短路），便构成一个宏观电偶腐蚀电池，M_1 是宏观腐蚀电池的阳极，M_2 是宏观腐蚀电池的阴极。偶合电极阴、阳极之间的短路电流就是电偶电流。设此时两电极间溶液的 IR 降可忽略，由于有电偶电流从 M_2 流向 M_1，两电极便向相反方向极化（图 3-7 虚线所示）：M_1 发生阳极极化，M_2 发生阴极极化，当极化达到稳态时，两条极化曲线的交点所对应的电位是偶对的混合电位 E_g，E_g 位于 $E_{corr,1}$ 和 $E_{corr,2}$ 之间，对应的电流就是电偶电流 i_g。此时，M_1 的溶解电流便从 $i_{c,1}$ 增加到 $i'_{c,1}$，这说明偶合后的 M_1 的溶解速度比单独存在时增加了；M_2 则相反，它的溶解电流从 $i_{c,2}$ 下降到 $i'_{c,2}$，说明 M_2 偶合后的溶解速度比单独存在时下降了。

在电偶腐蚀中为了更好地表示两种金属偶接后阳极金属溶解速度增加的倍数，引入了电偶腐蚀效应的概念，用 γ 表示。M_1 和 M_2 两种金属偶接后，阳极金属 M_1 的腐蚀电流 $i'_{c,1}$ 与未偶接时该金属的自腐蚀电流 $i_{c,1}$ 之比，称为电偶腐蚀效应系数。

$$\gamma = \frac{i'_{c,1}}{i_{c,1}} \approx \frac{i_g}{i_{c,1}} \tag{3-1}$$

式中，$i_{c,1}$ 表示 M_1 未与 M_2 偶接时的自腐蚀电流；$i'_{c,1}$ 表示 M_1 与 M_2 偶接时的自腐蚀电流；i_g 表示电偶电流。该公式表示，偶接后阳极金属 M_1 溶解速度比金属单独存在时的腐蚀速度增加的倍数。γ 愈大，则电偶腐蚀愈严重。

由以上分析表明，在电偶腐蚀电池中，腐蚀电位较低的金属由于和腐蚀电位较高的金属接触而产生阳极极化，其结果是溶解速度增加；而电位较高的金属，由于和电位较低的金属接触而产生阴极极化，结果是溶解速度下降，金属受到了阴极保护，这就是电偶腐蚀的原理。在电偶腐蚀电池中，阳极金属溶解速度增加的效应，称为接触腐蚀效应；阴极金属溶解速度减小的效应，称为阴极保护效应。这两种效应同时存在，互为因果。

利用电偶腐蚀原理，可以用牺牲阳极体的金属来保护阴极体的金属，这种防腐方法称为牺牲阳极的阴极保护法。

3.4.3　差数效应

电位较负的金属 M_1 和电位较正的金属 M_2 形成电偶后，受到了金属 M_2 对它的阳极极化作用，金属 M_1 通过了一个大小为 i_g 的净的电偶电流，打破了它没有与 M_2 偶接时的自腐蚀状态，同时在自腐蚀电位下建立的电荷平衡被打破。所以，M_1 未形成电偶对时的自腐蚀速度与形成电偶后的腐蚀速度存在着差异。一个腐蚀着的金属，由于外加阳极极化引起其内部腐蚀微电池电流的改变，这种现象称为差数效应。如果外加阳极极化引起内部腐蚀微电池电流的减少，称为正差数效应；相反，引起腐蚀微电池电流增加则称为负差数效应。

可以通过 Zn 在稀酸中和 Pt 接触的实验来验证正差数效应现象（如图 3-8 所示）。首先打开开关 K，测得 Zn 上的析氢速度为 v_0，它相当于 Zn 单独存在时微电池作用下的腐蚀速度。然后合上 K，使 Zn 和 Pt 接触，测得 Zn 的析氢速度为 v_1，Pt 上的析氢速度为 v_2。v_2 相当于 Zn 受到阳极极化后微电池作用的腐蚀速度，v_2 相当于 Zn 和 Pt 接触后的腐蚀速度。显然，v_2 是外加阳极极化而引起的腐蚀速度，因此，Zn 和 Pt 接触后的总腐蚀速度应等于（$v_1 + v_2$）之和。虽然（$v_1 + v_2$）的值比 v_0 大，但 v_1 却比 v_0 小，这说明 Zn 受到阳极极化后，它的内部腐蚀微电池电流减少了。所以（$v_0 -$

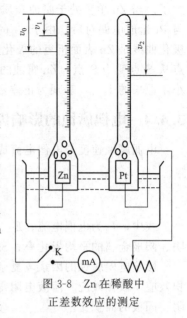

图 3-8　Zn 在稀酸中
正差数效应的测定

v_1）的差值便是正差数效应，即 $\Delta v = v_0 - v_1$。差数效应实质上是宏观腐蚀电池和金属内部微观腐蚀电池相互作用的结果。而宏观电池的工作引起微电池工作的削弱正是正差数效应的现象。如果用 Al 来代替 Zn 重复上述实验，发现不仅 Al 的总腐蚀速度增加，而且 Al 的微电地腐蚀速度也增加，这就是负差数效应的现象。差数效应并非只在析氢腐蚀体系中才会发生，在吸氧腐蚀系中也会发生，只是对于后者验证较为困难。正差数效应的现象比较普遍，负差数效应的现象比较少见。镁及镁合金在海水中和碳钢接触时表现出负差数效应。

差数效应现象，可用多电极电池体系的图解方法进一步解释，并可以进行定量的计算。以上述实验为例，将腐蚀着的金属 Zn 看成双电极腐蚀电池。当 Zn 和 Pt 接触，等于接入一个更强的阴极组成一个三电极腐蚀电池。如图 3-9(a) 所示，假定电极的面积比以及它们的阴、阳极极化曲线可以确定的话，便可给出体系的差数效应的腐蚀极化图，如图 3-9（b）。在这个三电极体系中，Pt 可看作不腐蚀电极，对 Zn 而言，除了未与 Pt 接触时由于腐蚀微电池作用而发生自溶解外，还因外加阳极电流而产生了阳极溶解，所以 Zn 的总腐蚀速度增

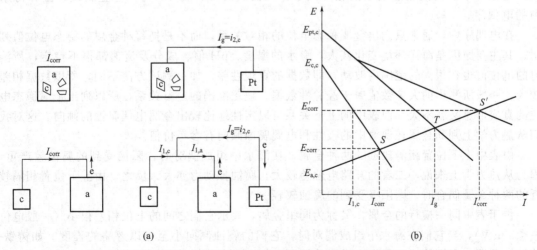

(a)　　　　　　　　　　　　(b)

图 3-9　正差数效应的三电极模型（a）和正差数效应的腐蚀极化图（b）

加了。当 Zn 单独处于腐蚀介质中时，自腐蚀电位和自腐蚀电流分别是 E_{corr} 和 I_{corr}。当 Zn 与 Pt 组成电偶对后，由于 Pt 的电位较正，析氢反应主要在 Pt 上发生，这时析氢反应总的极化曲线是 Zn 表面析氢的极化曲线和 Pt 上析氢极化曲线的加和，即阳极极化曲线与它的交点从 S 点变为 S' 点，Zn 腐蚀的总电流也变为 I'_{corr}，此时 Zn 上腐蚀微电池的电流变为 I_1，小于原来的 I'_{corr}，表现为正差数效应。

3.4.4 电偶腐蚀的影响因素

电偶腐蚀速度与电偶电流成正比，其大小可用式(3-2) 表示：

$$I_g = \frac{E_c - E_a}{\frac{P_c}{S} + \frac{P_a}{S_a} + R} \tag{3-2}$$

式中，I_g 为电偶电流；E_c、E_a 分别为阴、阳极金属偶接前的稳态电位；P_c、P_a 分别为阴、阳极金属的平均极化率；S_c、S_a 分别为阴、阳极金属的面积；R 为欧姆电阻。

影响电偶腐蚀的因素较复杂。除了与接触金属材料的本性有关外，还与其他因素，如面积效应、极化效应、溶液电阻等因素有关。其中比较重要的因素是偶接金属材料的性质与阴、阳极的面积比。

（1）金属的电偶序与电偶腐蚀倾向

异种金属在同一介质中相接触，哪种金属为阳极，哪种金属做阴极，阳极金属的电偶腐蚀倾向有多大，这些原则上都可以用热力学理论进行判断。但能否用它们的标准电极电位的相对高低作为判断的依据呢？现以 Al 和 Zn 在海水中的接触为例。若从它们的标准电极电位来看 Al 的标准电极电位是 $-1.66V$，Zn 的是 $-0.762V$，二者组成偶对，Al 为阳极，Zn 为阴极，所以 Al 应受到腐蚀，Zn 应得到保护。但事实则刚好相反，Zn 受到腐蚀，Al 受到保护。判断结果与实际情况不符，原因是确定某金属的标准电极电位的条件与海水中条件相差很大。如 Al 在 3% 溶液中测得的腐蚀电位是 $-0.60V$，Zn 的腐蚀电位是 $-0.83V$，所以二者在海水中接触，Zn 阳极受到腐蚀，Al 是阴极得到保护。由此可见，当我们对金属在偶对中的极性做出判断时，不能以它们的标准电极电位作为判据，而应该以它们的腐蚀电位作为判据，否则有时会得出错误的结论。具体来说，可查用金属（或合金）的电偶序来做出热力学上的判断。所谓电偶序，就是根据金属（或合金）在一定条件下测得的稳态电位的相对大小排列而成的表。表 3-5 为一些金属或合金在海水中的电偶序。

在电偶序中，通常只列出金属稳态电位的相对关系，而不是把每种金属的稳态电位值列出，其主要原因是海洋环境变化甚大，海水的温度、pH 值、成分及流速都很不稳定，所测得的电位值也在很大的范围内波动，即数据的重现性差。加上测试方法不同，所以数据相差较大，一般所测得的大多数值属于经验性数据，缺乏准确的定量关系，所以列出金属稳态电位的真实值意义就不大。但表中的上下关系可以定性地比较出金属电偶腐蚀的倾向，这对我们从热力学上判断金属在偶对中的极性和电偶腐蚀倾向有参考价值。

由表中上下位置相隔较远的两种金属，在海水中组成偶对时，阳极受到的腐蚀较严重，因为从热力学上来说，二者的开路电位差较大，腐蚀推动力亦大。反之，由上下位置相隔较近的两种金属偶合时，则阳极受到的腐蚀较轻。

位于表中同一横行的金属，又称为同组金属，表示它们之间的电位相差很小（一般电位差 $<50mV$），当它们在海水中组成偶对时，它们的腐蚀倾向小至可以忽略的程度。如铸铁-软钢、黄铜、青铜等，它们在海水中使用不必担心会引起严重的电偶腐蚀。

表 3-5　一些金属或合金在海水中的电偶序（常温）

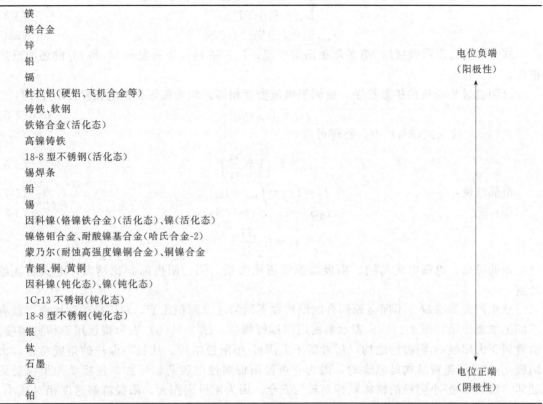

镁
镁合金
锌
铝
镉
杜拉铝(硬铝、飞机合金等)
铸铁、软钢
铁铬合金(活化态)
高镍铸铁
18-8 型不锈钢(活化态)
锡焊条
铅
锡
因科镍(铬镍铁合金)(活化态)、镍(活化态)
镍铬钼合金、耐酸镍基合金(哈氏合金-2)
蒙乃尔(耐蚀高强度镍铜合金)、铜镍合金
青铜、铜、黄铜
因科镍(钝化态)、镍(钝化态)
1Cr13 不锈钢(钝化态)
18-8 型不锈钢(钝化态)
银
钛
石墨
金
铂

电位负端
（阳极性）

电位正端
（阴极性）

必须指出，凭借腐蚀电偶序仅能估计体系发生电偶腐蚀趋势的大小，而电偶腐蚀的速度，不仅取决于这一电偶在所在介质中电位差的大小，还取决于这一腐蚀电偶回路的电阻值、组成电偶的两个电极极化所达到的程度和正负极材料的面积比、腐蚀产物的性质等因素。只有把热力学因素和动力学因素结合起来研究才能得出全面的结论。

（2）阴、阳极面积比

偶对中的阴、阳极面积的相对大小，对电偶腐蚀速度影响很大。从图 3-10 中可以看到，某一偶对中，随着阴极对阳极面积的比值（即 S_c/S_a）的增加，偶对的阳极腐蚀速度也增加。

阴、阳极面积比对阳极腐蚀速度的影响可以这样来解释：在氢去极化腐蚀时，腐蚀电流密度为阴极极

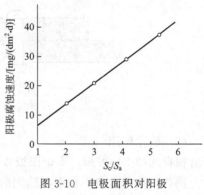

图 3-10　电极面积对阳极
腐蚀速度的影响

化控制的条件下，阴极面积相对愈大，阴极电流密度愈小，阴极上的氢过电位就愈小，氢去极化速度亦愈大，结果阳极的溶解速度增加。在氧去极化腐蚀时，其腐蚀电流密度为氧扩散控制的条件下，若阴极面积相对加大，则溶解氧可更大量地抵达阴极表面进行还原反应，因而扩散电流增加，导致阳极的加速溶解。

根据混合电位理论可以定量解释阴、阳极面积比对电偶腐蚀的影响。电位较负的金属 M_1（面积 S_1）和电位较正的金属 M_2（面积 S_2）组成偶对，浸入含氧的中性电解液中，电偶腐蚀受氧的扩散控制。假设 M_2 上只发生氧的还原反应，忽略其阳极溶解电流 $I_{2,a}$，则根

据混合电位理论，在电偶电位 E_g 下两金属总的氧化电流等于总的还原电流，即：

$$I_{1,a} = I_{1,c} + I_{2,c} \tag{3-3}$$

$$i_{1,a}S_1 = i_{1,c}S_1 + i_{2,c}S_2 \tag{3-4}$$

式中，$I_{1,a}$ 表示偶接后 M_1 的阳极溶解电流；$I_{1,c}$ 和 $I_{2,c}$ 分别表示 M_1 和 M_2 的还原反应电流。

因阴极过程受氧的扩散控制，故阴极电流密度相等，均为极限扩散电流密度 i_L，即：

$$i_{1,c} = i_{2,c} = i_L \tag{3-5}$$

式（3-5）代入式（3-4）中，整理可得：

$$i_{1,c} = i_L\left(1 + \frac{S_2}{S_1}\right) \tag{3-6}$$

电偶电流：
$$I_g = I_{1,a} - I_{1,c} = I_{2,c} \tag{3-7}$$

即：
$$i_g S_1 = i_{2,c}S_2 = i_L S_2 \tag{3-8}$$

$$i_g = i_L \frac{S_2}{S_1} \tag{3-9}$$

由此可见，电偶电流与阴、阳极面积成正比关系，阴、阳极面积比越大，电偶腐蚀越严重。

从生产实例来看，不同金属偶合的结构在不同的电极面积比下，对阳极的腐蚀速度就有不同的加速作用。图 3-11(a) 表示钢板用铜铆钉铆接，图 3-11(b) 表示铜板用钢铆钉铆接。前者属于大阳极-小阴极的结构，后者属于大阴极-小阳极结构。从材料保护的角度考虑，大阴极-小阳极的连接结构是危险的，因为它可使阳极腐蚀电流急剧增加，连接结构很快受到破坏。而大阳极-小阴极的结构则相对较为安全。因为阳极面积大，阳极溶解速度相对减小，不至于短期内引起连接结构的破坏。

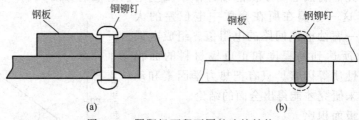

图 3-11　阴阳极面积不同的连接结构

（3）极化作用

根据式（3-2）可知，不论阳极极化率增大还是阴极极化率增大，都可使电偶腐蚀速度降低。例如，在海水中不锈钢与碳钢的阴极反应都受氧的扩散控制，当这两种金属偶接后，介质的钝化作用使不锈钢的极化率比碳钢高很多，所以，偶接后不锈钢能强烈地加速碳钢的腐蚀。

顺便提及，电偶作用有时也会促进阴极的破坏，如等面积的铝（阴极）和镁（阳极）在海水中，电偶作用将加速镁阳极的腐蚀，而在充气条件下阴极表面上的主要产物 OH^- 也会同时促进铝的破坏，所以电偶中的两极最终都会加剧腐蚀。

3.4.5　控制电偶腐蚀的措施

前面已提及，两种金属或合金的电位差是电偶效应的推动力，是产生电偶腐蚀的必要条件。因此在实际结构设计中应尽可能使接触金属间的电位差降到最小值。除规定接触电位差小于一定值外，还应采用消除电偶效应的措施，如采用适当的表面处理、油漆层、环氧树脂及其他绝缘衬垫材料，都能预防或减轻金属的电偶腐蚀。

电偶腐蚀的主要防止措施有：①结构设计中避免采用不同金属间的电接触，例如，易发生电偶腐蚀的管段之间，采用绝缘法兰，如果必须选用不同的金属连接结构，也要选择在工作环境下不同金属的电极电位尽量接近（最好不超过 50mV）的金属作为相接触的电偶对，根除或降低发生电偶腐蚀的必要条件；②减小较正电极电位金属的面积，尽量使电极电位较负的金属表面积增大，选择防护方法时应考虑面积因素的影响以及腐蚀产物的影响；③尽量使相接触的金属电绝缘，并使介质电阻增大；④充分利用防护层或设法外加保护电位。

电偶腐蚀不仅会造成腐蚀破坏，也可以利用电偶腐蚀，以达到保护主体结构的目的。例如，镀锌钢铁制品表面一旦受到损伤时，就能利用镀锌层的溶解，保护钢铁基体；采用铝基、锌基或镁系牺牲阳极，保护与它们连接的海工结构、埋地管线、油轮的储油舱/压水舱或油罐等。

3.5　晶间腐蚀

3.5.1　晶间腐蚀的形态及产生条件

常用金属材料，特别是结构材料，属多晶结构的材料，因此存在着晶界。晶间腐蚀金属的晶界受到的腐蚀破坏现象。晶间腐蚀是一种由微电池作用引起的局部破坏现象，是金属材料在特定的腐蚀介质中沿着材料的晶界产生的腐蚀。这种腐蚀主要是从表面开始，沿着晶界向内部发展，直至成为溃疡性腐蚀，整个金属强度几乎完全丧失。图 3-12 是晶间腐蚀的示意图。晶间腐蚀常在不锈钢、镍合金和铝-铜合金上发生，主要是在焊接接头或经一定温度、时间加热后的构件上发生。它曾经是 20 世纪 30～50 年代奥氏体不锈钢最为常见的腐蚀破坏形式。

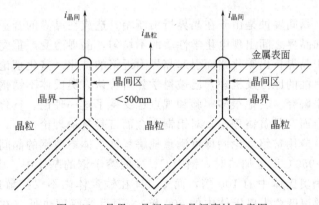

图 3-12　晶界、晶间区和晶间腐蚀示意图

晶间腐蚀的特征是：从宏观角度来看，金属材料表面似乎没有发生什么变化，但在腐蚀严重的情况下，晶粒之间已丧失了结合力，表现为轻轻敲击遭受晶间腐蚀的金属，已经发不出清脆的金属声，再用力敲击时金属材料会碎成小块，甚至形成粉状，因此，它是一种危害性很大的局部腐蚀。从微观角度看，腐蚀始发于表面，沿着晶界向内部发展，腐蚀形貌是沿着晶界形成许多不规则的多边形腐蚀裂纹。

晶间腐蚀的产生必须具备两个条件：一是晶界物质的物理化学状态与晶粒本身不同；二

是特定的环境因素，如潮湿大气、电解质溶液、过热水蒸气、高温水或熔融金属等。

3.5.2 晶间腐蚀机理

在腐蚀介质中，金属及合金的晶粒与晶界显示出明显的电化学不均一性，这种变化或是由金属或合金在不正确的热处理时产生的金相组织变化引起的，或是由晶界区存在的杂质或沉淀相引起的。下面从晶界结构分别列举出几种金属材料的晶间腐蚀原因。

（1）奥氏体不锈钢的晶间腐蚀

固溶处理的奥氏体不锈钢若在 450～850℃ 温度范围内保温或缓慢冷却，然后在一定腐蚀介质中暴露一定时间，就会产生晶间腐蚀。若奥氏体不锈钢在 650～750℃ 范围内加热一定时间（一种人为敏化处理的方法），则这类钢的晶间腐蚀就更为敏感。这就是说，利用这种方法很容易使奥氏体不锈钢（如 18-8 钢）产生晶间腐蚀。为什么在上述情况下易产生晶间腐蚀倾向呢？

含碳量高于 0.02% 的奥氏体不锈钢中，碳与铬能生成碳化物（$Cr_{23}C_6$）。这些碳化物高温淬火时成固溶态溶于奥氏体中，铬呈均匀分布，使合金各部分铬含量均在钝化所需值，即 12%Cr 以上。合金具有良好的耐蚀性。这种过饱和固溶体在室温下虽然暂时保持这种状态，但它是不稳定的。如果加热到敏化温度范围内，碳化物就会沿晶界析出，铬便从晶粒边界的固溶体中分离出来。由于铬的扩散速度缓慢，远低于碳的扩散速度，铬不能从晶粒内固溶体中扩散补充到边界，因而只能消耗晶界附近的铬，造成晶粒边界贫铬区。采用显微照相技术和 ^{14}C 这种放射性同位素作为标记原子，证明了经敏化后的奥氏体不锈钢，铬的碳化物 $Cr_{23}^{14}C_6$ 沿着敏化了的不锈钢晶界分布和在晶界上生成贫铬区，使得贫铬区内铬的含量低于耐晶间腐蚀所必需的 12% 的铬，因而敏化了的不锈钢就会在特定的介质中发生晶间腐蚀。

贫铬区的含铬量远低于钝化所需的极限值，其电位比晶粒内部的电位低，更低于碳化物电位。贫铬区和碳化物紧密相连，当遇到一定腐蚀介质时就会发生短路电池效应。该情况下碳化铬和晶粒呈阴极，贫铬区呈阳极，迅速被侵蚀。这一解释晶间腐蚀的理论称为贫化理论。

贫化理论认为，晶间腐蚀是由于在晶界析出新相，造成在晶界的合金成分中某一种成分贫乏，进而使晶粒和晶界之间出现电化学性质的不均匀，晶界遭受严重腐蚀。奥氏体不锈钢的晶间腐蚀就是由于晶界析出碳化铬而引起晶界附近铬的贫化。贫化理论较早地阐述了奥氏体不锈钢产生晶间腐蚀的原因及机理，已被科学界所公认。奥氏体不锈钢在多种介质中晶间腐蚀都以贫化理论来解释。其他很多实验和观点也支持了这一理论。贫化理论是个总称，对不锈钢的钼铬镍合金而言是贫铬理论，对铝铜合金而言是贫铜理论。

大量研究表明，应用贫铬理论同样可满意地解释铁素体不锈钢的晶间腐蚀现象。高铬铁素体不锈钢在 900～950℃ 以上加热时，钢中 C、N 固溶于钢的基体中。由于钢中 Cr 在铁素体内的扩散速度约为奥氏体中的 100 倍，而 C、N 在铁素体内不仅扩散速度快（在 600℃，C 在铁素体中的扩散速度约为奥氏体中的 600 倍），而且溶解度也低（在含 Cr 量 26% 的铁素体钢中，1093℃ 时 C 的溶解度为 0.04%，而在 972℃ 仅为 0.004%，温度再低，还要降至 0.004% 以下；N 的溶解度在 927℃ 以上为 0.023%，而在 593℃ 仅为 0.006%），因而高温加热后，在随后的冷却过程中，即使快冷也常常难以防止高铬的碳、氮化物沿晶界析出和贫铬区的形成。而在 750～870℃ 处理，可降低或消除铁素体不锈钢的晶间腐蚀倾向。但是，在 500～700℃ 范围内，钢中铬的扩散速度减小，短期内无法使贫铬区消失，故先经高温加热，而在冷却过程中又通过 500～700℃ 温度区的铁素体不锈钢，由于晶界有贫铬区的存在，在腐蚀介质作用下就会产生晶间腐蚀现象。研究表明，含 Cr 量 20% 的铁素体不锈钢，其贫铬区的含 Cr 量可小于 5%，甚至可为 0。

(2) 晶界 σ 相析出引起的晶间腐蚀

在不锈钢的应用中发现，含碳量很低的高铬、高钼不锈钢在一定敏化温度下（通常 650～850℃）加热或热处理时，能够在强氧化性介质（如沸腾的 65% HNO_3）中发生晶间腐蚀。研究发现，这是由于在敏化温度下晶界析出了 σ 相的结故。σ 相是 Fe-Cr 的金属间化合物，18-8 铬镍奥氏体不锈钢若在产生 σ 相的区间长时间加热、冷加工变形后在产生 σ 相的温度区间加热，或在钢中添加 Mo、Ti、Nb 等合金元素，也可能出现 σ 相。只有在很强的氧化性介质中，不锈钢的电位处于过钝化区时，σ 相才能发生选择性溶解。图 3-13 是不锈钢中 γ 相及 σ 相的阳极极化曲线。

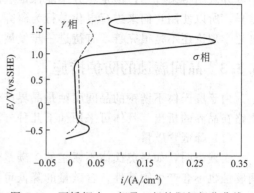

图 3-13　不锈钢中 γ 相及 σ 相的阳极极化曲线

从奥氏体 γ 相和 σ 相的阳极极化曲线可看出，在过钝化电位下，σ 相发生了严重的晶间腐蚀，其阳极溶解电流急剧上升，这可能是沿晶界分布的相自身的选择性溶解的缘故。这一解释不锈钢晶间腐蚀的理论称为 σ 相选择溶解理论。

上述两种晶间腐蚀理论各自适用一定的合金组织状态和介质条件。贫化理论适用于氧化性或弱氧化性介质，σ 相选择溶解理论适用于强氧化性介质，金相中有 σ 相的高铬、高钼不锈钢。

(3) 腐蚀电化学理论

腐蚀电化学理论认为，晶间腐蚀是一个电化学过程。由于一定温度下碳化物（$Cr_{23}C_6$）

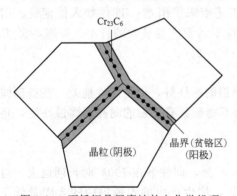

图 3-14　不锈钢晶间腐蚀的电化学机理

从奥氏体中析出而消耗晶界附近大量的铬，结果晶界附近的含铬量低于钝化必须的限量（即 Cr12%），形成贫铬区，使不锈钢的钝态受到破坏，晶界附近区域电位下降，而晶粒本身仍维持钝态，电位较高，这样便形成了晶粒为阴极、晶界为阳极活化-钝化短路腐蚀电偶腐蚀电池，该电池具有大阴极（富铬的晶粒)-小阳极（贫铬的晶界）的面积比，晶界活性溶解的电流密度很大，晶界处材料在电解液中发生严重的阳极溶解（如图 3-14 所示）。结果就在贫铬的晶界区发生晶间腐蚀。

从腐蚀电化学的观点看，贫化理论和 σ 相选择溶解理论所讨论的均属于引起晶间腐蚀的深层次细节问题。就性质和特征来看，晶间腐蚀应属局部腐蚀并和多电极系统在腐蚀介质中各相的电化学行为有密切关系。例如，如果不锈钢中含铬量不均，出现高铬区和低铬区，那么这些含铬量不同的区域就相当于不同的相而表现出不同的电化学行为（如图 3-13）。既然有 $Cr_{23}C_6$ 相出现，人们就自然要研究 $Cr_{23}C_6$ 的电化学行为。最简单和直观的验证方法是，将 $Cr_{23}C_6$ 与退火的 18-Cr-8Ni 不锈钢以接触方式全浸于介质（如 HNO_3 等）中做偶合腐蚀试验。一般由这种试验可以得知受腐蚀的电极是 18-Cr-8Ni 钢，即 $Cr_{23}C_6$ 为阴极。但是，由这样的实验证据不应当就得出下述的断言，即在晶界存在有 $Cr_{23}C_6$ 的情况下，晶间腐蚀都是由于其邻近贫铬区腐蚀的结果。

如果能了解晶间区微观的成分和结构，以及各个相的电化学行为，便有可能更深入地发展晶间腐蚀理论。从腐蚀电化学的测试技术来看，当前还办不到能将一个相或贫化区从整块金属表面上划隔开来。即使是可以通过电解分离技术将一些相电解分离出来，或者应用模拟制取办法制得某种相，但是，并不能保证它们与存在于整块金属中时的状态完全一致而没有差异。所以使用它们来进行电化学行为研究，其结果不见得就能代表真实情况。晶间腐蚀的电化学理论还不是很完善，有待进一步发展。

3.5.3　晶间腐蚀的防护措施

由于奥氏体不锈钢的晶间腐蚀是晶界产生贫铬引起的，所以，控制晶间腐蚀就要控制碳化铬在晶界的析出。具体可采用如下几种方法。

（1）降低含碳量

实践表明，如果奥氏体不锈钢的含碳量低于 0.03% 时，即使钢在 700℃ 长期退火，对晶间腐蚀也不会产生敏感性。含碳量的降低可以减少碳化铬的形成和沿晶界的析出，从根本上防止晶间腐蚀。含碳量在 0.05%~0.02% 的钢称为超低碳不锈钢。但这种钢冶炼困难，成本较高。

（2）稳定化处理

为了防止不锈钢的晶间腐蚀，冶炼钢材时加入一定量与碳的亲和力较大的 Ti、Nb 等元素。这时，碳优先与 Ti、Nb 生成碳化钛 TiC 和碳化铌 NbC，这些碳化物相当稳定，经过敏化温度，$Cr_{23}C_6$ 也不至于在晶界上大量析出，在很大程度上消除了奥氏体不锈钢产生晶间腐蚀的倾向。Ti 和 Nb 的加入量一般控制在含碳量的 5~10 倍。为了使钢达到最大的稳定。还需要进行稳定化处理。所谓稳定化处理就是把含 Ti、Nb 的钢加热至 900℃，保温数小时，使碳和 Ti、Nb 充分生成稳定的碳化物，于是 $Cr_{23}C_6$ 就没有在晶间上析出的可能。

但是，含稳定化元素 Ti、Nb，特别是含 Ti 的不锈钢有许多缺点。例如，Ti 的加入使钢的黏度增加，流动性降低，给不锈钢的连续浇注工艺带来了困难；Ti 的加入使钢锭、钢坯表面质量变坏等。由于含 Ti 不锈钢的上述缺点，在不锈钢产量最大的日本、美国，含 Ti 的 18Cr-8Ni 不锈钢的产量仅占 Cr-Ni 不锈钢产量的 1%~2%。

（3）采用双相不锈钢

奥氏体不锈钢韧性好，但耐蚀性差，铁素体不锈钢耐蚀性好，但加工性能差。在奥氏体钢中含 10%~20% 的 δ-铁素体的奥氏体-铁素体双相不锈钢具有更强的耐晶间腐蚀性能，是目前耐晶间腐蚀的优良钢种。

（4）采用超低碳不锈钢

实践证明，如果奥氏体不锈钢中的含碳量低于 0.03%，即使钢在 700℃ 时长期退火，对晶间腐蚀也不会产生敏感性。生产上使用电子轰击炉，使生产出的不锈钢中的含碳量低于 0.03%，这样就可限制 $Cr_{23}C_6$ 在晶界析出，从而使晶间腐蚀得到有效的控制。

3.6　选择性腐蚀

3.6.1　选择性腐蚀的定义和特点

选择性腐蚀是指在多合金中较活泼组分的优先溶解，这个过程是由于合金组分的电化学差异而引起的。在二元或多元合金中，较贵的金属为阴极，较贱的金属为阳极，构成成分差异腐蚀原电池，较贵的金属保持稳定或与较活泼的组分同时溶解后再沉积在合金表面，而较贱的金属发生溶解。选择性腐蚀一般会随着合金成分的提高或是温度的提高而加重。比较典型的选择性腐蚀是黄铜脱 Zn 和铸铁的石墨化腐蚀。

3.6.2　黄铜脱锌

3.6.2.1　黄铜脱锌的特征

黄铜即是 Cu-Zn 合金，加 Zn 可提高 Cu 的强度和耐冲蚀性能。但随 Zn 含量的增加，脱锌腐蚀和应力腐蚀将变得严重，如图 3-15 所示。黄铜脱锌即是 Zn 被选择性溶解，留下了多孔的富 Cu 区，从而导致合金强度大大下降。

黄铜脱锌有两种形态：一种是均匀性或层状脱锌，多发生于 Zn 含量高的合金中，并且总是发生在酸性介质中；另一种是塞状脱锌，多发生于 Zn 含量较低的黄铜及中性、碱性或弱酸性介质中。用作海水热交换器的黄铜经常出现这类脱锌腐蚀。

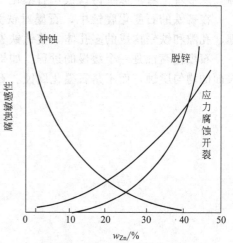

图 3-15　黄铜中 Zn 含量与不同
腐蚀形态敏感性的关系

Zn 的质量分数少于 15％的黄铜称作红铜，多用于散热器，一般不出现脱锌腐蚀；Zn 的质量分数在 30％～33％的黄铜多用于制作弹壳。这两类黄铜都是 Zn 在 Cu 中的固溶体合金，称作 α 黄铜。Zn 的质量分数在 38％～47％的黄铜是 α＋β 相组织，β 相是以 Cu-Zn 金属间化合物为基体的固溶体，这类黄铜热加工性能好，多用于热交换器。Zn 含量高的 α 及 α＋β 黄铜脱锌腐蚀都比较严重。

3.6.2.2　黄铜脱锌的机理

黄铜脱锌是个复杂的电化学反应过程，而不是一个简单的活泼金属分离现象。多数人认为黄铜脱锌分三步：①黄铜溶解；②Zn^{2+} 离子留在溶液中；③Cu 镀回基体上。对应的反应为：

阳极反应：$Zn \longrightarrow Zn^{2+} + 2e$，$Cu \longrightarrow Cu^+ + e$

阴极反应：$\frac{1}{2}O_2 + H_2O + 2e \longrightarrow 2OH^-$

Zn^{2+} 留在溶液中，而 Cu^+ 迅速与溶液中的氯化物作用，形成 Cu_2Cl_2，接着 Cu_2Cl_2 分解：

$$Cu_2Cl_2 \longrightarrow Cu + CuCl_2 \text{ 歧化反应}$$
$$Cu^{2+} + 2e \longrightarrow Cu$$

Cu 又沉积到基体上。因此，总的效果是 Zn 溶解，留下了多空的 Cu。

3.6.2.3　防止黄铜脱锌的措施

在 α 黄铜中加入少量的 As（$w_{As} = 0.04％$）可有效防止脱锌腐蚀。加 Sb 或 P 也有同样的效果，但一般多用 As，因为 P 易引发晶间腐蚀。但这种方法对 α＋β 黄铜无效，在 α＋β 黄铜中可加入一定量的 Sn、Al、Fe、Mn，能减轻脱锌腐蚀，但不能完全避免。

As 的作用在于抑制了 Cu_2Cl_2 的歧化反应，降低了溶液中 Cu^{2+} 离子的浓度。α 黄铜在氯化物中的电位低于 Cu^{2+}/Cu，而高于 Cu_2^{2+}/Cu，所以只有前者能被还原，即 α 黄铜脱锌必须从 Cu_2Cl_2 形成 Cu^{2+} 中间产物，反应才能进行下去。As 抑制了 Cu^{2+} 的产生，也就能抑制

α 黄铜的脱锌。但 Cu^{2+}/Cu 及 Cu_2^{2+}/Cu 的电位都高于 α＋β 黄铜的电位，即 Cu^{2+} 和 Cu^+ 都可能被还原，因而 As 对 α＋β 黄铜的脱锌过程没有影响。

3.6.3 石墨化腐蚀

灰铸铁中的石墨以网络状分布在铁素体中，在介质为盐水、矿水、土壤（尤其是含有硫酸盐的土壤）或极稀的酸性溶液中，发生了铁基体的选择性腐蚀，而石墨沉积在铸铁的表面，从形貌上看，似乎铸铁被"石墨化"了，因此称作石墨化腐蚀。

在铸铁的石墨化腐蚀中，石墨对铁为阴极，形成了高效原电池，铁被溶解后，成为石墨、孔隙和铁锈构成的多孔体，使铸铁失去了强度和金属性。

石墨化腐蚀是一个缓慢的过程。如果铸铁处于能使金属迅速腐蚀的环境中，将发生整个表面的均匀腐蚀，而不是石墨化腐蚀。石墨化腐蚀常发生在长期埋在土壤中的灰铸铁管上。

第4章 应力作用下的腐蚀

金属材料在实际使用过程中，不仅会受到腐蚀介质的作用，同时还会受到各种应力的作用，并常常因此造成更为严重的腐蚀破坏。这些应力可以是外部施加的，如通过拉伸、压缩、弯曲、扭转等方式直接作用在金属上，或通过接触面的相对运动、高速流体（可能含有固体颗粒）的流动等施加在金属表面上；也可以来自金属内部，如氢原子侵入金属内部产生应力。因而，造成的腐蚀破坏包括应力腐蚀开裂、氢致开裂、腐蚀疲劳、冲刷腐蚀、腐蚀磨损等。由于材料的断裂是由环境因素引起的，因此也常统称环境断裂。

4.1 应力腐蚀开裂

4.1.1 应力腐蚀开裂的定义和特点

应力腐蚀开裂（stress corrosion cracking，SCC）是指受拉伸应力作用的金属材料在某些特定的介质中，由于腐蚀介质和应力的协同作用而发生的脆性断裂现象。通常在某种特定的腐蚀介质中，材料在不受应力时腐蚀甚微；而受到一定的拉伸应力时（可远低于材料的屈服强度），经过一段时间后，即使是延性很好的金属也会发生脆性断裂。一般这种断裂事先没有明显的征兆，因而往往造成灾难性的后果。常见的 SCC 黄铜的"氢脆"（也称"季裂"）、锅炉钢的"碱脆"、低碳钢的"硝脆"和奥氏体不锈钢的"氯脆"等。

4.1.2 SCC 发生条件和特征

一般认为发生 SCC 需要同时具备三个方面的条件：敏感材料、特定介质和拉伸应力。

① 金属本身对 SCC 具有敏感性 几乎所有的金属或合金在特定的介质中都有一定的 SCC 敏感性，合金和含有杂质的金属比纯金属更容易产生 SCC。

② 存在能引起该金属发生 SCC 的介质 每种合金的 SCC 只对某些特定的介质敏感，并不是任何介质都能引起 SCC。表 4-1 列出了一些合金发生 SCC 的常见环境。通常合金对引起 SCC 的环境中是惰性的，表面往往存在钝化膜。特定介质的量往往很少就足以产生应力腐蚀。材料与环境的交互作用反映在电位上就是 SCC 一般发生在活化-钝化或钝化-过钝化的过渡区电位范围，即钝化膜不完整的电位区间。

表 4-1　一些金属和合金产生 SCC 的特定介质

材　　料	介　　质
低碳钢	NaOH 溶液、硝酸盐溶液、含 H_2S 和 HCl 溶液、CO-CO_2-H_2O、碳酸盐、磷酸盐
高强钢	各种水介质、含痕量水的有机溶剂、HCN 溶液
奥氏体不锈钢	氯化物水溶液、高温高压含氧高纯水、连多硫酸、碱溶液
铝和铝合金	湿空气、海水、含卤素离子的水溶液、有机溶剂、熔融 NaCl
铜和铜合金	含 NH_4^+ 的溶液、氨蒸气、汞盐溶液、SO_2 大气、水蒸气
钛和钛合金	发烟硝酸、甲醇(蒸气)、NaCl 溶液(>290℃)、HCl(10%,35℃)、H_2SO_4、湿 Cl_2、(288℃,346℃,427℃)、N_2O_4(含 O_2,不含 NO,24～74℃)
镁和镁合金	湿空气、高纯水、氟化物、KCl+K_2CrO_4 溶液
镍和镍合金	熔融氢氧化物、热浓氢氧化物溶液、HF 蒸气和溶液
锆合金	含氯离子水溶液、有机溶剂

③ 发生 SCC 必须有一定拉伸应力的作用　这种拉伸应力可以是工作状态下材料承受外加载荷造成的工作应力；也可以是在生产、制造、加工和安装过程中在材料内部形成的热应力、形变应力等残余应力；还可以是裂纹内腐蚀产物的体积效应造成的楔入作用或是阴极反应形成的氢产生的应力。

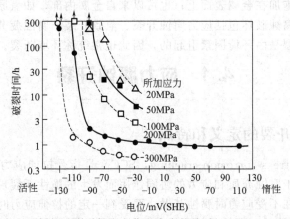

图 4-1　304 不锈钢破裂时间和电位及应力的关系 (144℃, $MgCl_2$ 溶液)

SCC 还有如下特征：

① SCC 是一种典型的滞后破坏，即材料在应力和腐蚀介质共同作用下，需要经过一定时间使裂纹形核、裂纹亚临界扩展，并最终达到临界尺寸，发生失稳断裂。因此，这种滞后破坏可明显分成三个阶段：①孕育期 (t_{in})，指裂纹萌生阶段，即裂纹源成核所需时间，占整个时间的 90% 左右；②裂纹扩展期 (t_{cp})，指裂纹成核后直至发展到临界尺寸所经历的时间；③快速断裂期，指裂纹达到临界尺寸后，由纯力学作用裂纹失稳瞬间断裂。

整个断裂时间 t_f=t_{in}+t_{cp}，与材料、介质、应力有关，短则几分钟，长则可达若干年。对于一定的材料和介质，应力降低（应力强度因子也降低），断裂时间延长。对大多数的腐蚀体系来说，存在一个门槛应力或临界应力 σ_{th}（临界应力强度因子 K_{ISCC}），在此临界值下，不发生 SCC。

② SCC 的裂纹分为晶间型、穿晶型和混合型三种。裂纹的途径取决于材料与介质，同一材料因介质变化，裂纹途径也可能改变。应力腐蚀裂纹的主要特点是：裂纹起源于表面；

裂纹的长宽不成比例，相差几个数量级；裂纹扩展方向一般垂直于主拉伸应力的方向；裂纹一般呈树枝状。

③ 应力腐蚀裂纹的扩展速度一般为 $10^{-6} \sim 10^{-3}\,\mathrm{mm/min}$，比均匀腐蚀要快 10^{6} 倍，但仅为纯机械断裂速度的 10^{-10}。

④ SCC 开裂是一种低应力的脆性断裂，断裂前没有明显的宏观塑性变形，大多数条件下是脆性断口——解理、准解理或沿晶。由于腐蚀的作用，断口表面颜色暗淡，显微断口往往可见腐蚀坑和二次裂纹，穿晶微观断口往往具有河流花样、扇形花样、羽毛状花样等形貌特征；晶间显微断口呈冰糖块状。

4.1.3　SCC 机理

本节将介绍阳极溶解型 SCC 机理，氢致开裂型 SCC 机理将在 4.2 节中论述。关于阳极溶解型 SCC 的机理有多种，但一直存在争议，到目前为止仍然没有解决。已提出的阳极溶解型 SCC 机理主要有如下几种。

（1）滑移溶解机理

滑移溶解机理也称为膜破裂理论。其示意图如图 4-2 所示。金属或合金在腐蚀介质中可能会形成一层钝化膜。如应力能使膜局部破裂（如位错滑出表面产生滑移台阶使膜破裂，蠕变使膜破裂或拉应力使沿晶脆性膜破裂），局部地区（如裂尖）露出无膜的金属，它相对膜未破裂的部位（如裂纹侧边）是阳极相，会发生瞬时溶解。新鲜金属在溶液中会发生再钝化，钝化膜重新形成后溶解（裂纹扩展）就停止，已经溶解的区域（如裂尖或蚀坑底部）由于存在应力集中，因而使该处的再钝化膜再一次破裂，又发生瞬时溶解，这种膜破裂（通过滑移或蠕变）、金属溶解、再钝化过程的循环重复，就导致应力腐蚀裂纹的形核和扩展。

(a) 钝化膜破坏之前的裂尖　　　(b) 拉应力使滑移面突破保护　　　(c) 破口再钝化，剩余一小缺口腐蚀使
　　　　　　　　　　　　　　　　　膜露出无膜金属表面　　　　　　　得裂纹扩展

图 4-2　滑移溶解机理示意图

滑移溶解机理有一定的局限性。比如 SCC 时不形成钝化膜而是形成脱合金疏松层，如黄铜在氨水溶液、Cu_3Au 在 $FeCl_3$ 溶液中，这时就不能用滑移溶解机理来解释阳极溶解型 SCC。

（2）择优溶解机理

这个理论包括沿晶择优溶解模型和隧道腐蚀模型。沿晶择优溶解模型是针对铝合金提出的。由于合金中有第二相沿晶界析出，它可能是阳极相，造成晶界阳极相择优溶解，应力一方面使溶解形成的裂纹张开，使其他沿晶阳极相进一步溶解；另一方面应力可使各个被溶解阳极相之间的孤立基体"桥"撕裂或使它的电位下降而被溶解。对其他一些晶界没有第二相析出的应力腐蚀体系，这个理论不适用。

隧道腐蚀模型（图 4-3）认为，在平面排列的位错露头处或新形成的滑移台阶位置，处于高应变状态的原子发生择优溶解，它沿位错线向纵深发展，形成一个个隧道孔洞。在应力作用下，隧道孔洞之间的金属产生机械撕裂，当机械撕裂停止后，又重新开始隧道腐蚀。这个过程的反复就导致了裂纹的不断扩展，直到金属不能承受载荷而发生过载断裂。断口上有

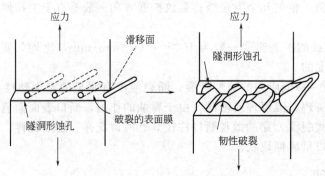

图 4-3　隧道腐蚀促进应力腐蚀裂纹扩展的示意图

时会存在腐蚀沟槽。但是，隧道腐蚀并非是应力腐蚀的必要条件。所以，这个模型虽然有一定的实验基础，但不能成为应力腐蚀的主要机理。

（3）介质导致解理机理

该理论认为应力腐蚀的本质是脆性裂纹不连续形核和扩展的过程，腐蚀介质的作用是使材料由韧变脆，其原因也分为两种理论。一种是应力吸附脆断机理，认为应力作用下特殊离子（如 Cl^-）的吸附能降低表面能，从而导致脆断（应力吸附脆断理论）。该理论可以解释某些用电化学理论（如滑移溶解理论）无法解释的现象，但这个理论本身并不自恰。例如，在很多应力腐蚀体系中均存在缓蚀剂，它们能延缓和抑制应力腐蚀；很多缓蚀剂（如氯化物中醋酸盐离子）的吸附能力比损伤离子（Cl^-）更强，它们应当使表面能下降更大，从而升高应力腐蚀敏感性，但实际上，它们选择性吸附后能抑制应力腐蚀。

另一种是钝化膜（或疏松层）导致脆断机理。认为在介质中会形成钝化膜或脱合金疏松层，它们能阻碍位错从有膜的裂尖发射，或使裂尖发出的位错塞积在钝化膜或疏松层中，位错不能进入基体就意味着材料"变脆"。裂尖应力集中可使微裂纹在钝化膜或疏松层中形核，然后以解理方式扩展至基体，扩展很短一段距离（微米量级）就将止裂，即解理裂纹以不连续方式形核、扩展。该机理可解释穿晶应力腐蚀断口和空拉脆性解理断口的一致性，也可解释应力腐蚀裂纹形核和扩展的不连续性。但其最大问题在于形成钝化膜（或疏松层）后是否一定能阻碍位错发射和运动，从而使材料由韧变脆呢？已有计算证明，这个结论不成立。另外，大量实验表明，对金属材料来说，不论是韧断还是脆断都是首先发射位错，当它到达临界状态时才导致微裂纹形核。因此，裂尖是否发射位错并不是由韧变脆的关键。

（4）腐蚀促进塑性变形导致 SCC 开裂

透射电镜下原位实验证明，腐蚀过程本身能促进位错发射和运动，即促进局部塑性变形。对于阳极溶解型应力腐蚀体系，金属表面的钝化膜或疏松层与基体界面处存在拉应力，由于它的协助作用，在较无钝化膜或疏松层存在时更低的外应力下位错就开始发射和运动。腐蚀促进局部塑性变形的同时就使该处产生应变集中，当整个试样的平均应变 ε_0^* 还很小时，应变集中区中的局部应变就可能达到在空气中拉伸时的断裂应变 ε_a，从而导致应力腐蚀裂纹形核、扩展，最终导致断裂。因此，SCC 时的断裂应变 ε_c 就远小于空拉时的断裂应变 ε_a，从而引起 SCC 敏感性 $I_\varepsilon \equiv (\varepsilon_a - \varepsilon_c)/\varepsilon_a \times 100\%$ 增加。由此可知，腐蚀介质促进局部塑性变形和应力腐蚀导致脆断并不矛盾。

4.1.4　应力腐蚀开裂的影响因素

影响 SCC 的因素主要包括环境、电化学、力学、冶金等方面，这些因素与应力腐蚀的关系较为复杂，如图 4-4 所示。奥氏体不锈钢在氯化物中的 SCC 就是典型的例子。在遇水可分解为酸性的氯化物溶液中均可能引起奥氏体不锈钢的 SCC，其影响程度为 $MgCl_2 >$ $FeCl_3 > CaCl_2 > LiCl > NaCl$。奥氏体不锈钢的 SCC 多发生在 50～300℃ 范围内。氯化物的浓度上升，SCC 敏感性增大。溶液的 pH 值越低，奥氏体不锈钢发生 SCC 断裂的时间越短。阳极极化使断裂的时间缩短，阴极极化可以抑制 SCC。

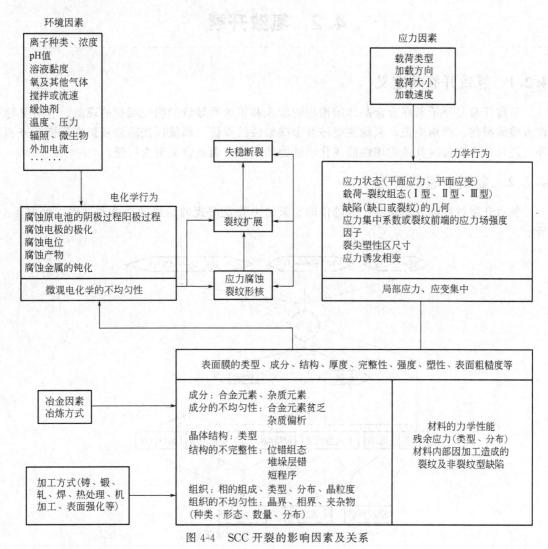

图 4-4 SCC 开裂的影响因素及关系

4.1.5 防止 SCC 的措施

为了防止 SCC，主要应从选材、消除应力和减轻腐蚀等方面采取措施。

① 选材 根据材料的具体使用环境，尽量避免使用对 SCC 敏感的材料。

② 消除应力 从以下几方面采取措施消除应力：a. 改进结构设计，减少应力集中和避免腐蚀介质的积存；b. 在部件的加工、制造和装配过程中尽量避免产生较大的残余应力；c. 可通过热处理、表面喷丸等方法消除残余应力。

③ 涂层 使用有涂层可将材料表面与环境分开，或使用对环境不敏感的金属作为敏感材料的镀层，都可减少材料 SCC 敏感性。

④ 改善介质环境 包括：a.控制或降低有害的成分；b.在腐蚀介质中加入缓蚀剂，通过改变电位、促进成膜、阻止氢或有害物质的吸附等，影响电化学反应动力学而起到缓蚀作用，改变环境的敏感性质。

⑤ 电化学保护 由于应力腐蚀开裂发生在活化-钝化和钝化-过钝化两个敏感电位区间，因此可以通过控制电位进行阴极保护或阳极保护防止 SCC 的发生。

4.2 氢致开裂

4.2.1 氢致开裂的定义

氢致开裂是原子氢在合金晶体结构内的渗入和扩散所导致的脆性断裂的现象，有时又称作氢脆或损伤。严格来说，氢脆主要涉及金属韧性的降低，而氢损伤除涉及韧性降低和开裂外，还包括金属材料其他物理性能或化学性能的下降，因此含义更为广泛。

4.2.2 金属中氢的行为

氢致开裂过程涉及的来源、氢的传输、氢的去处及造成的结果等一系列过程，如图 4-5 所示。

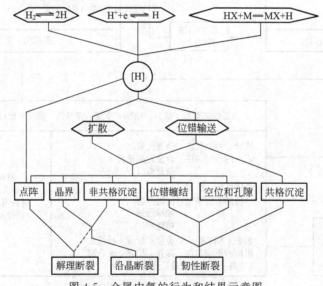

图 4-5 金属中氢的行为和结果示意图

4.2.2.1 氢的来源

氢的来源可分为内氢和外氢两种。内氢是指材料在使用前内部就已经存在的氢，主要是在冶炼、热处理、酸洗、电镀、焊接等过程中吸收的氢。外氢或环境氢是指材料在使用过程中与含氢介质接触或进行阴极析氢反应吸收的氢。

4.2.2.2 氢在金属中的溶解度与氢陷阱

氢在金属中的溶解度取决于温度和压力。在气体氢和溶解在金属中的氢达到平衡时：

$$\frac{1}{2}H_2(气) = [H](金属中)$$

$$\Delta G^{\ominus} = -RT \ln K_{\mathrm{p}} = -RT \ln \frac{C_{\mathrm{H}}}{p_{\mathrm{H_2}}^{\frac{1}{2}}} \tag{4-11}$$

式中，$p_{\mathrm{H_2}}$ 为环境中的氢分压；C_{H} 为氢在金属中的溶解度。标准自由焓变 $\Delta G^{\ominus} = \Delta H - T\Delta S$，其中 ΔH 称溶解热；ΔS 为熵变。一般认为 $\Delta S = 0$，从而，式(4-1)变为：

$$C_{\mathrm{H}} = \sqrt{p_{\mathrm{H_2}}} \exp\left(-\frac{\Delta H}{RT}\right) \tag{4-12}$$

当温度 T 恒定时，$C_{\mathrm{H}} = K\sqrt{p_{\mathrm{H_2}}}$，即所谓西沃茨定律。

如 $\Delta H > 0$，氢的溶解过程是吸热反应，故随温度升高，氢的溶解度增大。例如，在环境的氢压为 $10^5\,\mathrm{Pa}$ 时，氢在液态 Fe 中的溶解度可达 2.4×10^{-5}，而在室温条件下，氢在 α-Fe 中的溶解度仅为 5×10^{-10}。$\Delta H > 0$ 的金属称为 A 类金属，如 Fe、Ni、Cr、Al 和 Cu 等。氢在 A 类金属中溶解度很小，室温时往往小于 $10^{-2} \sim 10^{-3}\,\mu\mathrm{g/g}$。

相反，如 $\Delta H < 0$，即溶解过程是放热反应，金属称为 B 类金属，如 V、Nb、Ta、Ti、Zr、Hf 及稀土。氢的溶解度很大，且随温度升高，氢的溶解度下降。因为氢在 B 类金属中绝大部分以氢化物的形式存在。

4.2.2.3 氢的存在形式

在金属中，氢的存在形式有很多种。

① 氢离子和原子氢　氢可以负离子 H^-、正离子 H^+ 或原子 H 的形式固溶在金属中。在碱金属（Li、Na、K）中，当形成化合物如 NaH，氢就以负离子 H^- 的形式存在。当氢进入金属后，分解为质子和电子，电子进入金属能带，而氢以质子状态 H^+ 固溶在金属中。很多人认为氢原子半径很小（0.53Å），很容易以原子的形式存在于点阵的间隙位置。

② 氢分子　当氢原子进入空腔（孔洞、裂纹、疏松），就会通过反应 $H + H \longrightarrow H_2$，形成分子氢，并产生氢压 $p_{\mathrm{H_2}} = nRT/V$，其中 n 是 H_2 的摩尔数，V 是空腔体积。

③ 氢化物　氢在 B 类金属及其合金中很容易形成金属氢化物，如氢在 Ti 合金中会形成 $\mathrm{TiH_x}$（$x = 1.58 \sim 1.99$）。此外，氢在 A 类金属及合金中也有可能形成氢化物，如 Al-Li 合金，Mg 合金，Co 合金，Fe-Ni 奥氏体合金等。

④ 气团　氢与位错结合形成气团。

4.2.2.4 氢的扩散与富集

(1) 氢的扩散

① 扩散方程及其解　如氢在晶体中存在浓度梯度，则氢将从高浓度处向低浓度处扩散迁移，扩散过程可以由菲克（Fick）第一定律来描述，其中扩散系数 D_{j}，可通过实验测量。

② 扩散系数的物理意义　氢处在点阵的间隙位置，它从一个间隙位置跳到另一个间隙位置（需要克服能垒 $\Delta Z = \Delta U - T\Delta S$）的过程就是氢的扩散。氢原子在间隙位置处作热振动，存在能量涨落，只有当热能大于能垒 ΔZ 时，才能进行扩散。$\Delta U = Q$ 称为扩散激活能 Q。可以证明，扩散系数 $D_{\mathrm{j}} = -D_0 \mathrm{e}^{-Q/RT}$，其中 D_0 是扩散常数，它与晶体点阵常数、间隙位置配位数和热振动频率有关。

(2) 氢陷阱和表观扩散

通常，固溶在金属中的氢原子占据晶体点阵的最大间隙位置，如 bcc 金属的四面体间隙和 fcc 金属的八面体间隙。然而，某些金属在室温下实测的氢浓度（称表观溶解度）往往比点阵中的溶解度高很多。原因是除了少量氢处于晶格间隙外，绝大部分氢处于各种缺陷位置，如晶界、第二相（夹杂沉淀）、位错、空位、孔隙等，这些缺陷就是所谓的氢陷阱。

一般来说，处于晶格间隙位置的氢原子 H_L（浓度为 c_L）可以被陷阱捕获，而陷阱中的氢原子 H_T（浓度为 c_T）也可能跑出陷阱进入晶格间隙位置。在平衡时：

$$H_L(溶解的氢)\xrightleftharpoons{K}H_T(陷阱中的氢) \tag{4-13}$$

式中，平衡常数 $K=\frac{c_T}{c_L}=B\exp\frac{E_b}{RT}$；$E_b$ 为陷阱结合能。如 E_b 较小（<0.3eV），则平衡常数 K 就小，即使在室温下氢也能从陷阱中跑出来，这种陷阱称为可逆陷阱，如一般溶质原子（<0.2eV），位错弹性场，小角晶界等。处于可逆陷阱的氢在室温就能参与氢的扩散及氢致开裂过程。如果 E_b 较大（>0.6eV），室温下捕获在陷阱中的氢难以跑出，这类陷阱称为不可逆陷阱。如升温，处于不可逆陷阱（如第二相，大角晶界，相界面等）中的氢也可以跑出陷阱。可逆陷阱和不可逆陷阱在外部条件（如温度）变化时可能发生转变。

氢在陷阱中的富集将可能导致氢致开裂。过饱和的氢原子在孔隙中结合成分子氢，能产生氢压，如进入的氢量高，空腔体积小则氢压可达到很高的值。

（3）氢富集

引起氢致开裂的平均氢含量一般都很低，如 α-Fe 中浓度为 4×10^{-6} 的氢相当于 10^6 个铁原子中只有 223 个氢原子，因此发生氢致开裂需要氢的局部富集。氢在间隙位置产生应变场，它和外应力发生交互作用，通过应力诱导扩散，氢将向高应力区富集。氢在应力梯度下的扩散可以与浓度梯度下的扩散相叠加，从而加速氢的扩散。

一般认为，加载产生的裂纹尖端前方存在一个塑性区，存在高度的应力集中，因而氢在应力诱导下将富集在裂尖区。

（4）氢的迁移

位错是一种特殊的氢陷阱。通常位错密度高的地方，氢浓度也高，也可以认为塑性应变愈大的地方，氢浓度愈高。位错不仅能将氢原子捕获在其周围，形成 Cottrell 气团，而且由于氢在金属中扩散快，在位错运动时氢气团能够跟上位错一起运动，即位错能够迁移氢。当运动的位错遇到与氢结合能更大的不可逆陷阱时，氢将被"倾倒"在这些陷阱处。

4.2.3 氢脆

（1）氢压裂纹

在材料中某些缺陷位置，氢原子 H 能复合成氢分子 H_2，室温时它是不可逆反应，即 H_2 不会再分解成 H。随着进入该缺陷氢浓度的增加，复合后 H_2 的压力也增大。当氢压大于屈服强度就会产生局部塑性变形，如缺陷在试样表层，则会使表面鼓起，形成氢气泡。当氢压等于原子键合力时就会产生微裂纹，称为氢压裂纹。它包括钢中白点，H_2S 浸泡裂纹，焊接冷裂纹以及高逸度充氢时产生的微裂纹。

钢中的白点：钢材剖面酸洗后有时可以看到像头发丝一样的细长裂纹，宽度约 $1\mu m$，故也常称"发裂"。如沿着这些裂纹把试样打断，在断口上可观察到具有银白色光泽的椭圆形斑点，故称为"白点"，它实际上是一个扁平状裂纹，类似钱币中的钢镚儿。白点形成的原因一般公认为是氢压的作用，当这个内压超过钢的断裂强度时就导致了发裂（白点）的形核和扩展。钢中的氢含量是决定能否产生白点的基本因素。一般认为，钢中氢含量小于 3×10^{-6} 时不会产生白点。但不同钢种，钢的化学成分和组织结构等都对白点的产生有很大影响。

H₂S 诱发裂纹：碳钢或低合金钢在 H₂S 溶液中浸泡时，即使不存在外应力，H₂S 在钢的界面上反应生成 H，它进入试样后富集在夹杂物（特别是长条状 MnS）周围，复合成 H₂，产生氢压，当分子氢压大于临界值时就会产生裂纹。裂纹一般呈台阶状，如裂纹处在试样表面附近，则容易在表面引起鼓泡。提高管线钢抗 H₂S 裂纹的措施主要是降低钢中 S 含量，减少宏观与微观偏析以及使 MnS 夹杂球化。

焊接冷裂纹：焊接过程是个局部冶炼过程，焊条及大气中的水分会进入熔池变成 H，当氢量较高时，在焊后的冷却过程中就有可能产生氢压微裂纹（类似于钢中白点）。采用低氢焊条，焊前焊条和工件烘烤，焊后工件缓冷等措施就可避免焊接冷裂纹。

（2）氢脆的分类

按照氢脆敏感性与应变速率的关系可以将氢脆分成两大类：

第一类氢脆：氢脆的敏感性随应变速率的增加而增加，即材料加载前内部已存在某种裂纹源，加载后在应力作用下加快了裂纹的形成与扩展。这类氢脆包括三种形式：

① 氢腐蚀　由于氢在高温高压下与金属中第二相（夹杂物或合金添加物）发生化学反应生成高压气体（如 CH_4、SiH_4）引起材料脱碳、内裂纹和鼓泡的现象。氢腐蚀最早是在德国用 Haber 法合成氨的压力容器上发现的。发生氢腐蚀时，氢与钢中的 C 及 Fe_3C 反应生成甲烷，造成表面严重脱碳和沿晶网状裂纹。氢腐蚀的发展大致分为三个阶段：a. 孕育期：晶界碳化物及附近有大量亚微型充满甲烷的鼓泡形核，钢的力学性能没有变化。b. 迅速腐蚀期：小鼓泡长大，达到临界密度后便沿晶界连接起来形成裂纹。钢的体积膨胀，力学性能下降。c. 饱和期：裂纹彼此连接的同时，C 逐渐耗尽。

在高温高压下氢与 C 反应形成甲烷气泡经历了如图 4-6 所示的过程。最先，氢分子扩散到钢的表面，产生物理吸附（a→b），被吸附的部分氢分子分离为氢原子或氢离子，并经化学吸附（b→c→d），氢原子通过晶格和晶界向钢内扩散（e→f）。钢中的氢与 C 反应生成甲烷，甲烷在钢中的扩散能力很差，聚集在微孔隙中，如晶界、夹杂物。不断反应的结果使孔隙周围的 C 浓度降低，其他位置上的 C 通过扩散不断补充（g→h 为渗碳体中 C 原子的扩散补充；g′→h′为固溶 C 原子的扩散补充），造成局部高压。

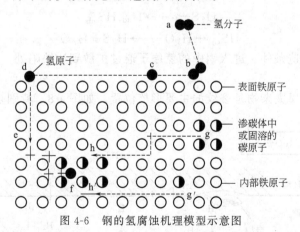

图 4-6　钢的氢腐蚀机理模型示意图

在甲烷压力较低时，主要靠 Fe 原子沿晶界扩散离开气泡，从而使气泡长大；在甲烷压力较高时，主要靠周围基体的蠕变使气泡长大。在靠近表面的夹杂等缺陷形成的气泡，最终造成钢表面出现鼓泡；在钢内部的气泡，最终发展成裂纹。

如上所述，氢腐蚀属于化学反应，因此无论反应速度、氢的吸收或 C 的扩散，以及扩展都是克服势垒的活化过程，故提高温度和压力均可使孕育期缩短。各种钢在一定氢压下均存在发生氢腐蚀的起始温度，一般为 200℃ 以上，低于此温度，反应速度极慢，以致孕育期超过正常使用寿命。当氢分压低于一定值后，即使温度很高也不会产生氢腐蚀，只发生表面脱碳，产生甲烷的压力较低，不足以引起鼓泡和开裂。当氢中含有氧或水蒸气，可以降低氢进入钢中的速度，使孕育期延长；含有 H_2S 时，孕育期变短。钢的氢腐蚀与含 C 量有直接关系。含 C 量增加，孕育期变短。当钢中加入足够量的碳化物形成元素，如 Ti、Zr、Nb、Mo、W、Cr 等，可使碳化物不易被氢分解，减少甲烷生成的可能性。MnS 夹杂常常是裂纹源的引发处，应尽量避免。

热处理和冷加工对氢腐蚀有一定的影响。碳化物的球化处理可减少表面积，使界面能下降，有助于延长孕育期。冷加工变形将增加组织和应力的不均匀性，提高了晶界的扩散能力并增加了气泡形核位置，故加速了钢的氢腐蚀。

② 氢鼓泡　过饱和的氢原子在缺陷位置（如夹杂周围、空腔）析出，形成氢分子，在局部造成很高的氢压，引起表面鼓泡或内部裂纹的现象。在湿 H_2S 环境中钢有两类开裂现象：一种是硫化物应力腐蚀开裂，多发生于高强钢，必须有应力存在，裂纹与主应力方向垂直，是一种可逆氢脆；另一种是氢诱发开裂，发生于低强钢，不需要应力的存在，裂纹平行于轧制的板面，接近表面的形成鼓泡，称氢鼓泡；靠近内部的裂纹呈直线或阶梯状开裂，危险性最大。如图 4-7 所示。

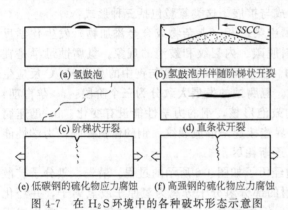

(a) 氢鼓泡　　(b) 氢鼓泡并伴随阶梯状开裂

(c) 阶梯状开裂　　(d) 直条状开裂

(e) 低碳钢的硫化物应力腐蚀　(f) 高强钢的硫化物应力腐蚀

图 4-7　在 H_2S 环境中的各种破坏形态示意图

H_2S 是一种弱酸性电解质，在 pH = 1～5 溶液中主要以分子形式存在。在金属表面发生下述反应：

$$H_2S + 2e \longrightarrow 2H_{ads} + S^{2-} \tag{4-14}$$

或
$$H_2S + e \longrightarrow H_{ads} HS_{ads}^- \tag{4-15}$$

$$HS_{ads}^- + H_3O^+ \longrightarrow H_2S + H_2O \tag{4-16}$$

为氢渗入钢中创造条件。进入钢中的氢原子通过扩散到达缺陷处，析出氢分子，产生很高的压力。

研究证实，非金属夹杂物是裂纹的主要形核位置，如图 4-8。特别是 II 型 MnS 由于与基

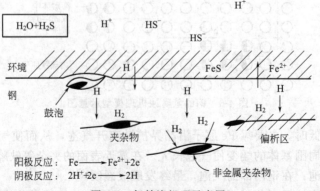

阳极反应：$Fe \longrightarrow Fe^{2+} + 2e$

阴极反应：$2H^+ + 2e \longrightarrow 2H$

图 4-8　氢鼓泡机理示意图

体的膨胀系数不同，热轧过程中变成扁平状，在夹杂与基体之间形成孔隙，可视为二维缺陷。氢原子在其端部聚积，并由此引发裂纹。此外，硅酸盐、串联状的氧化铝及较大的碳化物、氮化物也能成为裂纹的起始位置。低强钢主要是珠光体-铁素体组织，裂纹往往沿着Mn、P 偏析造成的低温转变的反常组织（马氏体或贝氏体）或带状珠光体扩展，造成氢鼓泡。

氢鼓泡主要发生在 H_2S 水溶液中，随 pH 值降低，裂纹形成概率增大；随 H_2S 浓度增大，出现裂纹的倾向增大。Cl^- 的存在，影响电极反应过程，促进氢的渗透。可采取以下措施抑制氢鼓泡的发生：

a. 改变温度：氢鼓泡主要在室温下出现，提高或降低温度，可减少开裂倾向。

b. 降低钢中的硫含量：降低钢中的硫含量可减少硫化物夹杂的数量，降低钢对氢鼓泡的敏感性。MnS 的形态与脱氧制度有关，Ⅱ型 MnS 主要出现在 Al 或 Al-Si 镇静钢，采用半静钢、硅镇静钢、沸腾钢得到的 Ⅰ型 MnS，可明显减少氢诱发开裂。在钢中加入适量的 Ca 或稀土元素，使热轧铝镇静钢的硫化物球化，可有效降低敏感性。

c. 合金化：通过合金化在钢中加入 $0.2\%\sim0.3\%Cu$ 对抑制氢鼓泡非常有效，原因是抑制了表面反应，减少了氢向钢中的渗入。钢中加少量 Cr、Mo、V、Nb、Ti 等，可改善力学性能，提高基体对裂纹扩展的阻力。

d. 调整热处理和控制轧制状态也有一定的作用。如增加奥氏体化温度和时间，可减少Mn、P 的偏析，但对 Ⅱ型 MnS 夹杂影响小，其作用有限。研究表明，淬火＋回火比正火组织在减少氢诱发开裂方面更有效。轧制时，压缩比越大，终轧温度越低，硫化物夹杂伸长越严重，开裂概率显著增大。

③ 氢化物型氢脆　氢与很多金属和合金金属（如第ⅣB族 Ti，Zr，Hf，第ⅤB族 V，Nb，Ta 以及稀土元素 RE 等）有较大的亲和力，能形成稳定的氢化物。氢化物是一种脆性中间相，一旦有氢化物析出，材料的塑性和韧性就会下降，即氢化物析出导致材料变脆。这是一种氢致相变引起的氢脆，由于氢化物相引起的氢脆和氢的扩散富集过程无关，因而即使高速加载（如冲击）或低温试验也能反映出氢化物引起的氢脆。

上述三种情况将造成金属的永久性损伤，使材料的塑性或强度降低。即使从金属中除氢，损伤也不能消除，塑性或强度也不能恢复，故称为不可逆氢脆。

（3）第二类氢脆

氢脆的敏感性随应变速率增加而降低，即材料在加载前并不存在裂纹源，加载后在应力和氢的交互作用下逐渐形成裂纹源，最终导致脆性断裂。包括两种形式：

① 应力诱发氢化物型氢脆　在能够形成脆性氢化物的金属中，当氢含量较低或氢在固溶体中的过饱和度较低时，尚不能自发形成氢化物。而在应力作用下氢向应力集中处富集，当氢浓度超过临界值时就会沉淀出氢化物。这种应力诱发的氢化物相变只是在较低的应变速率下出现，并导致脆性断裂。一旦出现氢化物，即使卸载除氢，静置一段时间后再高速变形，塑性也不能恢复，故也是不可逆氢脆。

② 可逆氢脆　是指含氢金属在高速变形时并不显示脆性，而在缓慢变形时由于氢在应力梯度作用下向高的三向拉应力区逐渐富集，当偏聚的氢浓度达到临界值时，材料便在应力与氢交互作用下开裂。在未形成裂纹前去除载荷，静置一段时间后高速变形，材料的塑性可以得到恢复，即应力去除后脆性消失，因此称可逆氢脆。由内氢引起的叫可逆内氢脆，由外氢引起的叫环境氢脆。可逆内氢脆和环境氢脆对材料脆化的本质是相同的，差别是氢的来源不同。从而影响氢脆的历程及裂纹扩展速度。通常所说的氢脆主要指可逆氢脆，是氢致开裂中最主要、最危险的破坏形式。典型的可逆氢脆有高强钢的滞后断裂、硫化氢的应力腐蚀断

裂、钛合金的内部氢脆等，主要有如下特点：

a. 时间上属于滞后断裂：与应力腐蚀类似，材料受到应力和氢的共同作用后，经历了裂纹形核（孕育期）、亚临界扩展、失稳断裂的过程，是一种滞后破坏，所以有时又叫氢致滞后开裂。

b. 对含氢量敏感：随钢中氢浓度的增加，钢的临界应力下降，延伸率减小。

c. 对缺口敏感：在外加应力相同时，缺口曲率半径越小，越容易发生氢脆。

d. 室温下最敏感：氢脆一般发生在 $-100 \sim 100℃$ 的温度范围，在室温附近（$-30 \sim 30℃$）最为严重。

e. 发生在低应变速率下：应变速率越低，氢脆越敏感；冲击实验和正常的拉伸试验不能揭示材料是否对氢敏感。

f. 裂纹扩展不连续：通过电阻法、声发射及位移传感器等监测，氢脆裂纹扩展是不连续的。

g. 裂纹一般不在表面，较少有分枝现象：宏观断口比较齐平，微观断口可能涉及沿晶、准解理、韧窝等较为复杂的形貌，这些形貌与裂纹前沿的应力强度因子 K_1 值及氢的浓度有关。

4.2.4 氢致开裂机理

关于氢脆的机理，尚无统一认识。各种理论的共同点是：氢原子通过应力诱导扩散在高应力区富集，只有当富集的氢浓度达到临界值 c_{cr}，使材料断裂应力 σ_f 降低，才发生脆断。富集的氢是如何起作用的，尚不清楚。较为流行的观点有四种。

（1）氢压理论

认为金属中的过饱和氢在缺陷位置富集、析出、结合成氢分子，造成很大的内压，因而降低了裂纹扩展所需的外应力。该理论可以解释孕育期的存在、裂纹的不连续扩展、应变速率的影响等，但难以解释高强钢在氢分压远低于大气压力时也能出现开裂的现象，也无法说明可逆氢脆的可逆性。但在含氢量较高时，如没有外力作用下发生的氢鼓泡等不可逆氢脆，只有这种理论得到公认。

（2）吸附氢降低表面能理论

Griffith 提出材料的断裂应力 $\sigma_f = \sqrt{\dfrac{2E\gamma_s}{\pi a}}\sigma$。当裂纹表面有氢吸附时，比表面能 γ_s 下降，因而断裂应力降低，引起氢脆。该理论可以解释孕育期的存在、应变速率的影响，以及在氢分压较低时的脆断现象，但是该公式只适用于脆性材料。金属材料的断裂还需要塑性变形功，γ_p 即 $\sigma_f = \sqrt{\dfrac{E(2\gamma_s + \gamma_p)}{\pi a}}$。$\gamma_p$ 大约是 γ_s 的 10 倍，氢吸附是 γ_s 的下降并不会对 σ_f 产生显著影响。此外，O_2、SO_2、CO、CO_2、CS_2 等吸附能力都比氢强，按理应能造成更大的脆性，而事实并非如此，甚至氢气中混有少量的这些气体后，对氢脆还有抑制作用。

（3）弱键理论

认为氢进入材料后能使材料的原子间键力降低，原因是氢的 1s 电子进入过度金属的 d 带，使 d 带电子密度升高，从而 s-d 带重合部分增大，因而原子间排斥力增加，即键力下降。该理论简单直观，容易被人们接受。然而试验证据尚不充分，如材料的弹性模量与键力有关，但试验并未发现氢对弹性模量有显著的影响。此外，没有 3d 带的铝合金也能发生可逆氢脆，因此不可能有氢的 1s 电子进入金属的 d 带。

（4）氢促进局部塑性变形理论

认为氢致开裂与一般断裂过程的本质是一样的，都是以局部塑性变形为先导，发展到临界状态时就导致了开裂，而氢的作用是能促进裂纹尖端局部塑性变形。实验表明，通过应力诱导扩展在裂尖附近富集的原子氢与应力共同作用，促进了该处位错大规模增殖与运动，使裂尖塑性区增大，塑性区内变形量增加。但金属断裂理论本身不成熟的限制，局部塑性变形到一定程度后裂纹的形核和扩展过程尚不清楚，氢在这一过程中的作用也有待深入研究。

4.2.5 降低氢致开裂敏感性的途径和方法

氢致开裂可以归结为作为裂纹源的缺陷所捕获的氢量 c_T 与引起缺陷开裂的临界氢浓度 c_{cr} 之间的关系。当 $c_T \ll c_{cr}$ 时，材料不会开裂；当 $c_T \rightarrow c_{cr}$ 时，起裂；当 $c_T > c_{cr}$ 时，裂纹扩展。因此，任何可提高 c_{cr} 和降低 c_T 的措施均可减轻氢致开裂的敏感性。

（1）降低 c_T

可从减少内氢和限制外氢的进入两方面入手。

① 减少内氢 通过改进冶炼、热处理、焊接、电镀、酸洗等工艺条件及对含氢材料进行脱氢处理，减少带入材料的氢量。还可以通过添加陷阱分摊吸氢，以降低 c_T。必须要求添加的氢陷阱本身具有较高的 c_{cr}，否则先在这些地方引发裂纹。陷阱的数量应足够多，具有不可逆陷阱的作用，并在基体中均匀分布。能满足条件的陷阱很多，如原子级尺寸的陷阱（以溶质原子形式存在）有 Sc、La、Ca、Ta、K、Nd、Hf 等；碳化物和氮化物形成元素（以化合物形式存在）有 Ti、V、Zr、Nb、Al、B、Th 等。

② 限制外氢 有建立障碍和降低外氢活性两方面的措施。通过在材料表面施加限制氢的扩散和溶解的金属镀层，如 Cu、Mo、Al、Ag、Au、W 等，进行表面处理生成致密氧化膜，通过喷砂及喷丸在表面形成压应力层，及涂覆有机涂料，均可在材料表面建立直接障碍。通过向材料中加入某些合金元素抑制腐蚀反应或生产抑制氢扩散的腐蚀产物，向介质中加入某些阳离子，使材料表面形成低渗透性膜，可对氢的渗透构成间接障碍。此外，在气相含氢介质中加氧，在液相中加入某些促进氢原子复合的物质，可降低外氢的活性。

（2）提高 c_{cr}

与降低 c_T 相比，提高 c_{cr} 是更为重要的途径。可控制的因素主要与材料的组织相关。

① 晶界 晶界是杂质元素 As，P，S，Sn 等及碳化物、氮化物偏析的地方，晶界的 c_{cr} 因此下降。通过改进冶炼、热处理可减少杂质含量、消除偏析，对提高晶界的 c_{cr} 有益。细化晶粒使晶界表面积增大，加之细晶粒边界较为致密、结合力强，可使 c_{cr} 提高。

② 杂物和碳化物 控制有害夹杂物（如硫化物、氧化物）以及碳化物的类型、数量、形状、尺寸、分布。如球状 MnS 夹杂较带状的 c_{cr} 高添加 Ca 或稀土元素对改善 MnS 的形状和分布有非常好的效果。

③ 位错 位错是一种特殊的陷阱。可动位错能够在塑性变形的情况下载氢运动，与第二相质点遇时，往往造成质点附近氢的过饱和。适当的冷变形、热变形、表面处理造成的高密度静位错可分摊氢原子，降低 c_T。故大变形量的冷拔钢丝抗氢脆性能较好。

④ 显微组织 组织结构对氢致开裂的影响较复杂。不同的组织对裂纹扩展的阻力不同，因而 c_{cr} 不同。一般认为，热力学较稳定的组织敏感性小，奥氏体结构较铁素体结构更耐氢致开裂，可能与其氢的溶解度较高、扩散系数较低，因而 c_{cr} 较高有关。

4.3 腐蚀疲劳

4.3.1 腐蚀疲劳的定义与特点

腐蚀疲劳是指金属材料在循环应力或脉动应力和腐蚀介质共同作用下，所产生的脆性断裂的腐蚀形态。在腐蚀介质和交变应力的共同作用下，金属的疲劳极限大大降低，因而会过早地破裂。这种破坏要比单纯交变应力造成的破坏（即疲劳）或单纯腐蚀造成的破坏严重得多，而且有时腐蚀环境不需要有明显的侵蚀性。船舶的推进器、涡轮和涡轮叶片、汽车的弹簧和轴、泵轴和泵杆及海洋平台等常出现这种破坏。

机械疲劳是指材料在交变应力作用下导致疲劳裂纹萌生、亚临界扩展，最终失稳断裂的过程。交变应力（疲劳应力）是指大小或大小和方向随时间改变的应力。按一定规律呈周期性变化的应力叫周期变动应力或等幅疲劳应力，简称循环应力；而无规律随机变化的应力叫随机变动应力或变幅疲劳应力。

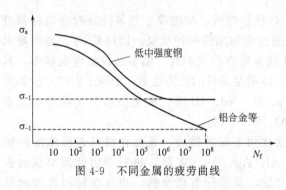

图 4-9 不同金属的疲劳曲线

工程材料的疲劳性能是通过疲劳试验得出的疲劳曲线（一般称 S-N 曲线）来确定的，即建立应力幅值 σ_a 与相应的断裂循环周次 N_f 的关系，如图 4-9 所示。随着疲劳应力降低，发生疲劳断裂所需的循环周次增加，把经历无限次循环而不发生断裂的最大应力称为疲劳极限。它与应力比 R（又称应力不对称系数）有关，在 $R = \sigma_{min}/\sigma_{max} = -1$ 时的疲劳极限记作 σ_{-1}。通常低、中强度钢具有明显的疲劳极限；而高强钢、不锈钢、铝合金等往往不存在疲劳极限，而只能以材料在疲劳寿命为 N（$10^7 \sim 10^8$ 周次范围）时不发生疲劳断裂的最大应力称作材料的条件疲劳极限或疲劳强度。

疲劳失效约占机械失效的 80%。疲劳按其受力方式不同可分为弯曲疲劳、拉压疲劳、扭转疲劳、冲击疲劳、复合疲劳等。按介质、温度、接触情况不同又分为一般（空气）疲劳、腐蚀疲劳、接触疲劳、微动磨损疲劳和冷热反复循环的热疲劳。一般破断循环周次数 $N_f > 10^4$ 次称为高周疲劳，而低于此值称为低周疲劳。

产生腐蚀疲劳的金属材料中有碳钢、低合金钢、奥氏体不锈钢以及镍基合金和其他非铁合金等。腐蚀疲劳一般按腐蚀介质进行分类，有气相腐蚀疲劳和液相腐蚀疲劳。从腐蚀介质作用的化学机理上分，气相腐蚀疲劳过程中，气相腐蚀介质对金属材料的作用属于化学腐蚀；而液相腐蚀疲劳通常指在电解质溶液环境中，液相腐蚀介质对金属材料的作用属于电化学腐蚀。腐蚀疲劳按试验控制的参数，又分为应变腐蚀疲劳和应力腐蚀疲劳。前者是控制应变量，得到应变量与腐蚀疲劳寿命的关系；后者是控制试验应力，得到应力与腐蚀疲劳寿命的关系。

腐蚀疲劳是构件在循环载荷和腐蚀环境共同作用下，腐蚀疲劳损伤在构件内逐渐积累，达到某一临界值时，形成初始疲劳裂纹。然后，初始疲劳裂纹在循环应力和腐蚀环境共同作用下逐步扩展，即发生亚临界扩展。当裂纹长度达到其临界裂纹长度时，难以承受外载，裂纹发生快速扩展，以致断裂。因此，对于光滑试件的腐蚀疲劳过程包括裂纹形成、亚临界扩展和快速扩展，以致断裂等过程。

腐蚀疲劳除具有常规疲劳的特点外，由于受腐蚀性环境的侵蚀，是一个很复杂的材料或构件失效现象，影响因素众多，包括冶金、材料、环境、应力、时间、温度等，其中任何一个因素的变化都会影响到腐蚀疲劳性能。严格讲，只有在真空中的疲劳才是真正的纯疲劳，对疲劳而言，空气也是一种腐蚀环境。但一般所说的腐蚀疲劳是指在空气以外腐蚀环境中的疲劳行为。腐蚀作用的参与使疲劳裂纹萌生所需时间及循环周次都明显减少，并使裂纹扩展速度增大。

腐蚀疲劳的特点如下：

① 腐蚀疲劳不存在疲劳极限。一般以预测的循环周次下不发生断裂的最大应力作为腐蚀疲劳强度，用以评价材料的腐蚀疲劳性能。

② 与应力腐蚀相比，腐蚀疲劳没有这种选择性，几乎所有的金属在任何腐蚀环境中都会产生腐蚀疲劳，发生腐蚀疲劳不需要材料-环境的特殊组合。金属在腐蚀介质中可以处于钝态，也可以处于活化态。

③ 金属的腐蚀疲劳强度与其耐蚀性有关。耐蚀材料的腐蚀疲劳强度随抗拉强度的提高而提高，耐蚀性差的材料腐蚀疲劳强度与抗拉强度无关。

④ 腐蚀疲劳裂纹多起源于表面腐蚀坑或缺陷，裂纹源数量较多。腐蚀疲劳裂纹主要是穿晶的，有时也可能出现沿晶的或混合的，只有主干，没有分支。腐蚀疲劳裂纹的前缘较"钝"，所受的应力不像应力腐蚀那样的高度集中，裂纹的扩展速度比应力腐蚀缓慢。

⑤ 腐蚀疲劳断裂是脆性断裂，没有明显的宏观塑性变形。断口有腐蚀的特征，如腐蚀坑、腐蚀产物、二次裂纹等，又有疲劳特征，如疲劳辉纹。断口大部分有腐蚀产物覆盖，小部分较为光滑。

腐蚀疲劳比应力腐蚀裂纹易于形核，原因在于应力状态不同。在交变应力下，滑移具有累积效应，表面膜更容易遭到破坏。在静拉伸应力下，产生滑移台阶相对困难一些，而且只有在滑移台阶溶解速度大于再钝化速度时，应力腐蚀裂纹才能扩展，所以对介质有一定要求。

腐蚀疲劳与纯疲劳的差别在于腐蚀介质的作用，使裂纹更容易形核和扩展。在交变应力较低时，纯疲劳裂纹形核困难，以至低于某一数值便不能形核，因此存在疲劳极限，而且提高抗拉强度也会提高疲劳极限。存在腐蚀介质时，裂纹形核容易，一旦形核便不断扩展，故不存在腐蚀疲劳极限。由于提高强度对裂纹形核影响较小，因此腐蚀疲劳强度与抗拉强度并无一定的比例关系。

4.3.2　腐蚀疲劳的机理

腐蚀疲劳是交变应力与腐蚀介质共同作用的结果，所以在腐蚀疲劳机理研究中，常常把纯疲劳机理与电化学腐蚀作用（以至于借助应力腐蚀或氢致开裂的机理）结合起来。现已建立了 4 种腐蚀疲劳模型，分别介绍如下。

（1）蚀孔应力集中模型

在腐蚀疲劳初期，金属表面固有的电化学性不均匀和疲劳损伤导致滑移带形成所造成的电化学性不均匀，腐蚀的结果在金属表面形成点蚀坑，在孔底产生应力集中产生滑移，滑移台阶的溶解使逆向加载时表面不能复原，成为裂纹源。反复加载，使裂纹不断扩展（图 4-10）。

（2）滑移带优先溶解模型

有些合金在腐蚀疲劳裂纹萌生阶段并未产生蚀坑，或虽然产生蚀孔，但没有裂纹从蚀孔处萌生，故有人提出滑移

带优先溶解模型。认为在交变应力作用下产生驻留滑移带，挤出、挤入处由于位错密度高，或杂质在滑移带沉积等原因，使原子具有较高的活性，受到优先腐蚀，导致腐蚀疲劳裂纹形核。滑移带集中的变形区域与未变形区域组成腐蚀电池，变形区为阳极，未变形区为阴极，阳极不断溶解而形成疲劳裂纹；变形区为阳极，未变形区为阴极，在交变应力作用下促进了裂纹的扩展。

（3）保护膜破裂理论

对易钝化的金属，腐蚀介质首先在金属表面形成钝化膜，在循环应力作用下，表面钝化膜遭到破坏，而在滑移台阶处形成无膜的微小阳极区，在四周大面积有膜覆盖的阴极区作用下，阳极区快速溶解，直到膜重新修复为止，重复以上滑移-膜破-溶解-成膜的过程，便逐步形成腐蚀疲劳裂纹。

（4）吸附理论

金属与环境界面吸附了活性物质，使金属表面能降低，从而改变了金属的机械性能，氢脆是吸附理论的典型例子。

4.3.3 腐蚀疲劳的影响因素

影响材料腐蚀疲劳的因素主要包括力学因素、环境因素和材料因素三个方面。

（1）力学因素

① 应力循环参数 当应力交变频率 f 很高时，腐蚀的作用不明显，以机械疲劳为主；当 f 很低时，又与静拉伸的作用相似；只有在某一交变频率下最容易发生腐蚀疲劳。R 值高，腐蚀的影响大；R 值低，较多反映材料固有的疲劳性能（图 4-11）。在产生腐蚀疲劳的交变频率范围内，频率越低，裂纹扩展速度越快。

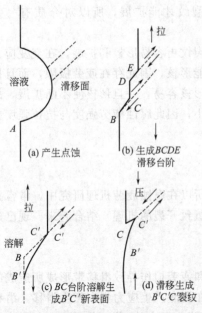

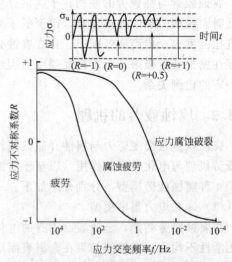

图 4-10 腐蚀疲劳的蚀孔应力
集中模型示意图

图 4-11 应力交变频率 f 与应力不对称系数 R
对材料应力腐蚀、腐蚀疲劳及疲劳的影响

②　疲劳加载方式　一般来说，扭转疲劳＞旋转弯曲疲劳＞拉压疲劳。

③　应力循环波形　与纯疲劳不同，应力循环波形对腐蚀疲劳有一定影响，方波、负锯齿波影响小，而正弦波、三角波或正锯齿波影响较大。

④　应力集中　表面缺口处引起的应力集中，容易引发裂纹，故对腐蚀疲劳初始影响较大。但随疲劳周次增加，对裂纹扩展的影响减弱。

（2）环境因素

①　温度　温度升高，材料的腐蚀疲劳性能下降，但对纯疲劳性能影响较小。温度升高时，材料抗腐蚀疲劳的能力一般会下降。

②　介质的腐蚀性　介质腐蚀性越强，腐蚀疲劳强度越低，越容易发生腐蚀疲劳。但腐蚀性过强时，形成疲劳裂纹的可能性减少，反而使裂纹扩展速度下降。一般在 pH＜4 时，疲劳寿命较低；在 pH＝4～10 时，疲劳寿命逐渐增加；当 pH＞12 时，与纯疲劳寿命相同。在介质中添加氧化剂可以提高可钝化金属的腐蚀疲劳强度，例如介质含氧量增加，腐蚀疲劳寿命降低，认为氧主要影响裂纹扩展速度。水溶液经过除氧处理，可以提高低碳钢的腐蚀疲劳强度，甚至与空气中相同。

③　外加电流　阴极极化可使裂纹扩展速度明显降低，甚至接近于空气中的疲劳强度。但是阴极极化进入析氢电位区后，对高强钢的腐蚀疲劳性能会产生有害作用。对处于活化态的碳钢而言，阳极极化加速腐蚀疲劳，但对氧化性介质中的碳钢，特别是不锈钢，阳极极化可提高腐蚀疲劳强度，有的甚至比在空气中的还高（图 4-12）。

（3）材料因素

①　耐蚀性　材料耐蚀性越强，对腐蚀疲劳越不敏感。耐蚀性高的金属，如 Ti、Cu 及 Cu 合金、不锈钢等，对腐蚀疲劳敏感性小；耐蚀性差的金属，如高强 Al 合金、Mg 合金等，敏感性大。因而，改善材料耐蚀性的合金化对腐蚀疲劳性能是有益的。

②　组织结构　组织结构对碳钢、低合金钢腐蚀疲劳行为影响不大，但对不锈钢影响较大。提高碳钢、低合金钢强度的热处理可以提高疲劳极

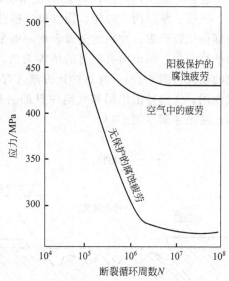

图 4-12　阳极保护对 Fe-13Cr 合金在 10%
NH_4NO_3 溶液中腐蚀疲劳的影响

限，但对腐蚀疲劳影响很小，甚至有时会降低腐蚀疲劳强度。某些提高不锈钢强度的处理可以提高腐蚀疲劳强度，但敏化处理有害。细化晶粒可以提高钢在空气中的疲劳强度，对腐蚀疲劳作用类似。钢中的杂质、夹杂物对腐蚀疲劳裂纹形成有促进作用。

③　表面状态　材料表面残余压应力有利于减轻腐蚀疲劳。表面残余应力为压应力时的腐蚀疲劳性能较为拉应力时好。施加保护涂层可以改善材料的腐蚀疲劳性能。

4.4　磨损腐蚀

与环境介质对材料的协同作用，不仅表现在金属承受拉、压、弯、扭等静载荷或交变载荷情况下，也发生在金属受到磨损的情况下。磨损是金属同固体、液体或气体接触进行相对

运动时，由于摩擦的机械作用引起表层材料的剥离而造成金属表面以至基体的损伤。磨损可看作在金属表面及相邻基体的一种特殊断裂过程，它包括塑性应变积累、裂纹形核、裂纹扩展及最终与基体脱离的过程。在工程中有不少磨损问题涉及腐蚀环境的化学、电化学作用，材料或部件失效是磨损与腐蚀交互作用的结果。腐蚀环境中摩擦表面出现的材料流失称为磨损腐蚀，简称磨蚀。

本节介绍磨损腐蚀中的冲刷腐蚀、空泡腐蚀、摩擦副磨损腐蚀和微动腐蚀。

4.4.1 冲刷腐蚀

（1）冲刷腐蚀的定义和特点

冲刷腐蚀是金属表面与腐蚀流体之间由于高速相对运动引起的金属损伤。通常在静止的或低速流动的腐蚀介质中，腐蚀并不严重，而当腐蚀流体高速运动时，破坏了金属表面能够提供保护的表面膜或腐蚀产物膜，表面膜的减薄或去除加速了金属的腐蚀过程，因而冲刷腐蚀是流体的冲刷与腐蚀协同作用的结果。

冲刷腐蚀常发生在近海及海洋工程、油气生产与集输、石油化工、能源、造纸等工业领域的各种管道及过流部件等暴露在运动流体中的各种金属及合金上。冲刷腐蚀在弯头、肘管、三通、泵、阀、叶轮、搅拌器、换热器的进口和出口等改变流体方向、速度和增大紊流的部位比较严重。冲蚀的金属表面一般呈现沟槽、凹谷、泪滴状及马蹄状，表面光亮且无腐蚀产物积存，与流向有明显的依赖关系，通常是沿着流体的局部流动方向或表面不规则所形成的紊流（图4-13）。在这些地方进入弯管的水流往往呈湍流状态并带有空气泡。湍流的机械作用、气泡冲击作用和气泡中氧的去极化作用造成弯管的严重局部腐蚀，使管壁迅速减薄，甚至穿洞（图4-14）。

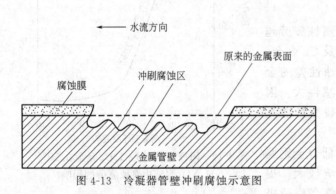

图4-13　冷凝器管壁冲刷腐蚀示意图　　　　　图4-14　弯管受到冲刷腐蚀破坏

（2）冲刷腐蚀的机理

冲刷腐蚀是以流体对电化学腐蚀行为的影响、流体产生的机械作用以及两者的交互作用为特征的。冲刷对腐蚀的加速作用主要表现为加速传质过程，促进去极化剂如 O_2 到达金属表面和腐蚀产物从表面离开。冲刷的机械作用主要表现为高流速引起的切应力和压力变化，以及多相流固体颗粒或气泡的冲击作用，可使表面膜减薄、破裂或通过塑性变形、位错聚集、局部能量升高，形成"应变差异电池"，从而加速腐蚀。此外，冲刷使保护膜局部剥离，露出新鲜基体，由于孔-膜的电偶腐蚀作用加速腐蚀。反过来，腐蚀促进冲刷过程的作用可表现为腐蚀使表面粗化、形成局部微湍流；腐蚀还可以溶解掉金属的加工硬化层，露出较软的基体；腐蚀也能使耐磨的硬化相暴露以至脱落。

冲刷腐蚀中流体中存在气泡对活性金属来说，气泡中的氧使腐蚀加速；对钝性金属来说，氧促进了保护膜的存在，此时的磨蚀速度是由冲击作用（使膜破坏）和气泡中氧（使金属再钝化）的竞争过程决定的。泥浆中的固体悬浮物使冲击作用加剧，更容易造成冲刷腐蚀。在较低流速下，腐蚀起主要作用；在很高的流速下，机械因素起主要作用。含固体沙粒的油田水（高矿化盐水）对管线钢腐蚀磨损，发现在多数条件下，腐蚀和磨损均存在明显交互增强作用，尤其当纯腐蚀和纯磨损作用都处于某个适中范围时，交互作用最大可达材料损失总量的 90%～95%，即相当于纯腐蚀量和纯磨损量之和的 9～19 倍。在管道液体流速范围内（小于 $3m/s^2$），控制腐蚀性（如加缓蚀剂）可显著降低这种交互作用，从而减轻腐蚀磨损的总量。

（3）冲刷腐蚀的影响因素

与其他应力作用下的腐蚀相比，冲刷腐蚀的影响因素更为复杂。除了材料本身的化学成分、组织结构、机械性能、表面粗糙度、耐蚀性能等，介质的温度、pH 值、溶氧量、各种活性离子的浓度、黏度、密度、固相和气相在液相中的含量、固相的颗粒度和硬度等，以及过流部件的形状、流体的流速和流态等都有很大的影响。这里只讨论与流体运动有关的几个因素。

① 流态　流体的流动状态有层流和湍流两种。层流时流体质点互不混杂，质点的迹线彼此平行；湍流是非稳态流，流速和压强常有不规则变化。发生层流或湍流与流速、流体的物性和流经表面的几何有关。湍流还可分为非扰动流和扰动流，后者是由于边界的变化（如管的突变或弯头）和压力的变化引起的（图 4-15）。

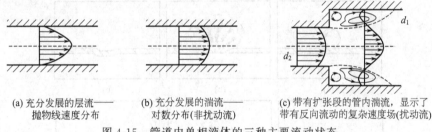

(a) 充分发展的层流——　　(b) 充分发展的湍流——　　(c) 带有扩张段的管内湍流，显示了
抛物线速度分布　　　　　对数分布(非扰动流)　　　　带有反向流动的复杂速度场(扰动流)

图 4-15　管道内单相液体的三种主要流动状态

除了高流速外，在有突出物、沉积物、缝隙等管道截面突然变化和流向突然改变的场合，造成湍流，湍流是最为有害的一种流态。

② 流速　流速的变化具有双重作用。只是在某些情况下，增加流速可以减轻腐蚀。如增加流速有利于缓蚀剂向相界面的传输，比静态时需要的用量少；不锈钢在发烟硝酸中由于阴极产物 HNO_2 具有自催化作用使腐蚀加速，增大硝酸的流速使产物迅速离开表面，反而降低了腐蚀速度；再者，与静态相比，增加流速可以减少钝化金属的局部腐蚀。在多数情况下，流速增加腐蚀速度增大。在某一流速范围内失重的变化并不显著，当流速超过某个临界值后，冲刷腐蚀速度急剧上升。

③ 第二相　存在第二相（气泡或固体颗粒）的双相流比单相流造成的冲刷腐蚀更严重，并使临界流速下降。携带固体颗粒的流体造成的冲刷腐蚀与固体颗粒的形状、尺寸、硬度、固液比有关，也与流体冲击速度、冲击角度有关。此外，固体颗粒的存在还可影响介质的物性，甚至改变流形，破坏表面的边界层，加重冲刷腐蚀的程度。

④ 表面膜　不管是金属表面原有的钝化膜，还是在腐蚀过程中形成的具有保护性的腐产物膜，它们的成分、厚度、硬度、韧性、与基体附着力及再钝化能力，对抵御冲刷腐蚀是十分重要的。例如，对易钝化金属，氧的存在对维持钝化膜的完整性是十分重要的，在流体中氧含量很少且处于静止或较低的流速时，氧的补充可能不足以维持钝态，常常发生局部腐

蚀。流速增加，供氧改善，容易消除造成局部腐蚀的局部溶液与整体溶液的成分差异，满足维钝条件，使金属在较高的流速下可以工作。高流速带来的好处甚至能发生在流体中氧含量较低的情况下。但当流速过高时，如超过 10m/s，可能会产生空泡腐蚀导致金属严重损伤。

4.4.2 空泡腐蚀

（1）空泡腐蚀的定义和特点

空泡腐蚀［也称空蚀，气（汽）蚀］是一种特殊形式的冲刷腐蚀，是由于金属表面附近的液体中空泡溃灭造成表面粗化、出现大量直径不等的火山口状的凹坑，最终丧失使用性能的一种破坏。空泡腐蚀只发生在高速的湍流状态下，特别是液体流经形状复杂的表面，液体压强发生很大变化的场合，常常发生在高速流体流经形状复杂的金属表面，液体压强变化的场合，如汽轮机叶片、船用螺旋桨、泵叶轮、阀门及换热器的集束管口等。

根据流体动力学的 Bernoulli 定律，在局部位置当流速变得十分高，以至于其静压强低于液体汽化压强时，液体内会迅速形成无数个小空泡。气泡主要是水蒸气以及少量从水中析出的气体。空泡中主要是水蒸气，随着压力降低，空泡不断长大，单相流变成双相流。气泡随液体到达压强高的区域时，气泡破灭，同时产生很大的冲击压强。由于溃灭时间极短，约 10^{-3}s，其空间被周围液体迅速充填，造成强大的冲击压力。大量的空泡在金属表面某个区域反复溃灭，足可以使金属表面发生应变疲劳并诱发裂纹，导致空泡腐坏，如图 4-16 所示。

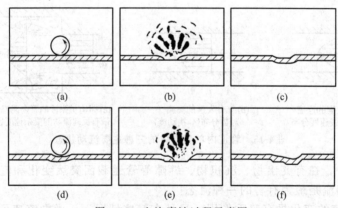

图 4-16 空泡腐蚀过程示意图

（2）空泡腐蚀的机理

早期的一些研究者强调空泡腐蚀的电化学作用，后来理论计算（气泡破灭产生的冲击压强可达 103MPa）和实验测量表明，空泡破灭的机械作用足以使韧性金属发生塑性变形或使脆性金属开裂。空泡溃灭造成的机械破坏最初认为是由空泡溃灭产生的冲击波引起的，后来的研究表明空泡溃灭瞬间产生的高速微射流也有重要的作用。关于空泡腐蚀的机理，存在两种较容易接受的金属材料空蚀破坏机制，即冲击波机制和微射流机制。

液体内局部压力的起伏而引起蒸气泡的形核、生长及溃灭的过程会导致空泡的产生。当液体内的静压力突然下降到低于同一温度下液体的蒸气压时，在液体内就会形成大量的空泡，而空泡群进入较高压力的位置时，空泡就会溃灭。空泡的溃灭使气泡内所储存的势能转变成较小体积内流体的功能，使流体内形成流体冲击波。这种冲击波传递给流体中的金属构件时，会使构件表面产生应力脉冲和脉冲式的局部塑性变形。流体冲击波的反复作用使金属材料表面出现空蚀坑。

由于液体中压力的降低而产生了大量的空泡，空泡在金属材料边壁附近或与边壁接触的情况下，由于空泡上下壁角边界的不对称性，故在溃灭时，空泡的上下壁面的溃灭速度是不同的。如图 4-17 所示，远离壁面的空泡壁将较早地破灭，而最靠近材料表面的空泡壁将较迟的破裂，于是形成向壁的微射流速度可达 100～400m/s。此微射流在极短的时间内就完成对金属表面的定向冲击，所产生的应力相当于水锤作用。

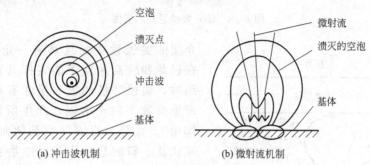

　　(a) 冲击波机制　　　　　　　　　　(b) 微射流机制

图 4-17　空泡腐蚀的机理

流体力学（机械）因素对空泡腐蚀的贡献是主要的，但在腐蚀介质中，电化学因素也是不能忽视的。两者之间存在着协同作用。空泡溃灭破坏了表面保护膜，促进腐蚀；另一方面，蚀坑的形成进一步促进了空泡的形核，已有的蚀坑又可起到应力集中的作用，促进了物质从表面和基体的剥离。一般在应力不太大时，腐蚀因素与机械因素不相上下，腐蚀因素（介质的成分、合金耐蚀性和钝性、电化学保护或应用缓蚀剂等）对空泡腐蚀有很大影响，随流体的腐蚀性增大，空泡腐蚀将更为严重；当应力很大时，如在强烈的水冲击下，机械因素的作用将显著增加。

4.4.3　摩擦副磨损腐蚀

（1）摩擦副磨损腐蚀的定义和特点

摩擦副磨损腐蚀是摩擦副接触表面的机械磨损与周围环境介质发生的化学或电化学腐蚀的共同作用，导致表层材料流失的现象。常发生在矿山机械、工程机械、农业机械、冶金机械等接触部件或直接与砂、石、煤、灰渣等摩擦的部件，如磨煤机、矿石破碎机、球磨机、溜槽、振动筛、螺旋加料器、刮板运输机、旋风除尘器。

（2）摩擦副磨损腐蚀的机理

摩擦副磨损的机理包括黏着磨损和磨料磨损。

① 黏着磨损　是两个固体表面在一定的压力下发生相对运动，表面的突出部位或凸起发生塑性形变，在高的局部压力作用下焊合在一起，当表面继续滑动时，物质从一个表面剥落而黏着在另一个表面所引起的磨损。在此过程中，还经常会产生一些小的磨粒或碎屑，进一步加重表面的磨损（图 4-18）。

② 磨料磨损　是粗糙而坚硬的表面在一定的压力下贴着软表面的滑动，或游离的坚硬固体颗粒在两个摩擦面之间的滑动而产生的磨损（图 4-19）。与黏着磨损不同，在磨料磨损中没有微焊接的发生在不发生这些机械磨损的情况下，材料在腐蚀料在腐蚀环境中由于受到表面保护膜的保护，腐蚀很轻微；在存在这种机械磨损作用时，表面保护膜局部遭到破坏，腐蚀得以进行，而且摩擦热会加快腐蚀速度。另一方面，剥落的保护膜通常以固体碎屑形式存在于两个表面之间会引起磨料磨损。因此，在很多场合下，腐蚀磨损总的损失量往往大于纯腐蚀与纯磨损损失量之和。在少数情况下，如

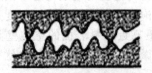
(a) 两个接触的表面在凸起处焊合

(b) 在足够的外力下焊合处断裂，
表面相对滑移

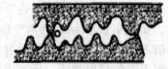
(c) 表面滑移导致物质剥落，
并产生碎屑

图 4-18 黏着磨损过程示意图

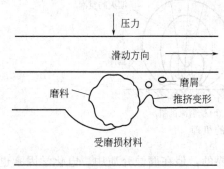

图 4-19 磨料磨损过程示意图

介质的腐蚀性很弱且具有一定的润滑能力，在轻载和较高速度下能发挥其减摩和冷却作用时，腐蚀磨损的损失量才有可能小于相同摩擦参数下的干磨损，产生所谓的"负交互作用"。此外，当表面膜是软而韧的氯化物、硫化物、磷酸盐和脂肪酸盐磨损虽然可使局部膜剥落，但不会造成严重的腐蚀磨损。

摩擦副腐蚀磨损很少发生在苛刻的腐蚀介质条件下，大多在大气或天然水中。在干大气条件下主要是化学氧化，在潮湿大气和天然水中是电化学腐蚀，腐蚀并不十分突出。

4.4.4 微动腐蚀

（1）微动腐蚀的定义和特点

微动腐蚀（又称微振腐蚀）是腐蚀磨损的一种形式，是指两个相互接触、名义上相对静止而实际上处于周期性小幅相对滑动（通常为振动）的固体表面因磨损与腐蚀交互作用所导致的材料表面破坏现象。

产生微动腐蚀的相对滑动极小，振幅一般为 $2 \sim 20 \mu m$。反复的相对运动是产生微动腐蚀的必要条件，在连续运动的表面上并不产生微动腐蚀。如正常行驶的汽车，轴承表面相对运动很大（整周运动），不产生微动腐蚀。而在用船舶或火车运输汽车时，汽车滚动轴承的滚道上就会出现一条条光滑的凹坑，并有棕红色的氧化产物，这是由于轴承上承受着载荷，在运输中又不断有小幅相对滑动，因而发生了微动腐蚀的结果。

微动腐蚀一般使金属表面出现麻坑或沟槽，并且周围往往有氧化物或腐蚀产物。在各种压配合的轴与轴套、铆接接头、螺栓连接、键销固定等连接固定部位，钢丝绳股与股、丝与丝之间，矿井下的轨道与道钉之间，都可能发生微动腐蚀。在有交变应力的情况下，还可因微动腐蚀诱发疲劳裂纹形核、扩展，以致断裂。

（2）微动腐蚀机理

大多数微动腐蚀是在大气条件下进行的，微动腐蚀涉及微动磨损与氧化的交互作用。基于磨损和氧化的关系，提出了磨损-氧化和氧化-磨损两种不同的机理。

① 磨损-氧化机理　在承载情况下，两个金属表面实际接触的突出部位处于黏着和焊合状态。在相对运动过程的中，接触点被破坏，金属颗粒脱落下来。由于摩擦，颗粒被氧化，这些较硬的氧化物颗粒在随后的微动腐蚀中起到磨料的作用，强化了机械磨损过程。

② 氧化-磨损机理　认多表面本来就存在氧化膜，在相对运动中，突出部位的氧化膜被

磨损下来，变成氧化物颗粒，而暴露出的新鲜金属重新氧化，这一过程反复进行，导致微动腐蚀。

　　事实上，这两种机制都可能存在。研究发现，氧气确实能加速微动腐蚀，如碳钢在氮气中的微动磨损损失量仅为气中的 1/6，在氮气中的产物是金属铁，而在空气中是 Fe_2O_3。因此，微振腐蚀是机械微动磨损与氧化共同作用的结果。

第5章　金属在自然环境中的腐蚀

材料是国家建设和社会发展的支柱和重要基础，材料总是在一定的环境中使用，导致金属腐蚀的环境有两类：一类是自然环境，如大气、海水与土壤等，金属在自然环境中的腐蚀称为"环境腐蚀"；另一类是工业环境，如酸、碱、盐等溶液，金属在工业环境中的腐蚀称为"工矿腐蚀"。

现已发现，几乎所有材料在自然环境作用下都存在着电化学腐蚀问题。其特点是：自然环境腐蚀是一个渐进的过程，一些腐蚀是在不知不觉中发生的，易为人所忽视；同时自然环境条件各不相同，差别很大。例如，我国有8个气候带，7类大气环境（农村、城市、工业、海洋、高原、沙漠、热带雨林），5大水系（黄河、长江、松花江、淮河和珠江），4个海域（渤海、黄海、东海和南海），40多种土壤材料在不同自然环境中的腐蚀速度可以相差数倍至几十倍，因此，材料在不同自然环境条件下的腐蚀规律各不相同；另外，材料自然环境腐蚀情况十分复杂，影响因素很多，难以在实验室内进行模拟，经常要通过现场试验才能获得符合实际的数据和规律。

鉴于绝大部分材料都在自然环境中使用，因此，研究掌握各类材料在典型自然环境中的腐蚀规律和特点，对于控制材料的自然环境腐蚀，减少经济损失，为国家重大工程建设，尤其是国防建设中的合理选材、科学用材、采用相应的防护措施，并为保证工程质量和可靠性提供科学依据。

5.1　大气腐蚀

金属或合金与所处的大气环境之间的化学作用或电化学作用引起的破坏，称为大气腐蚀。

大气是金属最常暴露的环境，据统计，80%的金属构件在大气环境中使用。铁路、桥梁、车辆、飞机、机械设备、武器装备、电子装备及历史文物等经常处于腐蚀性的大气环境下。尤其是近年来世界性酸雨范围的不断增加，使得这些材料饱受大气腐蚀的破坏。准确的数据表明，材料的大气腐蚀所造成的损失约占全部腐蚀的一半。因此，金属与合金的大气腐蚀与防护，在国民经济、国防建设和历史文化遗产保护中占有极其重要的地位。

一般情况下，大气的主要腐蚀成分是水汽和氧气，大气中氧气的浓度是固定的［23%（质量）］，而水汽的含量（湿度）则是变化的。空气中含有水蒸气的程度叫做湿度，通常以

1m³时空气中所含的水蒸气的质量（g）来表示潮湿程度，称为绝对湿度。在一定温度下，空气中能包含的水蒸气量不高于其饱和蒸气压。温度愈高，空气中达到饱和的水蒸气量就愈多。所以习惯用某一温度下空气中实际水汽含量（绝对湿度）与同温度下的饱和水汽含量的百分比值定义相对湿度，用符号 RH 表示。即：

$$RH = \frac{\text{空气中实际水汽含量}}{\text{同温度下饱和水汽含量}} \times 100\%$$

如果水汽量达到了空气能够容纳水汽的限度，这时的空气就达到了饱和状态，相对湿度100%。在饱和状态下，水分不再蒸发。相对湿度的大小不仅与大气中水汽含量有关，而且还随气温升高而降低。

尽管对金属大气腐蚀研究的历史很悠久，然而，由于大气腐蚀的影响因素较多，腐蚀反应的动力学因素复杂，人们至今对金属大气腐蚀仍有许多不十分清楚的问题。

5.1.1 大气腐蚀的分类及特点

根据大气中水汽的含量把大气分为三种类型："干的"、"潮的"和"湿的"，有时为了方便，笼统地把金属在大气中的腐蚀分为"干大气腐蚀"、"潮大气腐蚀"和"湿大气腐蚀"。

按大气的温度和湿度的不同组合又可以进一步分为"高温高湿"、"低温高湿"和"高温低湿"等类型；而按不同气候又可按地区划分为"热带"、"亚热带"、"温带"、"寒冷带"等区域；而由于大气中所含成分不同又可分为乡村大气、海洋大气和工业大气等类型。在这些不同类型的环境中金属腐蚀的原理和状况也各不相同。

大气腐蚀速度，不仅随着大气条件变化，而且大气腐蚀过程的特征与主要控制因素的比例也在相当大的程度上随着腐蚀条件而变化。表面的潮湿程度通常是决定大气中腐蚀速度的主要因素。所以，可把大气腐蚀速度按照金属表面的潮湿程度分成下列几个类型。

(1) 干大气腐蚀

大气在非常干燥的情况下，金属表面完全没有水膜层时的大气腐蚀。在清洁干燥的大气中，空气中的氧与金属表面发生氧化作用，而使金属失去光泽形成 1~4nm 的氧化物膜：$M + O_2 \longrightarrow MO_2$。金属表面上氧化物膜的生长符合对数规律。

大部分金属在相对湿度较低时，腐蚀速度非常缓慢，而湿度达到某一临界值时，腐蚀速度突然加大，腐蚀速度突然增大的湿度称为临界相对湿度。在有微量腐蚀性气体（如 SO_2）的条件下，只要大气湿度不超过临界湿度，钢和铁表面可以一直保持光亮；但铜、银等某些非铁金属，即使在常温下也会生成一层可见的氧化物膜或硫化物膜。

干大气腐蚀比较简单，破坏性也小得多，主要是纯化学作用引起的，故不属于本书讨论的主要内容。

(2) 潮大气腐蚀

当金属在水汽相对湿度小于 100% 而大于临界湿度时发生的大气腐蚀称为潮大气腐蚀。此时，金属表面常有看不出来的一层水膜存在。这层水膜是由于毛细管作用、吸附作用或化学凝聚作用而在金属表面形成的。钢铁在不直接被雨淋时发生的锈蚀就是这种腐蚀的例子。这时，由于金属表面上有一层连续的、约为几十到几百个水分子厚度的电解液成相膜，在这种情况下，腐蚀速度急剧增加。

金属表面上存在的电解质液膜及阴极去极化剂如氧气等是影响金属潮大气腐蚀的重要因素。此外，空气中腐蚀性气体的污染以及空气中所含的大气尘埃等也影响着钢铁的锈蚀。

(3) 湿大气腐蚀

在这种情况下，水分在金属表面上已成液滴凝聚，金属表面上存在着肉眼可见的约

$1\mu m \sim 1mm$ 的水膜。当空气中的相对湿度在 100% 左右或者当雨水直接落在金属表面上时，就发生这类腐蚀。由于大气中的一些气体（如 O_2、CO_2）及污染物（SO_2 等）会溶解于水膜中，所以，金属的湿大气腐蚀机理与金属在电解质溶液中的腐蚀机理类似。

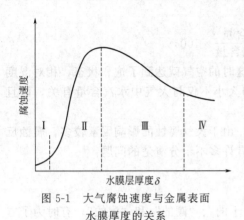

图 5-1　大气腐蚀速度与金属表面
水膜厚度的关系

大气湿度对金属的大气腐蚀速度影响很大，如图 5-1 所示。图中区域 Ⅰ 对应于干大气腐蚀，金属表面上形成的水膜约几个分子层厚，腐蚀速度很小，属于由化学作用引起的腐蚀。区域 Ⅱ 对应潮大气腐蚀，水膜厚度约几十到几百个分子层厚，金属表面形成了不可见的薄液膜，腐蚀速度随膜的增厚而增大，腐蚀过程是薄液膜下的电化学腐蚀。在区域 Ⅲ，随着液膜的继续增厚，水膜变为可见的，此时，氧通过水膜变得困难，因此，腐蚀速度也逐渐下降，此时对应湿大气腐蚀。区域 Ⅳ 相当金属完全浸入电解质溶液中，腐蚀速度稍稍下降。大气腐蚀一般都是在区域 Ⅱ 和区域 Ⅲ 中进行的。

5.1.2　大气腐蚀机理

大气腐蚀除干的大气腐蚀外，其他两类均是在金属表面上的一层很薄的水膜中进行的。要了解大气腐蚀的机理，就要了解金属表面液膜的形成过程和金属的表面状态。

（1）金属表面上液膜的形成

大气中含有水蒸气，在一定温度下，水蒸气有一定的饱和含量，如果超过此含量，水蒸气就从大气中凝结出来，慢慢地沉积在金属的表面上，形成水膜。温度越低，空气中饱和水蒸气的含量也越低。若将没有饱和的空气冷却到一定的温度，水蒸气就会达到饱和而冷凝出来。晚上气温下降时出现露水就是这个缘故。

空气的相对湿度达到 100% 时形成的水膜，其厚度一般在 $20 \sim 300\mu m$，肉眼可以看见。雨水或水沫直接落在金属表面上形成的水膜就更厚，可达 $1mm$ 以上。

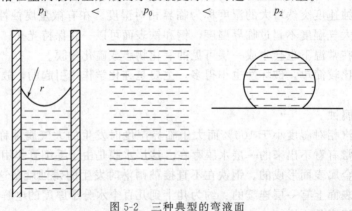

图 5-2　三种典型的弯液面

当金属表面粗糙或者金属表面上有灰尘、炭粒或腐蚀产物时，即使空气的相对湿度低于 100%，亦即温度高于露点时，水蒸气也会凝聚在低凹的地方或固体颗粒之间的缝隙处，形成很薄的、肉眼看不见的水膜，其厚度小于 $1\mu m$。

为什么相对湿度低于 100% 时，在腐蚀金属的表面上也能形成水膜呢？其原因如下。

① 毛细凝聚　由图 5-2 及表面物理化学知识可知，气相中的饱和蒸汽的压力，同与此蒸气压相平衡的弯液面的曲率半径 r 有关。在凹的弯液面上的平衡饱和蒸气压力比平液面上的要小，因此当平液面上水蒸气还未达饱和（相对湿度小于 100％）时，而在很细的毛细管中，水蒸气优先凝聚是可能的。定量关系由毛细凝聚的方程式来描述：

$$p = p_0 e^{\frac{-2\sigma M}{\rho R T r}}$$

式中　p——半径为 r 的凹弯液面上的饱和蒸气压；

　　　　p_0——平液面上的饱和蒸气压；

　　　　σ——在绝对温度 T 时的表面张力；

　　　　ρ——液体密度；

　　　　M——分子量；

　　　　R——气体常数。

显然，曲率半径 r 越小，饱和蒸气压就越小，水蒸气越易凝聚。

所以，在大气条件下，结构零件之间的间隙（狭缝），金属表面上的灰尘、氧化膜或腐蚀产物中的小孔等都具有毛细管的特性，它们都能促使水分在相对湿度低于 100％时发生凝聚。在大气腐蚀时，我们往往观察到在隙缝中，在有灰尘或有锈层的金属表面上，其锈蚀过程特别快，这都是由于毛细凝聚作用的结果。

② 化学凝聚　腐蚀金属表面上若存在着能同水结合的盐类（如 NaCl、$ZnCl_2$、NH_4NO_3 等）或可溶的腐蚀产物，将会引起水分在相对湿度远远小于 100％时的化学凝聚。由于盐溶液上的蒸气压力低于纯溶剂上的蒸气压力，盐溶液在金属表面上存在，会使水汽的凝聚变得更加容易。

表 5-1 列出了 20℃时与某些盐的饱和水溶液平衡的空气中的相对湿度。

表 5-1　20℃时与某些盐的饱和水溶液平衡的空气中的相对湿度

溶液中的盐	相对湿度/％	溶液中的盐	相对湿度/％
硫酸铜 $CuSO_4 \cdot 5H_2O$	98	氯化钠 NaCl	76
硫酸钾 K_2SO_4	98	氯化亚铜 $CuCl_2 \cdot 2H_2O$	68
硫酸钠 Na_2SO_4	93	氯化亚铁 $FeCl_2$	56
碳酸钠 $Na_2CO_3 \cdot 10H_2O$	92	氯化镍 $NiCl_2$	54
硫酸亚铁 $FeSO_4 \cdot 7H_2O$	92	碳酸钾 $K_2CO_3 \cdot 2H_2O$	44
硫酸锌 $ZnSO_4 \cdot 7H_2O$	90	氯化镁 $MgCl_2 \cdot 6H_2O$	34
硫酸镉 $3CdSO_4 \cdot 8H_2O$	89	氯化钙 $CaCl_2 \cdot 6H_2O$	32
氯化钾 KCl	86	氯化锌 $ZnCl_2 \cdot xH_2O$	10
硫酸铵 $(NH_4)_2SO_4$	81	氯化铵 NH_4Cl	79

③ 吸附凝聚　由于水分子与邻接的金属表面之间的吸引力（范德华力），所以，水蒸气凝聚的可能性增加了，且可以发生在相对湿度低于 100％时。实验证明，在洁净的细磨过的铁表面上吸附的水层，其厚度从相对湿度为 55％时的 15 个分子层，指数地增长到相对湿度约 100％时的 90～100 个分子层（假定铁的真实表面积为其几何表面的 2 倍），如图 5-3 所示。据研究，认为这样的膜是能够维持电化学腐蚀过程的。

在金属表面凝结出来的水分子或处于游离状态，或与表面的金属原子结合，形成金属-氧或金属-羟基键。另外，金属表面凝结出来的水膜，并不是纯净的水，空气中的气体（N_2、O_2、CO_2）及工业大气中的气体杂质（如 SO_2、NH_3、HCl 等）和盐粒等，都会溶解在金属表面的水膜中，使之成为大气腐蚀发生的电化学反应介质。

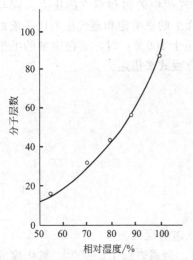

图 5-3 洁净的细磨过的铁表面上吸附的
水分子层数与相对湿度间的关系

（2）大气腐蚀的电化学过程

金属表面在潮湿的大气中会吸附一层很薄的水膜，当这层水膜达到 20～30 个分子层厚时，就变成电化学腐蚀所必需的电解液膜。所以在潮的和湿的大气条件下，金属的大气腐蚀过程具有电化学腐蚀的本质。由于这种电化学腐蚀过程只在极薄的液膜下进行的，所以它是一种薄液膜下的电化学腐蚀，是电化学腐蚀的一种特殊形式，属于电化学腐蚀，但与金属在电解质溶液中的腐蚀相比有它的特殊性和复杂性。所以讨论金属的大气腐蚀，既要应用电化学腐蚀的一般规律，又要注意大气腐蚀电极过程的特点。

① 大气腐蚀初期的腐蚀机理　当金属表面形成连续的电解液薄膜时，就开始了电化学腐蚀过程。

阴极过程：主要是依靠氧的去极化作用，通常的反应为 $O_2 + 2H_2O + 4e \longrightarrow 4OH^-$。

即使是电位较负的金属，如镁及其合金，阴极过程也是以氧去极化为主。因为在薄的液膜条件下，氧的扩散很容易。

阳极过程：在薄液膜条件下，大气腐蚀的阳极过程会受到很大阻力，阳极钝化以及金属离子水化过程的困难是造成阳极极化的主要原因。

随着金属表面电解液膜变薄，大气腐蚀的阴极过程通常更容易进行，而阳极过程则阻力变大。由此可见，对于潮大气腐蚀，腐蚀过程主要是阳极过程控制；对于湿大气腐蚀，腐蚀过程主要受阴极控制。所以，随着水膜层厚度的变化，不仅金属表面的潮湿程度不同，而且彼此的电极过程控制特征也不同。

② 大气腐蚀后期的腐蚀机理　在一定条件下，腐蚀产物会影响大气腐蚀的电极反应。Evans（伊文斯）对钢铁的大气腐蚀进行了详细的研究，大气腐蚀的铁锈层处在湿润条件下，可以作为氧化剂发生去极化反应。在锈层内，Evans 模型如图 5-4 所示。

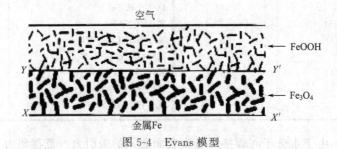

图 5-4 Evans 模型

阳极反应发生在金属/Fe_3O_4 界面上：

$$Fe \longrightarrow Fe^{2+} + 2e$$

阴极反应发生在 Fe_3O_4/FeOOH 界面上：

$$6FeOOH + 2e \longrightarrow 2Fe_3O_4 + 2H_2O + 2OH^-$$

即锈层内发生了 $Fe^{3+} \longrightarrow Fe^{2+}$ 的还原反应，可见锈层参与了阴极过程。

当锈层干燥时，即外部气体相对湿度下降时，锈层和底部基体钢的局部腐蚀电池成为开路，在大气中氧的作用下锈层重新氧化成为 Fe^{3+} 的氧化物。可见在干湿交替的条件下，带有锈层的钢能加速腐蚀的进行。

但是一般来说，在大气中长期暴露的钢，其腐蚀速度还是逐渐减慢的。原因之一是锈层的增厚会导致锈层电阻的增加和氧渗入的困难，这就使锈层的阴极去极化作用减弱；其二是附着性好的锈层内层将减小活性的阳极面积，增大了阳极极化，使大气腐蚀速度减慢。

5.1.3　大气腐蚀的主要影响因素

影响大气腐蚀的主要因素包括：气候条件、大气中的腐蚀性气体及金属表面状态等。

(1) 大气中的腐蚀性气体

清洁大气的基本组成见表 5-2 所列。

表 5-2　清洁大气的基本组成 (10℃，1000kPa 压力下)

组成成分	含量		组成成分	含量	
	g/m^3	%(质量)		mg/m^3	$\times10^{-6}$
空气	1172	100	氖气(Ne)	14	12
氮气(N_2)	879	75	氪气(Kr)	4	3
氧气(O_2)	269	23	氦气(He)	0.8	0.7
氩气(Ar)	15	1.26	氙气(Xe)	0.5	0.4
水蒸气(H_2O)	8	0.70	氢气(H_2)	0.05	0.04
二氧化碳(CO_2)	0.5	0.04			

全球范围内大气中的主要成分一般几乎不变，但在不同的环境中，大气中会有其他污染物，其中对金属大气腐蚀有影响的腐蚀性气体有：二氧化硫 (SO_2)、硫化氢 (H_2S)、二氧化氮 (NO_2)、氨气 (NH_3)、二氧化碳 (CO_2)、臭氧 (O_3)、氯化氢 (HCl)、有机物及沉粒等。

① 二氧化硫 (SO_2)　在大气污染物质中，SO_2 对金属腐蚀的影响最大，含硫的化石燃料燃烧（如大型发电厂）、金属的冶炼过程都会产生和释放 SO_2。目前已有 62.3% 的城市 SO_2 年平均浓度超过国家 2 级标准 ($0.06mg/m^3$) 或 3 级标准 ($0.25mg/m^3$)。目前，年均水 pH 值低于 5.6 的地区占全国面积的 40%。

大气中 SO_2 对金属的腐蚀机理研究得比较多，目前主要存在两种说法：一种是"酸的再生循环"作用；另一种是"电化学循环"过程。

以铁为例，"酸的再生循环机理"认为，SO_2 首先被吸附在钢铁表面上，大气中的 SO_2 与 Fe 和 O_2 作用形成硫酸亚铁。然后，硫酸亚铁水解形成氧化物和游离的硫酸。硫酸又加速腐蚀铁，所得的新鲜硫酸亚铁再水解生成游离酸，如此反复循环。此时大气中 SO_2 对 Fe 的加速腐蚀是一个自催化反应过程，反应式如下：

$$Fe+SO_2+O_2 \Longrightarrow FeSO_4$$
$$4FeSO_4+O_2+6H_2O \Longrightarrow 4FeOOH+4H_2SO_4$$
$$2H_2SO_4+2Fe+O_2 \Longrightarrow 2FeSO_4+2H_2O$$

这样，一个分子的 SO_2 能生成许多分子的铁锈。当把硫酸亚铁除去，这种循环也就停止了，腐蚀也大为减轻。

"电化学循环机理"认为，一旦钢铁表面有锈和硫酸亚铁存在，电化学的循环过程要比酸的再生循环快得多。阳极位于 Fe/Fe_3O_4 的界面 XX' 处（图 5-4 所示），发生阳极氧化

$$Fe \Longrightarrow Fe^{2+}+2e$$

阴极位于 $Fe_3O_4/FeOOH$ 的界面 YY' 上。此时 FeOOH 还原成 Fe_3O_4，并迅速转化成 FeOOH。

$$8FeOOH+Fe^{2+}+2e \Longrightarrow 3Fe_3O_4+4H_2O(阴极反应)$$
$$3Fe_3O_4+0.75O_2+4.5H_2O \Longrightarrow 9FeOOH(化学的再氧化)$$

由大气暴露试验结果表明，铜、铁、锌等金属的大气腐蚀速度与空气中所含的 SO_2 量近似地成正比，耐稀硫酸的金属如铅、铝、不锈钢等在工业大气中腐蚀比较慢，而铁、锌、镉等金属则较快。

在 SO_2 含量高时，锌的腐蚀产物没有保护性，腐蚀速度几乎不变，剧烈时可达到 $5\sim10\mu m/a$，所以镀锌层不宜用在 SO_2 较高的工业区。

大气中 SO_2 含量对铝的影响比较特殊，在干的大气中影响很小，而在湿度高时（如 98%），只要有微量（0.01%）SO_2 存在，其腐蚀速度就剧烈上升，而当 SO_2 增加到 0.1% 时腐蚀速度会成倍地增长，而当 SO_2 再增多（到 1%）时腐蚀速度的增加趋势又变缓慢，但仍比 0.1% 大 2～4 倍。可以看出，在含 SO_2 的工业大气中湿度较高时，铝的耐蚀性并不强。SO_2 大气腐蚀的影响还会由于空气中沉降的固体颗粒而加强。

② 硫化氢（H_2S）　在污染的干燥空气中，痕量硫化氢的存在会引起银、铜、黄铜等变色，即生成硫化物膜，其中铜、黄铜、银、铁变色最为明显。而在潮湿空气中会加速铁、锌、黄铜，特别是铁和锌的腐蚀。H_2S 对不锈钢的腐蚀性不大，但在 H_2S 的作用下，有产生点蚀和裂纹的危险性，如在饱和 H_2S 的 0.5% NaCl 溶液中经 500h 左右，一般即出现点蚀。

H_2S 的影响主要是由于其溶于水中会形成酸性水膜，增加水膜的导电性，阳极去钝化作用变得容易，阴极氢去极化的成分上升。

③ 氨气（NH_3）　由于 NH_3 极易溶于水，所以当空气中含有 NH_3 时会使潮湿处的 pH 值迅速变化。液膜中含 NH_3 0.5% 时，pH 值即上升到 8，NH_3 浓度达到 13%～25% 时，pH 值增到 9～10。在这种碱性液膜中铁得到缓蚀，而对有色金属的腐蚀加快，其中对铜的影响特别大，NH_3 能剧烈地腐蚀铜、锌、镉等金属，并生成络合物。

④ 二氧化碳（CO_2）　关于 CO_2 对金属大气腐蚀的影响，说法尚不一致。有的认为，CO_2 溶解于薄液膜后生成 H_2CO_3，促进了金属的腐蚀；而有的曾证明，有 CO_2 存在时，铁和铜的腐蚀都略有下降，认为这是由于锈蚀产物膜呈胶状结构而阻止了进一步腐蚀的缘故。

尽管全球大气中 CO_2 的平均浓度以每年 0.5% 的速度递增，但 CO_2 对金属大气腐蚀的影响不是很大，因为碳酸是很弱的酸，往往它的影响被大气中其他强腐蚀性组分的影响所掩盖。

⑤ 有机气氛　有机气氛腐蚀即为有机挥发物所引起的金属腐蚀。最典型的是木材及其他材料挥发出来的有机酸（别是甲酸和乙酸）、酚、膦等的腐蚀作用。航空产品和电工仪表等设备中往往组合有橡胶、塑料、油漆、木材等非金属材料，在金属构件间也常使用胶黏剂、密封胶等，有机挥发物即由这些非金属材料分解挥发而逸出，如果无法散逸，在相对湿度较大时就会引起腐蚀。目前较突出的锌、镉长"白霜"等现象，其主要原因就是有机气氛腐蚀。不同的非金属材料对有机气氛腐蚀影响也不同。例如，锌、镉等金属接触到干性油、硝基漆等散发的气氛就容易引起腐蚀，而对环氧漆、丙烯酸漆等则不明显。

⑥ 固体颗粒物　城市大气中大约含 $2mg/m^3$ 的固体颗粒物，而工业大气中固体颗粒物含量可达 $1000mg/m^3$，估计每月每平方公里的降尘量大于 100t。工业大气中固体颗粒物的组成多种多样，有碳化物、金属氧化物、硫酸盐、氯化物等，这些固体颗粒落在金属表面上，与潮气组成原电池或差异充气电池而造成金属腐蚀。固体颗粒物与金属表面接触处会形成毛细管，大气中水分易于在此凝聚。如果固体颗粒物是吸潮性强的盐类，则更有助于金属表面上形成电解质溶液，尤其是空气中各种灰尘与二氧化硫、水共同作用时，腐蚀会大大加剧，在固体颗粒下的金属表面常易发生点蚀。

⑦ 海洋大气环境　在海洋大气环境中，海风吹起海水形成细雾，由于海水的主要成分是氯化物盐类，这种含盐的细雾称为盐雾。当夹带着海盐粒子盐雾沉降在暴露的金属表面上叶，由于海盐（特别是 NaCl 和 $MgCl_2$）很容易吸水潮解，所以趋向于在金属表面形成一层

薄薄的液膜，促进了碳钢的腐蚀。在 Cl^- 作用下，金属钝化膜遭到破坏丧失保护性，使碳钢在液膜作用下一层一层地剥落。

常用的结构钢和合金，大多数均受海水和多雾的海洋大气腐蚀。在海洋大气区，影响侵蚀强度的主要因素是积聚在金属表面的盐粒或盐雾的数量。盐的沉积量与海洋气候环境、距离海面的高度和远近及暴露时间有关。表 5-3 表明了南海岸不同距离空气中 Cl^- 和 Na^+ 的含量。海盐中，特别是氯化钙和氧化镁是吸湿的，易在金属表面形成液膜，加速金属的腐蚀。随着离海洋距离的增加，氧化物浓度逐渐减少，腐蚀速度也随之降低。

表 5-3　离海岸不同距离处空气中 Cl^- 和 Na^+ 的含量

离海岸的距离/km	离子含量/(mg/L)		离海岸的距离/km	离子含量/(mg/L)	
	Cl^-	Na^+		Cl^-	Na^+
0.4	16	8	48.0	4	2
2.3	9	4	86.0	3	—
5.6	7	3			

一般来说，热带海洋环境的腐蚀性较强，温带次之，北极最小，但由于地区位置不同而有很大差别。

(2) 气候条件

大气湿度、气温及润温时间、日光照射、风向及风速等是影响大气腐蚀的气候条件。

① 大气湿度　潮湿大气腐蚀是金属在大气中锈蚀的主要类型。在干大气腐蚀中，常温下几乎所有的金属都会产生一层不可见的氧化膜，而这层氧化膜往往对金属起着保护作用，所以腐蚀速度非常缓慢。随着空气中相对湿度的不断增大或经受雨露，金属的腐蚀速度也加快，而到达临界相对湿度则腐蚀速度突然加大。

潮湿大气腐蚀并不是单纯水汽或雨水所造成的腐蚀，而同时存在着温度和大气中所含有害气体的综合影响。图 5-5 表示在纯净的和含 0.01% SO_2 的空气中，金属铁的腐蚀增重随相对湿度变化的关系。由图可知，在非常纯净的空气中，湿度对金属锈蚀的影响并不严重，相对湿度由零逐渐增大时，腐蚀增重是很小的，也无腐蚀速度突变的现象，而大气中含有 SO_2 等腐蚀性气体时，情况就不同了。在相对湿度由零增加到 75% 前，腐蚀增重同样增加缓慢，与纯净空气差不多，当相对湿度达到 75% 左右时，腐蚀增重突然上升，并随相对湿度增加。75% 就是铁腐蚀的临界相对湿度，出现临界相对湿度，标志

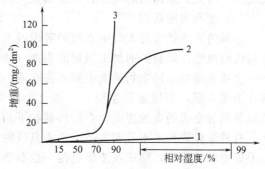

图 5-5　铁的大气腐蚀与空气相对
湿度和 SO_2 杂质的关系
1—纯净空气；2—含 0.01% SO_2 的空气；
3—含 0.01% SO_2 和碳粒的空气

着金属表面产生了一层吸附的电解液膜，这层膜的存在使金属从化学腐蚀变成了电化学腐蚀，使腐蚀的性质发生了突变，腐蚀速度大大增加。

临界相对湿度随金属的种类、金属表面状态以及环境气氛的不同而有所不同，大多数金属和合金存在着两个临界相对湿度。第一临界湿度的出现，主要是因为金属表面上出现了腐蚀产物，而这一临界湿度值取决于大气中水分含量和 SO_2 的比例。第二临界湿度取决于腐蚀产物吸收和保持水分的性能。污染物的存在主要是破坏金属表面上腐蚀产物膜的保护性

能，造成出现临界相对湿度的条件。

临界相对湿度概念对于评定大气腐蚀活性和确定长期封存法有重要意义。当大气相对湿度超过临界相对湿度时，金属就容易生锈。因此，在气候潮湿的地区或季节，应当采取可靠的保护方法。另一方面，若保持空气相对湿度低于存放金属的临界相对湿度时，即能有效地防止腐蚀的发生。在这种条件下，即使金属表面上已经有锈，也不会继续发展。在临界相对湿度以下，污染物如 SO_2 和固体颗粒物等的影响也很轻微。所谓"干燥空气封存法"即基于这一理论。

② 气温和温差的影响　空气的温度和温度差对金属大气腐蚀速度有一定的影响。尤其是温度差比温度的影响还大，因为它不但影响着水汽的凝聚，而且还影响着凝聚水膜中气体和盐类的溶解度。对于温度很高的雨季或湿热带，温度会起较大作用，一般随着温度的升高，腐蚀速度加快。

在一些大陆性气候的地区，日夜温差很大，造成相对湿度的急剧变化，使空气中的水分在金属表面或包装好的机件上凝露，引起锈蚀。或由于白天供暖气而晚上停止供暖的仓库和工厂；或在冬天将钢铁零件从室外搬到室内时，由于室内温度较高，冷的钢铁表面上就会凝结一层水珠；或在潮湿的环境中用汽油洗涤金属零件时，洗后由于金属零件上的汽油迅速挥发，使零件变冷，也会凝聚出一层水膜。这些因素都会促使金属锈蚀。

③ 总润湿时间　金属在潮湿的大气中，表面能够形成水膜，构成电解液，使金属发生腐蚀。总润湿时间是指金属表面被水膜层覆盖的时间。在实际的大气环境中，受空气的相对湿度、雨、雾、露等天气条件的持续时间及频率，以及金属的表面温度、风速、光照时间等多种因素影响，使金属表面发生电化学腐蚀的水膜层并不能长期存在，因此金属表面的大气腐蚀过程不是一个连续的过程，而是一个干/湿交替的循环过程。大气腐蚀实际上是各个独立的润湿时间内腐蚀的积累。现已发现，一定条件下的金属大气腐蚀速度与润湿时间符合指数关系。可见，总润湿时间越长，金属大气腐蚀也越严重。

（3）金属表面状态

金属的表面状态对大气中水汽的吸附凝聚有较大的影响。光亮纯净的金属表面可以提高金属的耐蚀性，而新鲜的加工粗糙的表面（如喷砂处理）活性最强。

金属表面存在污染物质或吸附有害杂质，会进一步促进腐蚀过程。如空气中的固体颗粒落在金属表面，会使金属生锈。一些比表面大的颗粒（如活性炭）可吸附大气中的 SO_2，会显著增加金属的腐蚀速度。在固体颗粒下的金属表面常发生缝隙腐蚀或点蚀。

有些固体颗粒虽不具腐蚀性，也不具吸附性，但由于能造成毛细凝聚缝隙，促使金属表面形成电解液薄膜，形成氧浓度电池，也会导致缝隙腐蚀。另外，金属表面的腐蚀产物对大气腐蚀也有影响。某些金属（如耐候钢）的腐蚀产物膜由于合金元素富集，使锈层结构致密，有一定的隔离腐蚀介质的作用，因而使腐蚀速度随暴露时间的延长而有所降低。但一些金属（如金属锌）等表面大气腐蚀产物比较疏松，使其丧失保护作用，甚至会产生缝隙腐蚀，从而使腐蚀加速。

5.1.4　防止大气腐蚀的措施

防止金属大气腐蚀的方法很多，可以根据金属制品所处环境及对防腐蚀的要求，选择合适的防护措施。

（1）合理选材

耐大气腐蚀的金属材料，一般有耐候钢、不锈钢、铝、铁及铁合金等。其中工程结构材料多采用耐候钢。

　　未加保护的钢铁在大气中易生锈。在普通碳钢中加入适当比例的 Cu、P、Cr、Ni 及稀土等合金元素，可以使普通碳钢合金化，这种合金化处理得到的低合金钢耐蚀性能明显优于普通碳钢。这种具有耐大气腐蚀性能的低合金钢称为耐候钢。关于耐候钢中合金元素的耐蚀作用机理还不十分清楚，人们只找到了一些直接的原因。比较一致的看法是，钢在大气腐蚀过程中逐渐生成致密的腐蚀产物膜，从而改变锈层结构，促进钢表层生成具有保护性的锈层：[非晶态羟基氧化铁，$FeO_x(OH)_{3-2x}$ 或 $\alpha\text{-FeOOH}$]。

　　耐候钢最早是在美国被进行系统研究的，其主要成果是 20 世纪 30 年代初出现的美国钢铁公司的 Cor-Ten 钢（A 型，10CuPCrNi 钢）。后来，欧洲各国和日本都有所仿制，Cor-Ten A 钢，含 ≤0.12%C，0.25%～0.55%Cu，0.07%～0.15%P，0.30%～1.25% Cr，≤0.65%Ni，0.25%～0.75% Si，0.20%～0.50% Mn，≤0.05%S。在美国进行的 15 年大气暴露试验结果，腐蚀速度仅为 0.0025mm/a，而低碳钢为 0.050mm/a；在英国进行的大气暴露试验结果，头 5 年腐蚀速度，Cor-Ten 钢为 0.027mm/a；碳钢为 0.135mm/a，后 9 年 Cor-Ten 钢为 0.023mm/a，碳钢为 0.125mm/a。Cor-Ten 钢的耐蚀性为碳钢的 3～6 倍，可以不加保护层，裸露使用。目前国外已有 Cu、Cu-P-Cr-Ni、Cu-Cr 和 Cr-Al 等系列多种牌号的耐候钢。

　　我国耐候钢发展较晚，但逐渐走出了自己的道路。一般不含 Cr、Ni，充分发挥了我国矿产资源的特点。根据我国特点，我国发展了 Cu 系、P-V 系、P-Re 系及 P-Nb-Re 系等钢种，如 16MnCu 钢、09MnCuPTi 钢、15MnVCu 钢、10PCuRe 钢等。16MnCu 钢 8 年暴露试验平均腐蚀速度在 0.004～0.016mm/a 范围内，其中在工业大气中为 0.008mm/a。

　　不锈钢有较好的耐大气腐蚀性能，如耐蒸汽、潮湿大气性好。但由于价格较贵，除关键性产品外，一般尽量少用或不用。铝的耐大气腐蚀性能也较高。铝在空气中很容易生成一层致密的氧化铝薄膜（厚度约 1～10nm），可有效地防止铝继续氧化和腐蚀，具有优异的抗蚀性。但其强度较低，一般将 Si、Cu、Mg、Zn、Ni、Mn、Fe、Re 等加入铝中生成铝合金，以提高其力学性能。铝和铝合金制成的零件使用前，应进行阳极氧化处理。

　　钛及钛合金是一类新型结构材料，不仅具有优良的耐蚀性，而且比强度大，耐热性好。某些钛合金还具有良好的耐低温性能。这是由于钛的钝化能力强，在常温下极易形成一层致密的与基体金属结合紧密的钝化膜，这层薄膜在大气及腐蚀介质中非常稳定，具有良好的抗蚀性。从比强度方面，钛合金可替代不锈钢和合金钢，从抗蚀剂耐热性方面可以取代铝合金和镁合金。目前各种高强度钛合金、耐蚀性钛合金和功能钛合金在宇航、航空、海洋、化学工业等领域都已得到了开发和应用。

　　(2) 表面覆盖层保护

　　包括临时性保护覆盖层和永久性保护覆盖层两种。临时性保护是指不改变金属表面性质的暂时性保护方法，包括防锈水、防锈油脂、气相缓蚀剂、可剥性塑料包装用纸类（涂蜡纸、气相防锈纸等），临时性保护主要用于材料储存，金属构件使用前需去除覆盖层。永久性保护层主要有各类镀层、涂料、热喷涂、热浸镀、渗金属、钝化等手段生成的覆盖层，金属构件工作时无需去除。

　　镀层是大气腐蚀保护用得较多的措施，如单金属和合金电镀、复合镀、喷镀、化学镀、离子镀、气相镀、包镀、渗镀；非金属镀层包括有机涂层、橡胶、电泳涂层、塑料、油漆复层等；无机涂层如搪瓷、陶瓷等。这些方法都是通过使被保护金属与外界介质隔离来防止金属腐蚀。

　　(3) 控制环境条件

　　局部环境气氛控制：如在封闭的环境中，采用气相缓蚀剂或油溶性缓蚀剂，有关缓蚀剂的知识参考第 7 章的有关内容。

一般相对湿度低于 35％时金属不易生锈，低于 60％～70％金属锈蚀较慢。所以可以采用降低环境的相对湿度来降低大气腐蚀。如在包装封存过程中充惰性气体（如 N_2），采用干燥空气封存，或用吸氧剂除氧封存方法，均可达到降低大气腐蚀的目的。表 5-4 对三种封装方法进行了比较。

表 5-4　三种封装方法的比较

封装方法	封装原理和方法	特　点	适用对象
干燥空气封存	在密闭性良好的包装内充溢干燥空气或用干燥剂控制相对湿度小于 35％	工艺简单，便于检查，防锈期较长，不能防止金属的化学氧化，但可防霉	多种金属和非金属
充惰性气体封存	将产品密封在金属或非金属容器内，经抽真空后充入干燥的 N_2，并利用干燥剂保持内部相对湿度在 40％以下	工艺复杂，防锈期长，可同时防止金属的化学氧化和电化学腐蚀	多种金属和非金属的产品、精密仪器、忌油产品
吸氧剂封存	控制密封容器内的湿度和露点，除去空气中的氧，常用 Na_2SO_3 做吸氧剂，它在催化剂 $CoCl_2$ 和微量水的作用下，吸收氧变成 Na_2SO_4	工艺简单，防锈期较长，可同时防止金属的化学氧化和电化学腐蚀	多种金属和非金属

5.2　海水腐蚀

金属结构在海洋环境中发生的腐蚀称为海水腐蚀。海水是自然界中含量大并且是最具腐蚀性的天然电解质溶液。我国海域辽阔，大陆海岸线长 18000km，6500 多个岛屿的海岸线长 14000km，拥有近 300 万平方公里的海域。近年来海洋开发受到普遍重视，港口的钢桩、栈桥、跨海大桥、海上采油平台、海滨电站、海上舰船以及在海上和海水中作业的各种机械，无不遇到海水腐蚀问题。因此，研究海水腐蚀规律，探讨防腐蚀措施，就具有十分重要的意义。

5.2.1　海水腐蚀区域的划分

为便于学习和研究海水腐蚀，从海洋腐蚀的角度出发，以接触海水从下至上将海洋环境分为 3 个不同特性的腐蚀区带，即全浸带、潮差带和飞溅带（如图 5-6 所示）。不管潮起潮落，全浸带的金属构件部分总是浸没在海水中。潮差带的金属构件部分是在涨潮时淹没在海水中，落潮时则暴露在空气中。紧接着潮差带的上面是飞溅带，处于飞溅带的金属构件即使涨潮时也不会淹没在海水中，却不断地经受着浪花飞溅。这些区段的金属构件的腐蚀都属于海水腐蚀的范畴。在飞溅带上面金属构件的腐蚀实质上属于海洋大气

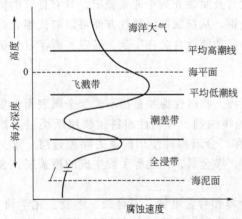

图 5-6　海洋区域分布和腐蚀速度的关系

腐蚀的范畴了。

初看起来，似乎海水到处都差不多，对于金属材料的腐蚀性应当也都差不多。其实不然。海洋环境复杂，不同的海洋区域或同一海洋区域的不同区带，金属的腐蚀行为有较大的

差别。

在飞溅带，碳钢腐蚀最严重。由于碳钢表面经常与充气良好的海水接触，使紧贴金属构件表面上的液膜长期保存。这层液膜薄而供氧充分，氧浓差极化很小，形成了发生氧去极化腐蚀的有利条件。而且在飞溅带没有生物污染，金属表面保护漆膜容易老化变质，涂层在风浪在作用下容易剥落。因此在飞溅带的腐蚀速使在所有海洋区域中是最大的，达到 0.4mm/a，约为全浸条件下腐蚀速度的 3~4 倍。

在潮差带，金属的表面不断间隔地浸泡在海水中和暴露在空气中。当落潮时处于潮差带的金属表面虽然暴露在空气中，而不是浸在海水中，但金属的表面仍然是湿的，而且同浸在海水中相比，氧更容易到达金属表面，所以一般的规律是：金属处于潮差带的腐蚀速度比处于全浸带的腐蚀速度高。但我国长期的海水腐蚀挂片试验发现，处于潮差带的钢材的腐蚀速度随时间下降的趋势较处于全浸带的钢材明显，以致挂片试验长达 4 年以后，钢材在这两个海水腐蚀带的腐蚀速度大小的次序发生逆转，即全浸带的腐蚀速度反而比潮差带的大。这可能在同钢材在这两个海水腐蚀带所生成的腐蚀产物在钢表面的覆盖情况有关，在全浸带的钢的表面不容易形成对腐蚀过程有明显抑制作用的腐蚀产物层。

潮差带和飞溅带相似，碳钢构件的表面每天有部分时间与充气良好的海水接触，促进了氧去极化腐蚀。而且，较大的潮汐运动会导致碳钢腐蚀速度进一步增大。与飞溅带不同的是，海洋生物会在潮差带的金属表面上寄生。寄生的结果有时能使钢的表面得到部分的保护，对不锈钢则会加速局部腐蚀。

对于连续暴露于潮差带与全浸带的碳钢结构（如一根整体钢桩或长试片）来说，由于潮差带的供氧情况比全浸带好，在它们之间将形成氧浓差电池，在潮差带的部分成为电池的阴极而得到保护，腐蚀速度有所下降。而对于孤立的碳钢试片来说，其腐蚀速度则接近飞溅带的腐蚀速度。还要指出，碳钢的最深点蚀往往发生在潮差带。

根据海水的深度不同，全浸带又可分为浅海区、大陆架和深海区。由于风浪和海水流动起着搅拌作用，在浅海区表层含氧量一般达到饱和浓度。浅海区表层的水温也比中部或深处高得多。因此，浅海区中碳钢的腐蚀速度随着深度增大而逐渐减小。

在全浸带金属表面上常有海洋生物附着，阻碍氧向金属表面扩散。但对于与潮沙区连续的海洋结构，海洋生物附着会使氧浓度电池效应增大，反而加快了全浸带金属的腐蚀速度。在腐蚀过程中阴极区有时能生成碳酸钙型矿质水垢，对金属起到一定的保护作用。

随着海水深度增加，含氧量和水温降低，海洋生物附着也减少。在许多地区，18~30m 深处海水流速已很缓慢。所以深海区碳钢的腐蚀速度一般是很低的。

钢和铁在全浸带的腐蚀特点是开始时腐蚀非常快，但几个月后就逐渐减慢，最终趋向于一个稳定的速率。腐蚀也比较均匀，平均速度为 0.10mm/a。风浪大及海水剧烈运动时腐蚀速度增加。

海底泥浆区域对金属的供氧量极小，所以腐蚀速度极低。对于部分埋在海底、部分裸露在海水中的金属结构，由于氧浓差电池作用，加快了埋在海底中那部分金属的腐蚀。在泥浆区有时还存在硫酸盐还原菌之类的细菌，形成微生物腐蚀，结果使碳钢结构发生局部腐蚀。

5.2.2 海水的性质及对金属腐蚀的影响

海水是含盐量高达 3.5% 并有溶解氧的强腐蚀性电解液，所有的海水对金属都有较强的腐蚀性。但各个海域的海水性质（如含盐量、含氧量、温度、pH 值、流速、海洋生物等）可以差别很大，同时，波、浪、潮等在海洋设施和海工结构上产生低频往复应力和飞溅带浪花与飞沫的持续冲击；海洋微生物、附着生物和它们新陈代谢的产物（如硫化氢、氨基酸等）对腐蚀过程产生直接与间接的加速作用。加之，海洋设施和海工结构种类、用途以及工况条件上有很大差别，因此它们发生的腐蚀类型和严重程度也各不相同。金属的腐蚀行为与这些因素的综合作用有关。

（1）含盐量

海水作为腐蚀性介质，其特性首先在于它的含盐量相当大。世界性的大洋中，水的成分和总盐度是颇为恒定的。内海里的含盐量则差别较大，因地区条件的不同而异，如地中海的总盐度高达 $3.7\%\sim3.9\%$，而里海则低至 $1.0\%\sim1.5\%$，且所含的 SO_4^{2-} 高。表 5-5 给出了海水中主要盐类的含量。

表 5-5   海水中主要盐类的含量

成分	100g 海水中含盐量/g	占总盐度的百分数/%
NaCl	2.7213	77.8
$MgCl_2$	0.3807	10.9
$MgSO_4$	0.1658	4.7
$CaSO_4$	0.1260	3.6
K_2SO_4	0.0863	2.5
$CaCO_2$	0.0123	0.3
$MgBr_2$	0.0076	0.2
合 计	3.5	100

海水中含量最多的盐类是氧化物，其次是硫酸盐。氯离子的含量约占总离子数 55%。除了这些主要成分之外，海水中还有含量小的其他成分，如臭氧、游离的碘和溴也是强烈的阴极去极化剂和腐蚀促进剂。此外，海水中还含有少量的、对腐蚀不产生重大影响的许多其他元素。总之，海水中含有少量的周期表中几乎所有的元素。

由于海水中含有的大量可离解的盐，使海水成为一种导电性很强的电解质溶液，因此使海水对大多数的金属结构具有较高的腐蚀活性，如对于铁、铸铁、低合金钢和中合金钢来，在海水中建立钝态是不可能的。甚至对于含高铬的合金钢来说，在海水中的钝态也不完全稳定，可能出现小孔腐蚀。由于盐浓度增大，海水中溶解氧量下降，故盐浓度超过一定值会金属腐蚀速度下降。

（2）含氧量

海水中的含氧量是海水腐蚀的主要因素。海水表面与空气的接触面积相当大，海水还不会受到海浪的搅拌作用并有强烈的自然对流，所以通常海水中含氧量较高。除特殊情况外，可以认为海水表面层被氧饱和。

表 5-6 列出了海水中氧的溶解度和盐浓度、温度之间的关系。盐的浓度和温度越高，氧的溶解度越低。海水含氧量与海水深度有关。美国西海岸的太平洋海域，自海平面至水深 700m 处，含氧量随海水深度增加而下降，表层海水含氧量最高，为 5.8mL/L，水下 700m 处海水含氧量最低，为 0.3mL/L，水深 700m 以下，氧含量又随海水深度的增加有所随着纬度的不同，表层海水的含氧量也不同，高纬度区，常年温度和盐度都较低，所以含氧量高，如南极洲个别地区，含氧量高达 8.2mL/L，而低纬度地区正好相反，如赤道附近，表层海水含氧量只有 4.0～4.8mL/L。

大多数金属在海水中发生的是氧去极化腐蚀。海水中含氧量增加，可使金属腐蚀速度增加。

表 5-6　氧在海水中的溶解度和盐浓度、温度之间的关系　　　　　单位：mL/L

湿度/℃	盐的浓度/%					
	0.0	1.0	2.0	3.0	3.5	4.0
0	10.30	9.65	9.00	8.36	8.04	6.72
10	8.02	7.56	7.09	6.63	6.41	6.18
20	6.57	6.22	5.88	5.52	5.35	
30	5.57	5.27	4.95	4.65	4.50	

（3）pH 值

通常海水是中性溶液，pH 值介于 7.2～8.6 之间，因植物的光合作用，表层海水的 pH 值略高，通常介于 8.1～8.3 之间，对金属腐蚀的影响不显著。由于海洋有机物和海洋动物尸体分解时消耗 O_2 并产生 H_2S 和 CO_2，深海区的 pH 值略有降低，在距海平面 700m 左右深度处，pH 值最低。

（4）温度

海水的温度随地理位置和季节的不同在一个较大的范围变化。从两极高纬度到赤道低纬度海域，表层海水的温度可由 0℃ 增加到 35℃。海水深度增加，水温下降，海底的水温接近 0℃。

海水温度升高，腐蚀速度加快。一般认为，海水温度每升高 10℃，金属腐蚀速度将增大 1 倍。但是温度升高后，氧在海水中的溶解度下降，金属腐蚀速度减小。在炎热的季节或环境中，海水腐蚀速度较大。

（5）流速

海水流速也是表征海水性质的一个重要参数。海水的流速增大，将使金属腐蚀速度增大。海水流速对铁、铜等常用金属的腐蚀速度的影响存在一个临界值 V_c，超过此流速，金属的腐蚀速度显著增加。以碳钢为例（图 5-7 所示），在海水流速较低的第 Ⅰ、第 Ⅱ 阶段，金属的腐蚀属于典型的电化学腐蚀，其中第 Ⅰ 阶段腐蚀过程受氧的扩散控制，随流速增加，氧的扩散加快，此腐蚀速度也增大；第 Ⅱ 阶段海水流速增加，供氧充分，氧阴极还原的电化学反应成为腐蚀过程的要速度控制步骤，因此流速对腐蚀速度的影响较小。而在第 Ⅲ 阶段，当海水流速很高时，金属腐

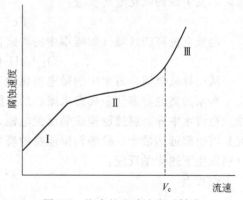

图 5-7　海水的流动速度对低碳钢腐蚀速度的影响

蚀急剧速加速。这是由于流速超过 V_c 时，金属表面的腐蚀物膜被冲刷掉，金属基体也受到机械性损伤，此时金属腐蚀发生了质的改变，出现了冲刷腐蚀，甚至空泡腐蚀，在腐蚀和机械力的作用下，金属的腐蚀速度急剧增加。但对在海水中能钝化的金属则不然，有一定的流速可以促进铁、镍合金和高铬不锈钢的钝化，提高其耐蚀性。

（6）海洋生物

影响金属材料海水腐蚀的海洋生物有两类，一类是微生物。欧洲在海水腐蚀试验中曾经发现一个现象：一般的金属浸泡在海水中腐蚀电位是随着时间逐渐向低的方向变化的，但不锈钢浸泡在海水中以后，腐蚀电位则是逐渐向高的方向变化的。在第 3 章中我们知道，有钝化膜的金属如不锈钢在含 Cl^- 的溶液中，当电位升高到"击穿电位"亦即小孔腐蚀电位时，

钝化的金属表面上就会发生小孔腐蚀。因此，如果不锈钢的小孔腐蚀电位不够高，当浸泡在海水中的不锈钢的腐蚀电位向高的方向移动到小孔腐蚀电位时，就开始小孔腐蚀。据研究，浸泡在海水中的不锈钢的腐蚀电位之所以会逐渐升高，是因为在钢的表面上逐渐生成了一层微生物膜。这种看法还不是定论，需要进一步研究，但目前除此以外，也找不出其他的原因来解释浸泡在海水中的不锈钢的腐蚀电位逐渐升高的现象。另一类是附着在钢材表面上生长的藤湖、牡蛎等海生物，对于钢材受海水腐蚀的情况究竟会产生什么影响，也是比较复杂的问题。一种情况是引起局部腐蚀，这大致是由于它们的附着，使得钢材的局部表面所接触的介质成分发生了改变，以及形成充气不匀腐蚀电池。但人们也发现另一种相反的情况：浸泡在海水中的钢材的表面上附着的海生物形成一层紧密的覆盖层，就像一个保护层那样保护了下面的钢材。究竟会发生哪一种情况，要通过实地的试验才能知道，因为各个海域的温度和海生物繁殖情况可以差别很大。

另外，微生物的生理作用会产生 NH_3、CO_2 和 H_2S 等腐蚀性物质，硫酸盐还原菌的作用则产生 O_2，这些都能加快金属的海水腐蚀。

5.2.3　海水腐蚀的电化学特征

海水作为中性含氧电解液的性质决定了海水中金属腐蚀的电化学特性。电化学腐蚀的基本规律都适用于海水腐蚀。但基于海水本身的特点，海水腐蚀的电化学过程又具有自己的特征。

① 与一般介质不同，海水电导率高，金属构件在其海水中既存在活性很大的微观腐蚀电池，也存在活性很大的宏观腐蚀电池。电极电位低的区域（如碳钢中的铁素体基体）是阳极区，发生铁的氧化溶解反应：

$$Fe \longrightarrow Fe^{2+} + 2e$$

电极电位高的区域（如碳钢中的渗碳体相）是阴极区，发生氧的还原反应：

$$O_2 + 2H_2O + 4e \longrightarrow 4OH^-$$

从而导致金属在海水中的微电池腐蚀。

海水的高电导率使金属海水腐蚀的电阻极化很小，异种金属的接触能造成显著的电偶腐蚀。在海水中异金属接触构成的腐蚀电池，其作用更强烈，影响范围更远，如海船的青铜螺旋桨可引起远达数十米处的钢制船身的腐蚀。如铁板和铜板同时浸入海水中，这两种金属上分别发生下述化学反应：

铁板上

$$Fe \longrightarrow Fe^{2+} + 2e$$
$$O_2 + 2H_2O + 4e^- \longrightarrow 4OH^-$$

铜板上

$$Cu \longrightarrow Cu^{2+} + 2e$$
$$O_2 + 2H_2O + 4e \longrightarrow 4OH^-$$

铁在海水中的自然腐蚀电位约为 $0.45V(vs, SCE)$，铜的自然腐蚀电位约为 $-0.32V(vs, SCE)$。当把两种金属用导线连接起来，或让两者接触，则电流将由电位较高的铜板流可电位较低的铁板，在海水中由铁板流向铜板，结果铁板腐蚀加快，而铜板受到保护。此即为海水中的电偶腐蚀（宏电池腐蚀）现象。

即使两种金属相距数十米，只要存在足够的电位差并实现稳定的电连接，就可以发生电偶腐蚀。所以在海水中，必须对异种金属的连接予以重视，以避免可能出现的电偶腐蚀。例如，铜与不锈钢连接是有害的，因为不锈钢只有在氧气充足的情况下，才能维持钝态，在海水条件下，不锈钢的钝态是不稳定的。当大面积的铜或铜合金与较小面积的不锈钢相接触时，不锈钢就存在着较大的电偶腐蚀危险。因为 Cl⁻ 可能使不锈钢活化，相对于铜，不锈钢变成了阳极。反之，当大面积的不锈钢与较小面积的铜或铜合金相接触时，铜或铜合金也是危险的，因为不锈钢一旦处于钝态，小面积的铜则作为阳极发生电偶腐蚀，腐蚀电流密度将会很大。

② 对大多数金属，它们的阴极过程是氧去极化作用，只有少数负电性很强的金属如镁及其合金，海水腐蚀时发生阴极的氢去极化作用。腐蚀速度受限于氧的扩散速度。尽管表层海水被氧所饱和，但氧通过扩散到达金属表面的速度却是有限的，也小于氧还原的阴极反应速度。在静止状态或海水流速不大时，金属腐蚀的阴极过程一般受氧到达金属表面的速度控制。所以钢铁等在海水中的腐蚀几乎完全决定于阴极去极化反应。减小扩散层厚度，增加流速，都会促进氧的阴极极化反应，促进钢的腐蚀。如对于普通碳钢、低合金钢、铸铁，海水环境因素对腐蚀速度的影响远大于钢本身成分和组分的影响。

③ 海水腐蚀的阳极极化阻滞对于大多数金属（如铁、钢、铸铁、锌、镉等）都很小，因而腐蚀速度相当大。基于这一原因，在海水中若采用提高阳极性阻滞的方法来防止铁基合金腐蚀的可能性是有限的。由于 Cl⁻ 破坏钝化膜，不锈钢在海水中也会遭到严重的腐蚀。只有极少数易钝化金属，如钛、锆、钽、铌等才能在海水中保持钝态，具有显著的阳极阻滞。

在海水中由于钝化膜的局部破坏，很容易发生点蚀和缝隙腐蚀等局部腐蚀，在高流速的海水中，易产生冲刷腐蚀和空蚀。

5.2.4　海水腐蚀的防护措施

(1) 正确选材、合理设计

大量的海洋工程构件仍然使用普通碳钢或低合金钢，但需采取一定的保护措施。从海水腐蚀挂片试验来看，普通碳钢与低合金钢腐蚀失重相差不大，但腐蚀破坏的情况不同。一般说来，普通碳钢的腐蚀破坏比较均匀，而低合金钢的局部腐蚀破坏比碳钢严重。

以铬为主要合金元素的低合金钢的海水腐蚀行为很特殊。我国和国外的海水腐蚀挂片试验都证明，在挂片时间不超过 5 年的时期内，含铬的低合金钢的海水腐蚀行为比普通碳钢好，但当挂片试验时间超过 5 年后，含铬的低合金钢的腐蚀行为反而不如普通碳钢。所以普通碳钢和低合金钢可以用于海洋工程，但必须加以切实的保护措施。

不锈钢在海洋环境中的应用是有限的。除了价格较贵的原因之外，不锈钢在海水流速小和有海洋生物附着的情况下，由于供氧不足，在 Cl⁻ 作用下钝态容易遭到破坏，促使点蚀发生。另外，不锈钢在海水中还可能出现应力腐蚀破裂。在不锈钢中添加合金元素铝可以提高不锈钢耐小孔腐蚀的性能，所以一些适用于海水介质的不锈钢都是含铝的不锈钢。

铜和铜合金在海水中有较高的耐蚀性，尤其在流速不大的海水中是相当稳定的。但当黄铜中铜含量较低时（如含铜 60%，含锌 40%）则产生脱锌腐蚀。磷青铜是含少量磷的铜锡合金，在海水中非常稳定，并耐冲击腐蚀，可用来制造泵的叶轮。铝青铜也比较耐海水腐蚀。白铜（铜-镍合金）能在流速较大的海水中应用，在污染海水中也不易产生点蚀，且耐应力腐蚀、冲刷腐蚀的性能都较好。由于铜合金传热性能好，成本也比镍基合金低得多，所以一些以海水为冷却剂的管子如海滨电厂的凝气管或海轮上的冷却管用的就是白铜管。

铝和铝合金由于表面能生成一层保护性能好的钝化膜，所以耐蚀性很好。但其缺点是在海水中易产生点蚀、缝隙腐蚀和应力腐蚀断裂。高强度铝合金如 Al-Cu，Al-Zn-Mg 合金耐海水腐蚀性差，如在海洋环境中使用必须采取一定的保护措施。

镍有助于改进金属的耐海水腐蚀性能。所以一些耐海水腐蚀的金属材料如蒙乃尔（Monel 一种镍基的镍铜合金）、哈氏合金（Hastelloy，含镍量不低于 60％的镍基合金）、因康镍合金（Inconel，一种含镍量达 80％的合金）等都是镍基合金。

最耐海水腐蚀的金属材料就是钛或钛合金了。其原因就在于钛的表面生成一层薄的氧化物膜，起到了完全的保护作用，在海水中几乎不发生腐蚀。同时钛及钛合金还具有很高的抗磨蚀、空穴腐蚀和腐蚀疲劳的能力。钛及其合金还能抗污染海水、淡海水和含有气体（如 Cl_2、NH_3、H_2S 或高浓度的 CO_2）的海水腐蚀。使用钛合金制造的舰船蒙皮在海水中是极其稳定的，基本上可以认为船体是不会被腐蚀的，这样既可以减少维护的费用，也可以减轻船体的重量。

海洋设施中大量使用的还是钢铁材料，牌号很多，应根据具体要求合理选择和匹配。同时也可根据我国资源情况发展耐海水腐蚀新材料。例如，能用于海洋环境的高铬、高镍不锈钢或奥氏体铁素体双相不锈钢等。

在海水中使用的金属构件十分忌讳不同电子导体接触而形成的电偶腐蚀。当两种在海水中的腐蚀电位不同的金属材料彼此直接接触时，腐蚀电位低的金属材料就因电偶腐蚀而破坏。在考虑海水中金属构件的电偶腐蚀问题时，不仅不允许腐蚀电位高低差别较大的金属材料直接接触，而且还要注意到会不会发生腐蚀电位高的金属离子在腐蚀电位低的金属材料表面上沉积成金属。例如，如果在海轮上有铝合金构件，也有铜合金构件，虽然从结构上看这两种金属构件没有直接接触，但如果铜合金腐蚀所形成的铜离子能随水流到达铝合金构件的表面，铜离子就能在铝合金构件的表面上沉积成金属铜，从而引起铝合金构件的快速腐蚀破坏。

（2）涂层保护

这是防止金属材料海水腐蚀普遍采取的方法，除了应用防锈油漆外，有时还采用防生物污染的防污漆。对于处在潮差带和飞溅带的某些固定结构物，可以使用蒙乃尔合金包覆。

海洋工程用钢的主要保护措施是在钢的表面施加涂层。但是，任何一种有机涂层长时间浸泡在水溶液中，水分子都会渗过涂层到达金属表面，在涂层下发生电化学腐蚀过程。严重问题在于：一旦涂层下的金属表面发生腐蚀过程，阴极反应所生成的 OH^- 会使涂层失去金属表面的附着力而剥离，另外整个腐蚀过程所产生的固相腐蚀产物也会将涂层挤得鼓起来，所以光用简单的油漆涂层不能起很好的保护作用。

为达到更好的保护效果，通常采用涂料和阴极保护相结合的办法，这是保护海底管线和海工结构水下部分的首选措施。已有的研究结果表明，对钢质海洋平台的水下部分，不采用涂料，只采用阴极保护同样能得到良好的保护效果。而海工结构在飞溅带的防护措施通常包括：采用厚浆型重防腐涂料、采用耐蚀材料包套和留有足够的腐蚀裕量。例如，钢质海洋平台飞溅带桩腿设计的腐蚀裕量一般采取 13～16mm。

施加涂层，一般还不是简单地直接在钢材表面涂一层有机涂层，而是先在钢材表面涂一层底漆，再涂上油漆层。

（3）电化学保护

电化学保护是防止海水腐蚀常用的方法之一，但只在全浸带才有效。电化学保护又分为外加电流法和牺牲阳极法。外加电流阴极保护便于调节，而牺牲阳极法则简单易行。海水中常用的牺牲阳极有锌合金、镁合金和铝合金。从密度、输出电量、电流效率等方面综合考虑，用铝合金牺牲阳极较为经济，如 Al-Zn-Sn 和 Al-Zn-In 多元合金。

（4）使用缓蚀剂

海水冷却器的凝汽黄铜管可采用定期添加硫酸亚铁，预先生成保护膜的办法，防止凝汽黄铜管发生局部腐蚀；防护涂料底层中添加缓蚀剂，也能取得良好的保护效果。

5.3　土壤腐蚀

　　金属或合金在土壤中发生的腐蚀称为土壤腐蚀。埋入地下的水管、蒸汽管、石油输送管、钢筋混凝土设施及电缆等，由于土壤中存在的水分、气体、杂散电流和微生物的作用，都会遭受腐蚀，以致管线穿孔而漏油、漏气、漏水，或使电讯发生故障。而且这些地下设施的检修和维护都很困难，给生产造成很大的损失和危害。

　　由于土壤组成和性质的复杂性，金属的土壤腐蚀差别很大。埋在某些土壤中的古代铁器可以经历千百年而没有多大锈蚀，可是有些地下管道却只用了一两年就腐蚀穿孔。同一根输油管在某一地段腐蚀很严重，而在另一地段却完好无损。因此研究金属材料的土壤腐蚀行为和规律，为地下工程选材与防护设计提供科学依据，具有重大意义。

5.3.1　土壤的组成和性质

　　(1) 土壤的一般性质

　　① 土壤的组成　土壤是由各种颗粒状的矿物质、有机物质及水分、空气和微生物等组成的多相的并且具有生物学活性和离子导电性的多孔的毛细管胶体体系。它含有固体颗粒如砂、灰、泥渣和腐殖土，在这个体系中有许多弯弯曲曲的微孔（毛细管），水分和空气可以通过这些微孔到达土壤深处。

　　② 土壤中的水分　土壤中的水分有些与土壤的组分结合在一起，有些紧紧黏附在固体颗粒的周围，有些可以在微孔中流动。盐类溶解在这些水中，土壤就成了电解质。土壤的导电性与土壤的孔隙度、土壤的含水量及含盐量等各种因素有关。土壤越干燥，含盐量越少，其电阻越大；土壤越潮湿，含盐量越多，电阻就越小。干燥而少盐的土壤电阻率可高达 $10000\Omega \cdot cm$，而潮湿的多盐的土壤电阻率可低于 $500\Omega \cdot cm$。一般来说，土壤的电阻率可以比较综合地反映某一地区的土壤特点。土壤电阻率越小，土壤腐蚀越严重。表 5-7 列出了土壤的电阻率与土壤腐蚀性等级的关系（以钢的腐蚀为例）。

表 5-7　土壤的电阻率与土壤腐蚀性等级的关系

土壤的电阻率/$\Omega \cdot cm$	钢在土壤中的腐蚀速度/(mm/a)	土壤的腐蚀性等级
0～500	>1.00	很高
500～2000	0.20～1.00	高
2000～10000	0.05～0.20	中等
>10000	<0.05	低

　　因此，可以把土壤电阻率作为土壤腐蚀性的评估依据之一。但应该指出，这种估计有时并不符合所有情况，因此土壤电阻率并不能作为评估土壤腐蚀的唯一依据。

　　③ 土壤含氧量　土壤中的氧气，部分存在于土壤的孔隙与毛细管中，部分溶解在水里。土壤中的含氧量与土壤的湿度和结构有密切关系，在干燥的砂土中含氧量较高；在潮湿的砂土中，含氧量较少；而在潮湿密实的砂土中，含氧量最少。由于湿度和结构的不同，土壤中含氧量可相差达几万倍，这种充气的极不均匀正是造成氧浓差电池腐蚀的原因。

　　④ 土壤的酸碱性　大多数的土壤是中性的，pH 值位于 6～7.5 之间；有的土壤是碱性的，如碱性的砂质黏土和盐碱土，其 pH 值位于 7.5～9.5 之间；也有一些土壤是酸性的，

如腐殖土和沼泽土，pH 值在 3～6 之间。

⑤ 土壤中的微生物　有人曾在电子显微镜下观察土壤中的微生物，发现有种细菌，其形状为略带弯曲的圆柱体，并长有一根鞭毛。细菌依靠鞭毛的伸曲，使其躯体向前移动。由于它依赖于硫酸盐还原反应而生存的，所以人们称它为硫酸盐还原菌（SRB）。土壤中的微生物主要有厌氧的硫酸盐还原菌、硫杆菌和好氧的铁杆菌。在许多环境条件下，往往会有两种以上的微生物共存。在有更多种微生物滋生繁殖时，将会对腐蚀产生更为复杂的影响。

腐蚀性细菌一般分为嗜氧菌和厌氧菌两大类。增氧性菌必须在有游离氧的环境中生存，如嗜氧性氧化铁杆菌，它依靠金属腐蚀过程中所产生的 Fe 氧化成 Fe^{3+} 时所释放的能量来维持其新陈代谢，它存在于中性含有有机物和可溶性铁盐的水、土壤及锈层中，其生长温度为 20～25℃，pH 值在 7～7.4 之间。又如嗜氧性排硫杆菌，能将土壤中的污物发酵所产生的硫代硫酸盐还原为硫元素；而喜氧性氧化硫杆菌又可把元素硫氧化为硫酸，从而加快金属的腐蚀。这类细菌常存在于土壤、污水及泥水中，其生长温度为 28～30℃，pH 值在 2.5～3.5 之间。

（2）中国土壤分布规律

我国土壤类型 40 多种，土壤性质差别较大。根据《中国土壤系统分类（修订方案）》确定土壤水分，在没有直接的土壤水分观测资料情况下，以 Penman 经验公式得到的年干燥度作为划分土壤水分状况的定量指标，并规定年干燥度大于 3.5 者相当于干旱土壤水分状况，年干燥度在 1～3.5 之间者相当于半干润土壤水分状况，年干燥度小于 1 者相当于湿润土壤水分状况。

① 土壤水平性分布　东部属湿润、半湿润地区，表现为自南向北随着气温带而变化的，大体上说热带为砖红壤，南亚热带为赤红壤，中亚热带为红壤和黄壤，北亚热带为黄土壤和黄褐土，暖温带为棕壤和褐土，温带为暗棕壤，寒温带为飘灰土，其分布与纬度基本一致。在北部干旱半干旱区域，表现为随着干燥度而变化的规律，东北的东部干燥度小于 1，新疆的干燥度大于 4，自东向西依次为暗棕壤、黑土、灰黑土、黑钙土、栗钙土、灰钙土、灰漠土、灰棕漠土，其分布与经度基本一致。这种变化主要与距离海洋的远近有关。距离海洋越远，受潮湿季风的影响越小，气候越干燥；距离海洋越近，受潮温季风的影响越气候越温润。由于气候条件不同，生物因素的特点也不同，对土壤的形成和分布必然带来重大的影响。

② 土壤垂直性分布　我国的土壤由南到北、由西向东虽然具有水平地带性分布规律，但是在北方的土壤类型在南方山地却往往也会出现。这种现象的原因是，随着海拔增高，山地气温主就会不断降低，一般每升高 100m，气温要降低 0.6℃；自然植被随之变化，土壤分布也会发生相应的变化。土壤随海拔高度增加而变化的规律，叫做土壤的垂直地带性分布规律。例如，喜马拉雅山由山麓的红黄壤起，经过黄棕壤、山地灰棕壤、山地飘灰土、亚高山草甸、高山草甸土、高山寒漠土，直至雪线。喜马拉雅山具有最完整的土壤垂直带谱，为世界罕见。

5.3.2　土壤腐蚀的电化学特征

金属在土壤中的腐蚀与在电解质溶液中的腐蚀本质是一样的，发生电化学腐蚀。大多数金属在土壤中的腐蚀属于氧去极化腐蚀，只有在少数情况下（如在强酸性土壤中），才发生氢去极化腐蚀。

（1）阳极过程

金属在阳极区失去电子被氧化。以钢铁为例，反应式如下：

$$Fe \longrightarrow Fe^{2+} + 2e$$

在酸性土壤中，铁以水合离子的状态溶解在土壤水分中：

$$Fe^{2+} + nH_2O \longrightarrow Fe \cdot nH_2O$$

在中性或碱性土壤中，Fe^{2+} 与 OH^- 进一步生成白色的 $Fe(OH)_2$。

$$Fe^{2+} + 2OH^- \longrightarrow Fe(OH)_2$$

$Fe(OH)_2$ 在 O_2 和 H_2O 的作用下，生成难溶的 $Fe(OH)_3$。

$$4Fe(OH)_2 + O_2 + 2H_2O \longrightarrow 4Fe(OH)_3$$

$Fe(OH)_3$ 不稳定，会接着发生以下的转化反应：

$$Fe(OH)_3 \longrightarrow FeOOH + H_2O$$
$$Fe(OH)_3 \longrightarrow Fe_2O_3 \cdot 3H_2O \longrightarrow Fe_2O_3 + 3H_2O$$

钢铁在土壤中生成的不溶性腐蚀产物与基体结合不牢固，对钢铁的保护性差，但由于紧靠着电极的土壤介质缺乏机械搅动，不溶性腐蚀产物和细小土粒黏结在一起，形成一种紧密层，因此随着时间的增长，将使阳极过程受到阻碍，导致阳极极化增大，腐蚀速度减小。尤其当土壤中存在 Ca^{2+} 时，Ca^{2+} 与 CO_3^{2-} 结合生成的 $CaCO_3$ 与铁的腐蚀产物黏结在一起，对阳极过程的阻碍作用更大。

钢铁的阳极极化过程与土壤的湿度关系密切。在潮湿土壤中，铁的阳极溶解过程与在水溶液中的相似，不存在明显阻碍。在比较干燥的土壤中，因湿度小，空气易透进，如果土壤中没有 Cl^- 的存在，则铁容易钝化，从而使腐蚀过程变慢；如果土壤相当干燥，含水分极少，则阳极过程更不易进行。

(2) 阴极过程

土壤腐蚀的阴极过程比较复杂。大多数情况下，土壤腐蚀的阴极过程是氧的去极化过程：

$$O_2 + H_2O + 4e \longrightarrow 4OH^-$$

只有酸性很强的土壤中，才会发生析氢反应。

处于缺氧性土壤中，在硫酸盐还原菌的作用下，SO_4^{2-} 的去极化也可以作为金属土壤腐蚀的阴极过程：

$$SO_4^{2-} + 4H_2O + 8e \longrightarrow S^{2-} + 8OH^-$$

与海水等液体中不同，土壤腐蚀电池的阴极过程较复杂，而且不同的土壤条件，腐蚀的阴极过程控制特征也不同（如图 5-8 所示）。在潮湿的黏性土壤中，氧的渗透和流动比较小，腐蚀过程主要受阴极过程控制；在干燥、疏松的土壤中，氧的扩散比较容易，金属的腐蚀为金属阳极控制；对于长距离宏观腐蚀电池作用下的土壤腐蚀，如处于黏土中的地下管道和处于砂土中的地下管道的环境不同，形成氧浓度腐蚀电池，土壤的电阻极化和氧阴极去极化共同成为土壤腐蚀的控制因素。

5.3.3　土壤腐蚀常见的几种形式

(1) 差异充气引起的腐蚀

由于氧气分布不均匀而引起的金属腐蚀，称为差异充气腐蚀。土壤的固体颗粒含有砂子、灰、泥渣和植物腐烂后形成的腐殖土。在土壤的颗粒间又有许多弯曲的微孔（或称毛细管），土壤中的水分和空气可通过这些微孔而深入到土壤内部，土壤中的水分除了部分与土壤的组分结合在一起，部分布附在土壤的颗粒表面，还有一部分可在土壤的微孔中流动。于是，土壤的盐类就溶解在这些水中，成为电解质溶液，因此，土壤湿度越大，含盐量越多，土壤的导电性就越强。此外，土壤中的氧气部分溶解在水中，部分停留在土壤的缝隙内，土

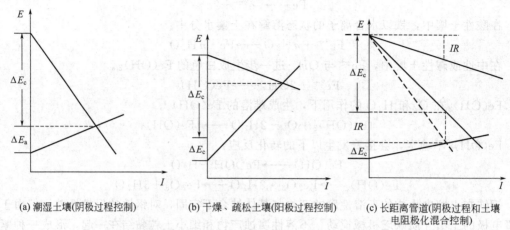

(a) 潮湿土壤(阴极过程控制)　　　(b) 干燥、疏松土壤(阳极过程控制)　　　(c) 长距离管道(阴极过程和土壤 电阻极化混合控制)

图 5-8　不同土壤条件下腐蚀过程的控制特征
ΔE_a—阳极极化过电位；ΔE_c—阴极极化过电位；IR—土壤的欧姆压降

壤中的含氧量也与土壤的湿度、结构有密切关系，在干燥的砂土中，氧气容易通过，含氧量较高；在潮湿的砂土中，氧气难以通过，含氧量较低；在潮湿而又致密的黏土中，氧气的通过更加困难，故含氧量最低。埋在地下的各种金属管道，如果通过结构和干湿程度不同的土壤将会引起差异充气腐蚀（如图 5-9 所示）。铁管的一部分埋在砂土中，另一部埋在黏土中。因砂土中氧的浓度大于黏土中氧的浓度，则在砂土中更容易进行还原反应，即在砂土的电极电位高于在黏土中铁的电极电位，于是黏土中铁管便成了差异充气电池的阳极而腐蚀。同理，埋在地下的金属构件，由于埋设的深度不同，也会造成差异充气腐蚀，其腐蚀往往发生在埋得深层的部位，因深层部位氧气难以到达，便成为差异充气电池的阳极，水平放置而直径较大的金属管，受腐蚀之处亦往往是管子的下部，这也是由差异充气所引起的腐蚀。

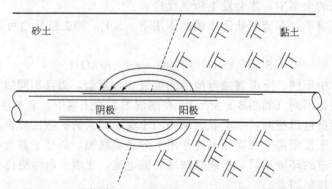

图 5-9　金属管道通过不同土壤时，构成氧浓度腐蚀电池

（2）杂散电流引起的腐蚀

杂散电流是指在土壤介质中存在的、从正常电路漏失而流入他处的电流，其大小、方向不固定，它主要来自于电气火车、直流电焊、地下铁道及电解槽等电源的漏电。

图 5-10 是土壤中因杂散电流而引起管道腐蚀的示意图。正常情况下电流自电源的正极经架空线、电力机车再沿铁轨回到电源的负极。但当路轨与土壤间绝缘不良时，就会把一部分电流从路轨漏到地下，进入地下管道某处，再从管道的另一处流出，回到路轨。电流离开管道进入大地处成为腐蚀电池的阳极区，该区金属遭到腐蚀破坏。腐蚀破坏程度与杂散电流的电流强度成正比，电流强度愈大，腐蚀就愈严重。杂散电流造成的腐蚀损失相当严重。计

算表明：1A 电流经过 1 年就相当于 9kg 的铁发生电化学溶解而被腐蚀掉。杂散电流干扰比较严重的区域，8～9mm 厚的钢管，只要 2～3 个月就会腐蚀穿孔。杂散电流还能引起电缆铅的晶间腐蚀。

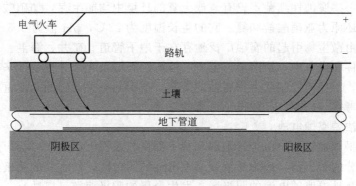

图 5-10　杂散电流引起的腐蚀电池

　　杂散电流腐蚀是外电流引起的宏观腐蚀电池，这种局部腐蚀可集中于阳极区的外绝缘涂层破损处。

　　交流杂散电流也会引起腐蚀，主要来源于交流电气化铁道和高压输电线路等。这种土壤杂散电流腐蚀破坏作用较小。如频率为 50Hz 的交流电，其作用约为直流电的 1%。

　　(3) 微生物引起的腐蚀

　　如果土壤中严重缺氧，又无其他杂散电流，按理是较难进行电化学腐蚀的，可是埋在地下的金属构件照样遭到严重的破坏，这是由土壤中的微生物引起的腐蚀。硫酸盐还原菌对金属腐蚀作用的解释，最先由屈菲（Von Wolzogen Kühr）提出，在缺氧条件下，金属虽然难以发生吸氧腐蚀，但可进行析氢腐蚀（电化学腐蚀中，有氢气放出）。只是因阴极上产生的原子态的氢未能及时变为氢气析出，而被吸附在阴极表面上，直接阻碍电极反应的进行，使腐蚀速度逐渐减慢。可是，多数的土壤中都含有硫酸盐。如果有硫酸盐还原菌存在，它将产生生物催化作用，使 SO_4^{2-} 氧化被吸附的氢，从而促使析氢腐蚀顺利进行。其腐蚀特征是造成金属构件的局部损坏，并生成黑色而带有难闻气味的硫化物。硫酸盐还原菌便是依靠上述化学反应所释放出的能量进行繁殖的。

　　据研究，能参与金属腐蚀过程的细菌不止一种，它们并非本身使金属腐蚀，而是细菌生命活动的结果间接地对金属电化学腐蚀过程产生的影响。例如，有的细菌新陈代谢能产生某些具有腐蚀性的物质（如硫酸、有机酸和硫化氢等），从而改变了土壤中金属构件的环境；有的细菌能催化腐蚀产物离开电极的化学反应，致使腐蚀速度如快。此外，许多细菌还能分泌黏液，这些黏液与土壤中的土粒、矿物质、死亡细菌、藻类以及金属腐蚀产物等黏合并形成黏泥，覆盖在金属构件的表面，因局部缺氧成为差异充气电池的阳极，从而遭到严重的点蚀。

　　厌氧性菌必须在缺乏游离氧的条件下才能生存，如硫酸盐还原菌是种常见的厌氧性菌。它是地球上最古老的微生物之一，其种类繁多，广泛存在于中性的土壤、河水、海水、油井、港湾及锈层中，它们的共同特点是把硫酸盐还原为硫化物，生长适宜温度为 30℃。pH值在 7.2～7.5 之间。

　　嗜氧性菌和厌氧性菌虽然生存条件截然不同，但往往在嗜氧性菌腐蚀产物所造成的局部缺氧的环境中，厌氧性菌亦可以得到繁殖的机会，这种不同性质细菌的联合腐蚀常发生于水管内壁，在那里，首先是嗜氧性铁杆菌将水管腐蚀溶解，并形成 $Fe(OH)_3$ 沉淀，其沉淀附着在水管内壁生成硬壳状的锈瘤。瘤下的金属表面缺氧，恰好为硫酸盐还原菌提供生存与繁殖的场所。这样，两类细菌相辅相成，更加快了瘤下金属的溶解。有人取下锈瘤，经分析发现其中的腐蚀产物含有 1.5％～2.5％的硫化物，每克腐蚀产物中约含有 1000 条硫酸盐还原菌。

此外，还有一些腐蚀性细菌不论有氧或无氧的环境中均能生存，如硝酸盐还原菌，能把土壤中的硝酸盐还原为亚硝酸盐和氨。它的生长温度为 27℃，pH 值为 5.5～8.5。

现已发现，由微生物引起的腐蚀广泛地存在于地下管道、矿井、海港、水坝以及循环冷却系统的金属构件和设备中，给冶金、电力、航海、石油及化工等行业带来极大的损失。因此，近十多年来，对如何控制微生物腐蚀的研究日益引起有关部门的高度重视，越来越多的人从事这方面的考察与研究，已取得了可喜的进展。

（4）短距离浓差腐蚀电池

大口径的水平埋地管线，由于管上部和管下部供氧水平上的差异，会形成近距离浓差腐蚀电池。供氧充分的管上部，成为氧浓差腐蚀电池的阴极区，发生氧的阴极还原；供氧不足的管下部，成为氧被差腐蚀电池的阳极区，发生金属的阳极溶解（腐蚀）。

（5）长距离浓差腐蚀电池

地下长输管线、电缆等长距离金属结构，腐蚀破坏主要取决于长距离金属结构物穿越不同类型的土壤时，形成的长距离浓差腐蚀电池。例如，处于透气不良因而供氧不足的黏土中的管段，成为氧浓差腐蚀电池的阳极区，发生金属的阳极溶解（腐蚀），而在透气良好因而供氧充分的砂土中的管段，成为氧浓差腐蚀电池的阴极区，发生氧的阴极还原。

当长距离金属构筑物穿越 pH 值较低的淤泥、水田土、高含盐的土壤、或不同管段的应力水平或温度有显著差别时，也能由于形成不同性质的宏观腐蚀电池而发生局部腐蚀。

5.3.4 土壤腐蚀的防护技术

（1）涂层保护 埋地钢管用保护涂层的选用应从涂层的绝缘性、稳定性、耐阴极剥离强度、机械强度、黏结性、耐植物根刺、耐微生物腐蚀以及易于施工和现场补口等方面综合考虑。

目前国内外常用的管道防腐层主要有环氧粉末、环氧煤沥青、石油沥青、煤焦油磁漆、聚乙烯胶带、环氧粉末聚乙烯复合结构等。各种管道外防腐层的性能对比见表 5-8 所列。

表 5-8 各种管道外防腐层的性能对比

防腐层名称	主要优点	主要缺点	适用性
环氧煤沥青	耐土壤应力较好、耐微生物及植物根茎侵蚀	抗冲击性差，固化时间长，使用过程中(尤其热管道)绝缘性能下降很快	可用于管径较小的管道工程,穿越套管及金属构件的防腐
石油沥青	价格便宜，来源广泛，漏点及损伤容易修复	吸水率高,使用过程中容易损坏和老化,耐土壤应力差,对环境有一定污染	对覆盖层性能要求不高、地下水位较低的一般土壤,如砂土、壤土
煤焦油瓷漆	耐水性好,耐微生物侵蚀,化学稳定性好,使用寿命长	机械强度较低,低温下较脆,对环境污染较重	大部分的土壤环境
聚乙烯胶带	绝缘性能好,吸水率低,抗透湿性强,施工简单	黏结力较差,搭接部位难以保证密封,与焊接较高的钢管结合较差	适用于施工不便的地方及地下水位不高的地段
环氧粉末	黏结力强,适用温度范围广,耐化学介质侵蚀	抗冲击性较差,耐光老化性能较差	大部分土壤环境,特别适用于定向穿越段的黏质土壤
环氧粉末聚乙烯复合结构	集环氧粉末和聚乙烯的优点于一体,综合性能优异	造价高,施工工艺复杂,且当聚乙烯防腐层失去黏结性时,有可能造成阴保屏蔽	各类环境,特别适用于对防腐层各项性能要求较高的苛刻条件

环氧粉末是最常用的管道的外防腐涂料。该涂层具有黏结力强、耐土壤应力和耐化学介质侵蚀等性能，在欧美等国家的许多输气管线已被广泛采用。这种涂层价格适中，材料来源比较稳定。该种涂层的现场补口可采用现场涂覆或热收缩套的方式，操作比较简单，技术成熟，易于实施。

在穿越河流时，环境的腐蚀性很强，若防腐层遭到破坏，将引起管道的腐蚀。因此在穿越河流、公路以及途经石土、石方较多的地段时，管道防腐层将选用环氧粉末聚乙烯复合结构，以提高防腐层的抗冲击性能，若聚乙烯外层局部破损后，内层的环氧粉末覆盖层仍可以起到防腐的作用，可降低这些管道的维护和修理费用。

虽然聚乙烯胶带具有绝缘性能好、机械强度高、抗渗透性强等特点，而且国外采用聚乙烯胶带作为防腐层也有多年的历史，但是该产品在国内应用时，由于产品质量等诸多原因，使得该产品的黏结力较差，尤其与焊缝较多的铜管结合较差，胶带搭接部位的密封难以保证，而且失去黏结后的胶带易造成阴保屏蔽。

（2）阴极保护

阴极保护法有外加电流和牺牲阳极两种保护方法。根据经验，对于大口径长距离管道，采用外加电流保护法是最经济、合理的技术方案。

通常，埋地管道都采取适当的外涂层和阴极保护相结合的联合保护措施。这样，既可弥补保护层损伤造成的保护不足，又可减少阴极保护电能的消耗，延长阴极保护的保护距离，达到技术-经济最佳的组合。

地下钢结构的电位通常保持在 $-0.85V$（vs. $Cu/CuSO_4$），或将钢结构的电位保持在比钢在土壤中的腐蚀电位还负 $300mV$ 的状态，就能得到充分的保护。而对铅包电缆的阴极保护，应将其保护电位控制在 $-0.7V$（vs. $Cu/CuSO_4$）左右为宜。

单独建设的阴极保护站附近有外部电源时，设备供电将采用外部电源；无外部电源时采用太阳能、风力发电机或其他供电方式供电。

（3）改善埋地钢结构周围的局部环境，降低局部土壤环境的腐蚀性

例如，在酸性较高的土壤中，可在地下结构周围回填石灰石碎块；在地下结构周围回填黄沙或侵蚀性小的土壤；回填土尽可能细密均匀；地下结构物周围，加强排水，降低水位等，都会降低地下结构物的土壤腐蚀。

第6章　金属的保护方法

研究金属腐蚀的各种机理和影响因素，是为了有针对性地发展控制金属腐蚀的技术与方法。目前，普遍采用控制金属腐蚀的基本方法有如下几种：①正确选用金属材料与合理设计金属的结构；②电化学保护，包括阴极保护和阳极保护；③涂层保护，包括金属涂层、化学转化膜、非金属涂层等；④改变环境使其腐蚀性减弱，如添加缓蚀剂或去除对腐蚀有害的成分等。

对于具体的金属腐蚀问题，需要根据金属产品或构件的腐蚀环境、保护的效果、技术难易程度、经济效益和社会效益等，进行综合评估，选择合适的防护方法。

6.1　正确选材与合理结构设计

6.1.1　正确选用金属材料和加工工艺

设计一项金属产品或构件时，正确选用金属材料和加工工艺是设计的重要的组成部分。材料选择不当往往是造成腐蚀破坏的主要原因，相当多的金属腐蚀问题通过正确选用金属材料和加工工艺就可以得到解决。因此，了解金属材料在各种环境中的腐蚀基本特性，以及掌握查阅相关的腐蚀数据的能力，对工程设计尤为重要。

在工业设计中，正确选材是十分重要和相当复杂的问题。选材是否合理不仅影响产品的使用寿命，还影响到产品的各种性能。因此，选材时除了考虑耐蚀性能之外，还需要考虑力学性能、加工性能以及材料的价格等因素。选材时应遵循下列原则：

1）选材需要考虑经济上的合理性，在保证其他性能和设计的使用期的前提下，尽量选用价格便宜的材料。

2）综合考虑整个设备的材料，根据整个设备的设计寿命和各部件的工作环境条件选择不同的材料，易腐蚀部分应选择耐蚀性强的材料。

3）对选择材料要查明其对哪些腐蚀具有敏感性，在选用部位所承受的应力、所处环境的介质条件以及可能发生的腐蚀类型，与其他接触的材料是否相容，是否会发生接触腐蚀。

4）结构材料的选材不可单纯追求强度指标，应考虑在具体腐蚀环境条件下的性能。例如，在腐蚀介质中，只考虑材料的断裂韧性 K_{IC} 值是不够的，应当考虑应力腐蚀强度因子 K_{ISCC} 和应力腐蚀断裂门槛应力 σ_{th} 值。

5）选择杂质含量低的材料可以提高耐蚀性。

6）尽可能选择腐蚀倾向性小的热处理状态。例如，铝合金、不锈钢等经过合理的热处理可以避免晶间腐蚀的发生。

7）采用特殊的焊接工艺防止焊缝腐蚀，采用喷丸处理改变表面应力状态防止应力腐蚀。

8）基体材料施加涂层可以作为复合材料来考虑。选择耐蚀性差的材料施加涂层，还是选择高耐蚀材料，需综合考虑设备的设计寿命和经济成本。

6.1.2　合理设计金属结构

为了使金属结构在腐蚀环境中达到人们预期的目的和寿命，选材之后还需要对金属结构进行合理的设计。从减少腐蚀或防止腐蚀的角度，金属结构的设计应注意如下几点：

① 对于发生均匀腐蚀的构件可以根据腐蚀速率和设备的寿命计算构件的尺寸，以及决定是否需要采取保护措施；对于发生局部腐蚀的构件的设计必须慎重，需要考虑更多的因素。

② 设计的构件应尽可能避免形成有利于形成腐蚀环境的结构。例如，应避免形成使液体积留的结构，在能积水的地方设置排水孔；采用密闭的结构防止雨水、海水、雾气等的侵入；布置合适的通风口，防止湿气的汇集和结露；尽量少用多孔吸水性强的材料，不可避免时可采用密封措施；尽量避免缝隙结构，如采用焊接代替螺栓连接来防止产生缝隙腐蚀。

③ 尽可能避免不同金属的直接接触产生电偶腐蚀，特别是要避免小阳极、大阴极的电偶腐蚀。当不可避免时，接触面要进行适当的防护处理，如采用缓蚀密封膏、绝缘材料将两种金属隔开，或采用适当的涂层。

④ 构件在设计中要防止局部应力集中，并控制材料的最大允许使用应力；零件在制造中应注意晶粒取向，尽量避免在短横向上受拉应力；应避免使用应力、装配应力和残余应力在同一个方向上叠加，以减轻或防止应力腐蚀断裂。

⑤ 设计的结构应有利于制造和维护。通过维护可以使设备的抗蚀寿命得到提高。

6.2　电化学保护

电化学保护是利用外部电流使金属电位发生改变从而控制腐蚀的一种方法。金属在外电流的作用下可以极化到非腐蚀区或钝化区而获得保护，这两种情况分别称为阴极保护和阳极保护。

电化学保护是防止金属腐蚀的有效方法，具有良好的社会效益和经济效益。电化学保护广泛应用于各种地下构筑物、水下构筑物、海洋工程、化工和石油化工设备的腐蚀防护上。如地下油、气、水管道，船舶，码头，海上平台等均采用化学保护。电化学保护是一种极为经济的保护方法。例如，一条海轮在建造中，涂装费高达 5%，而阴极保护的费用不到 1%。一座海上采油平台的建造高达 1 亿元，不采取保护措施，平台的寿命只有 5 年，采用阴极保护其费用为 100 万～200 万元，寿命延长到 20 年以上。地下管线的阴极保护费只占总投资的 0.3%～0.6%，使用寿命却大大延长。采用阳极保护所需的费用仅占设备造价的 2% 左右。

6.2.1　阴极保护

金属在外加阴极电流的作用下，发生阴极极化使金属的阳极溶解速度降低，甚至极化到非腐蚀区使金属完全不腐蚀，这种方法称为阴极保护。

（1）阴极保护原理

根据腐蚀电化学原理，腐蚀的金属是一个多电极耦合体系。在最简单的情况下，腐蚀的金属电极上同时存在两个电化学反应，即金属的阳极溶解反应和氧化剂的阴极还原反应。当外电流流经金属表面时，其表现极化曲线与腐蚀原电池阴、阳极过程的理论极化曲线之间的关系如图 6-1 所示。其中，$ABKC$ 和 $FKED$ 分别为理论阳极极化曲线和阴极极化曲线。其起始电位分别为阳极反应和阴极反应的平衡电位 E_a^0 和 E_c^0。理论阳极极化曲线和阴极极化曲线的交点 K 所对应的电位即自腐蚀电位 E_{corr}，对应的电流即腐蚀电流密度 i_{corr}。在电位 E_{corr} 处阳极和阴极的电流相等，外电流为零。$E_{corr}JC$ 和 $E_{corr}HD$ 分别为表观阳极极化曲线和表观阴极极化曲线。当体系外加阴极电流时，电极电位将由 E_{corr} 沿 $E_{corr}HD$ 负方向移动。若外加阴极电流密度为 i_1，电位由 E_{corr} 负移到 E_1，此时腐蚀电流密度由 i_{corr} 减小到 i_{a1}，$i_{corr}-i_{a1}$ 表示阴极极化后腐蚀电流密度的减小值，称为保护效应；阴极电流密度相应增加到 i_{c1}，且有 $i_1=i_{c1}-i_{a1}$。如果使金属进一步阴极极化，当电位达到阳极反应的平衡电位 E_a^0，外电流 i_2 全部消耗于氧化剂的阴极还原，则腐蚀原电池阳极过程的速度降为零，腐蚀停止，金属实现完全的阴极保护。E_a^0 即为理论上的最小保护电位。金属达到最小保护电位所需要的外加电流密度为最小保护电流密度。

在不同的环境中金属腐蚀的极化图有很大的差异。在酸性介质中，金属腐蚀全部由氢的去极化引起时，其极化曲线便类似于图 6-1。在中性或微酸性介质中，阴极过程全部是氧的去极化或以氧的去极化为主、氢的去极化为辅时，其极化曲线如图 6-2 所示，氧的去极化呈现浓差极化的特征。在中性介质中，由于阴极过程主要是氧的去极化，阴极保护的效果最为理想。当阴极保护电流等于氧的浓差电流时，即可达到 E_M^0，实现完全的阴极保护。阴极保护电流过大（如图 6-2 中的 i_1）并无好处，因为不可能继续降低金属的腐蚀速度，反而引起氢的析出。

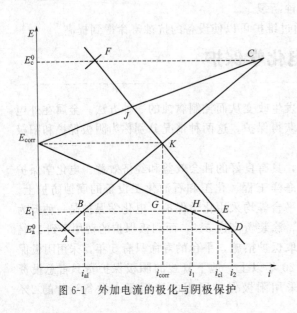

图 6-1 外加电流的极化与阴极保护

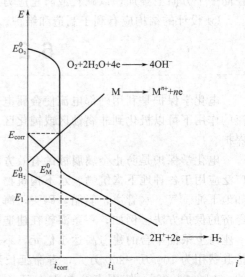

图 6-2 氧的去极化时有氢的去极化
参与的阴极保护的极化曲线图解

（2）阴极保护参数

在阴极保护工程中，可以通过测定金属是否达到保护电位判断金属的保护效果。

① 保护电位 阴极保护时通过对被保护的金属结构施加阴极电流，使其发生阴极极化，

电位负移，可以使腐蚀过程完全停止，实现完全保护，或使腐蚀速度降低到人们可以接受的程度，达到有效保护。被保护金属结构的电位是判断阴极保护效果的关键参数和标准，也是实施现场阴极保护控制和监测、判断阴极保护系统工作是否正常的重要依据。

保护电位是指通过阴极极化使金属结构达到完全保护或有效保护所需达到的电位值，习惯上把前者称为最小保护电位，后者称为合理保护电位。当被保护金属结构的电位太负，不仅会造成电能的浪费，而且还可能由于表面析出氢气，造成涂层严重剥落或金属产生氢脆的危险，出现"过保护"现象。

保护电位的数值与被保护金属的种类及其所处的环境等因素有关。许多国家已将保护电位列入了各种标准和规范中，可供阴极保护设计参考。表 6-1 为取自英国标准所制定的《阴极保护实施规范》，给出了一些金属在海水和土壤中进行阴极保护时的保护电位值。美国腐蚀工程师协会（NACE）在《埋地和水下金属管道外部腐蚀控制推荐规范》RP-01-69（1983年）的标准中，对阴极保护准则做出了某些规定。对于在天然水和土壤中的钢和铸铁构筑物，规定保护电位至少应为 $-0.85V$（相对于饱和 Cu/CuSO$_4$ 参比电极，即 SCSE）。同时提出有关阴极保护的电位移动原则，即施加阴极电流使被保护结构的电位由其开路电位向负移 $300mV$，便可使中性水溶液和土壤中的钢铁结构得到有效保护。如果在中断保护电流的瞬间测量，则电位负偏移值应大于 $100mV$。在断电流电位测量的结果中由于不包括电流通过电解质所造成的 IR 电位降，所以保护条件更易确定。在我国，埋设在土壤中的钢管道其保护电位通常为 $-0.85V$（SCSE）；在厌氧的硫酸盐还原菌存在的土壤中，保护电位则为 $-0.95V$（SCSE）。在土壤中钢管道的自然腐蚀电位相当负时，以负移 $300mV$ 的电位为其保护电位。

对于海水和土壤等介质，国内外已有多年的阴极保护实际经验，保护电位值可根据有关标准或经验选取。但是对于某些体系，特别是在化工介质中，积累的经验和数据较少经常需要通过实验确定保护参数。

表 6-1　一些金属的保护电位　　　　　　　单位：V

金属或合金	参比电极			
	Cu/饱和 CuSO$_4$	Ag/AgCl/海水	Ag/AgCl/饱和 KCl	Zn/洁净海水
铁与钢				
a. 含氧环境	-0.85	-0.80	-0.75	$+0.25$
b. 缺氧环境	-0.95	-0.90	-0.85	$+0.15$
铅	-0.60	-0.55	-0.50	$+0.50$
铜合金	$-0.50\sim-0.65$	$-0.45\sim-0.60$	$-0.40\sim-0.55$	$+0.60\sim+0.45$
铝				
a. 上限值	-0.95	-0.90	-0.85	$+0.15$
b. 下限值	-1.20	-1.15	-1.10	-0.10

② 保护电流密度　在阴极保护中，可使被保护结构达到最小保护电位所需的阴极极化电流密度称为最小保护电流密度。保护电流密度也是阴极保护的重要参数之一。

保护电流密度的大小与被保护金属的种类、表面状态、有无保护膜、漆膜的损失程度，腐蚀介质的成分、浓度、温度、流速等条件，以及保护系统中电路的总电阻等因素有关，造成保护电流密度在很宽的范围内不断地变化。例如，在下列环境中未加涂层的钢结构，其保护电流密度分别为：

土壤	$10\sim100\text{mA/m}^2$
淡水	$20\sim50\text{mA/m}^2$
静止海水	$50\sim150\text{mA/m}^2$
流动海水	$150\sim300\text{mA/m}^2$

采用涂层和阴极保护联合保护时，保护电流密度可降低为裸钢的几十分之一到几分之一。在含有钙、镁离子的海水等介质中，金属表面碱度增大会促进 $CaCO_3$ 在表面沉积；在较高的电流下，Mg^{2+} 会以 $Mg(OH)_2$ 的形式沉积出来。这些沉积物也会降低所需的保护电流密度。介质的流动速度也会影响保护电流密度。如海水流动速度增大或船舶的航速增大时，会促进氧的去极化，所需的保护电流密度随之增加。实践表明，航行中的船舶的保护电流密度约为停航时的两倍，高速航行的舰艇其保护电流密度则可达停航时的 $3\sim4$ 倍。因此，在阴极保护设计中，保护电流密度的选择除了根据有关标准的规定外，还要综合考虑各种因素。

③ 最佳保护参数　阴极保护参数的选择应既能达到较高的保护程度，又能达到较高的保护效率。保护程度 P 定义为

$$P=\frac{i_{corr}-i_a}{i_{corr}}\times100\%=\left(1-\frac{i_a}{i_{corr}}\right)\times100\% \tag{6-1}$$

式中，i_{corr} 为未加阴极保护时的金属腐蚀电流密度；i_a 为阴极保护时的金属腐蚀电流密度。

保护效率 Z 定义为

$$Z=\frac{P}{i_{appl}/i_{corr}}\times100\%=\frac{i_{corr}-i_a}{i_{appl}}\times100\% \tag{6-2}$$

式中，i_{appl} 为阴极保护时外加的电流密度。

在阴极保护的工程实际中，往往随着 i_a/i_{corr} 的减小，i_{appl}/i_{corr} 的增大，电位负移值 ΔE 增大，保护程度 P 不断提高，保护效率 Z 却随之下降。另外，在被保护的金属结构上电流密度的分布往往是不均匀的，所以在靠近阳极和远离阳极的地方，保护程度和保护效率会有显著的差异。因此，需要根据实际情况确定最佳的保护程度和保护效率，并不是在所有的情况下都要达到完全保护。

（3）阴极保护的两种方法

根据提供极化电流的方法不同，阴极保护可以分为牺牲阳极保护和外加电流阴极保护两种。阴极保护方法的选择应根据供电条件、介质电阻率、所需保护电流的大小、运行过程中工艺条件变化情况、寿命要求、结构形状等决定。通常情况下，对无电源、介质电阻率低、条件变化不大、所需保护电流较小的小型系统，宜选用牺牲阳极保护。相反，对有电源、介质电阻率大、所需保护电流大、条件变化大、使用寿命长的大系统，应选用外加电流阴极保护。

① 牺牲阳极保护　牺牲阳极保护方法是在被保护金属上连接电位更负的金属或合金作为牺牲阳极，依靠牺牲阳极不断腐蚀溶解产生的电流对被保护金属进行阴极极化，达到保护的目的。

牺牲阳极保护方法的主要特点是：

a. 不需要外加直流电源。

b. 驱动电压低，输出功率低，保护电流小且不可调节。阳极有效保护距离小，使用范围受介质电阻率的限制。但保护电流的利用率较高，一般不会造成过保护，对邻近金属设施干扰小。

c. 阳极数量较多，电流分布比较均匀。但阳极重量大，会增加结构重量，且阴极保护

的时间受牺牲阳极寿命的限制。

　　d. 系统牢固可靠，施工技术简单，单次投资费用低，不需专人管理。

　　在阴极保护工程中，牺牲阳极必须满足下列要求：

　　a. 电位足够负且稳定。牺牲阳极不仅要有足够负的开路电位，而且要有足够负的闭路电位，可使阴极保护系统在工作时保持有足够的驱动电压。所谓驱动电压是指在有负荷的情况下阴、阳极之间的有效电位差。由于保护系统中总有电阻存在，所以只有具有足够的驱动电压才能克服回路中的电阻，向被保护的结构提供足够大的阴极保护电流。性能好的牺牲阳极的阳极极化率必须很小，电位可长时间保持稳定，才能具有足够长的工作寿命。

　　b. 电流效率高且稳定。牺牲阳极的电流效率是指实际电容量与理论电容量的百分比。理论电容量是据法拉第定律计算得出的消耗单位质量牺牲阳极所产生的电量，单位为 $A \cdot h/kg$。由于牺牲阳极本身存在局部电池作用，则有部分电量消耗于牺牲阳极的自腐蚀。因此，牺牲阳极的自腐蚀电流小，则电流效率高，使用寿命长，经济性好。

　　c. 表面溶解均匀，腐蚀产物松软、易脱落，不致形成硬壳或致密高阻层。

　　d. 来源充足，价格低廉，制作简易，污染轻微。

　　牺牲阳极的性能主要由材料的化学成分和组织结构决定。对钢铁结构，能满足以上要求的牺牲阳极材料主要是镁及其合金、锌及其合金和铝合金。常用的牺牲阳极材料有纯镁、Mg-6％Al-3％Zn-0.2％Mn、纯锌、Zn-0.6％Al-0.1％Cd、Al-2.5％Zn-0.02％In 等。

　　镁及镁合金阳极的优点是：工作电位很负，不仅可以保护钢铁，也可保护铝合金等较活泼的金属；密度小、单位质量发生电量较锌阳极大，用作牺牲阳极时安装支数较少；工作电流密度大，可达 $1 \sim 4mA/m^2$；阳极极化率小，溶解比较均匀；可用于电阻率较高的介质（如土壤和淡水）中金属设施的保护。由于镁的腐蚀产物无毒，也可用于热水槽的内保护和饮水设备的保护。镁阳极的缺点在于：自腐蚀较大，电流效率只有50％左右，消耗快；与钢铁的有效电位差大，故容易造成过保护；使用过程中会析出氢气；镁阳极与钢结构撞击时容易诱发火花。因此，在海水等电阻率低的介质中，镁阳极已逐渐被淘汰，在油轮等有爆炸危险的场合严禁使用镁阳极。

　　锌及锌合金阳极的开路电位较正，与被保护钢铁结构的有效电位差只有 0.2V 左右，保护时不发生析氢现象，且具有自然调节保护电流的作用，不会造成过保护。这类阳极自腐蚀轻，电流效率高，寿命长，适于长期使用，所以安装总费用较低。此类阳极与钢铁构件撞击时，没有诱发火花的危险。但由于锌及锌合金阳极的有效电位差小，密度大，发生的电流量小，实际应用时个数多，分布密，重量大，而且不适合用于电阻较高的土壤和淡水中。锌基合金阳极目前广泛用于海上舰船外壳，油轮压载舱，海上、海底构筑物的保护。在电阻率低于 $15\Omega \cdot m$ 的土壤环境中保护钢铁构筑物具有良好的技术经济性，故获得较普遍的应用。

　　铝具有足够负的电位和较高的热力学活性，而且密度小，发生的电量大，原料容易获得，价格低廉，是制造牺牲阳极的理想材料。但纯铝容易钝化，具有比较正的电位，在阳极极化下电位变得更正，以致不能实现有效的保护。因此纯铝不能作为牺牲阳极材料。

　　铝合金阳极的主要优点是：理论发生电量大，为 $2970A \cdot h/kg$，按输出电量的价格比，较镁和锌具有无可比拟的优势；由于发生的电量大，可以制造长寿命的阳极；在海水及其他含氯离子的环境中，铝合金阳极性能良好，电位保持在 $-0.95 \sim -1.10V$（SCE）；保护钢结构时有自动调节电流的作用，密度小，安装方便；铝的资源丰富。铝合金阳极的不足之处是：电流效率比锌阳极低，在污染海水中性能有下降趋势，在高阻介质（如土壤）中阳极效率很低，性能不稳定；溶解性能差；与钢结构撞击有诱发火花的可能。铝合金阳极广泛用于海洋环境和含氧离子的介质中，用于保护海上钢铁构筑物及海湾、河口的钢结构。

牺牲阳极保护系统的设计，包括保护面积的计算，保护参数的确定，牺牲阳极的形状、大小和数量、分布和安装以及阴极保护效果的评定等问题。

② 外加电流阴极保护　外加电流阴极保护是利用外部直流电源对被保护体提供阴极极化，实现对被保护体的保护的方法。

外加电流阴极保护系统主要由三部分组成：直流电源、辅助阳极和参比电极。直流电源通常是大功率的恒电位仪，可以根据外界的条件变化，自动调节输出电流，使被保护的结构的电位始终控制在保护电位范围内。辅助阳极是用来把电流输送到阴极（即被保护的金属）上，辅助阳极应导电性好，耐蚀，寿命长，排流量大（即一定电压下单位面积通过的电流大），而极化小；有一定的机械强度，易于加工；来源方便，价格便宜等。辅助阳极材料按其溶解性能可分为三类：可溶性阳极材料，如钢和铝；微溶性阳极材料，如高硅铸铁、铅银合金、Pb/PbO_2、石墨和磁性氧化铁等；不溶性阳极材料，如铂、铂合金、镀铂钛和镀铂钽等。这些阳极材料除钢外，都耐蚀，可供长期使用。钛上镀一层 $2\sim5\mu m$ 的铂作为阳极，使用工作电流密度为 $1000\sim2000A/m^2$。而铂的消耗率只有 $4\sim10mg/(A\cdot a)$，一般可使用 $5\sim10$ 年。参比电极用来与恒电位仪配合，测量和控制保护电位，因此要求参比电极可逆性好，不易极化，长期使用中保持电位稳定、准确、灵敏，坚固耐用等。阴极保护工程中常用的参比电极有铜/硫酸铜电极、银/氯化银电极、甘汞电极和锌电极等。

外加电流阴极保护方法的主要特点是：

a. 需要外部直流电源，其供电方式主要为恒电流和恒电位两种。

b. 驱动电压高，输出功率和保护电流大，能灵活调节、控制阴极保护电流，有效保护半径大；可适用于恶劣的腐蚀条件或高电阻率的环境；但有产生过保护的可能性，也可能对附近金属设施造成干扰。

c. 采用难溶和不溶性辅助阳极的消耗低，寿命长，可实现长期的阴极保护。

d. 由于系统使用的阳极数量有限，保护电流分布不够均匀，因此被保护的设备形状不能太复杂。

e. 外加电流阴极保护与施加涂料联合，可以获得最有效的保护效果，被公认为是最经济的防护方法。

外加电流保护系统的设计，主要包括：选择保护参数，确定辅助阳极材料、数量、尺寸和安装位置，确定阳极屏材料和尺寸，计算供电电源的容量等。由于辅助阳极是绝缘地安装在被保护体上，故阳极附近的电流密度很高，易引起"过保护"，使阳极周围的涂料遭到破坏。因此，必须在阳极附近一定范围内涂覆或安装特殊的阳极屏蔽层。它应具有与钢结合力高，绝缘性优良，良好的耐碱、耐海水性能。对海船用的阳极屏蔽材料有玻璃钢阳极屏、涂氯化橡胶厚浆型涂料或环氧沥青聚酰胺涂料。

阴极保护简单易行，经济，效果好，且对应力腐蚀、腐蚀疲劳、孔蚀等特殊腐蚀均有效。阴极保护的应用日益广泛，主要用于保护中性、碱性和弱酸性介质中（如海水和土壤）的各种金属构件和设备，如舰船、码头、桥梁、水闸、浮筒、海洋平台、海底管线，工厂中的冷却水系统、热交换器、污水处理设施、核能发电厂的各类给水系统，地下油、气、水管线，地下电缆等。

6.2.2　阳极保护

在外加阳极电流作用下，金属在腐蚀介质中发生钝化，使腐蚀速度显著下降的保护方法称为阳极保护法。

（1）阳极保护的原理

阳极保护的基本原理在金属腐蚀电化学理论基础中已讨论过了。如图 6-3 所示，对于具有钝化行为的金属设备和溶液体系，当用外电源对它进行阳极极化，使其电位进入钝化区，维持钝态使腐蚀速度变得极其甚微，则得到阳极保护。

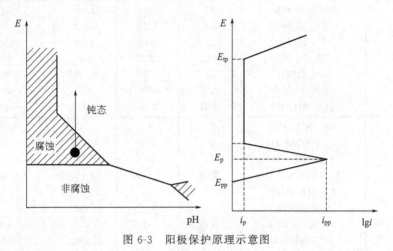

图 6-3　阳极保护原理示意图

（2）阳极保护系统

阳极保护系统主要由恒电位仪（直流电源）、辅助阴极以及测量和控制保护电位的参比电极组成。图 6-4 为一个典型阳极保护系统。阳极保护对辅助阴极材料的要求是：在阴极极化下耐蚀，有一定的机械强度，来源广泛，价格便宜，容易加工。对浓硫酸可用铂或镀铂电极，金、钽、钢、高硅铸铁或普通铸铁等；对稀硫酸可用银、铝青铜、石墨等等；在碱溶液中可用高铬镍合金或普通碳钢。

（3）阳极保护参数

为了判断给定腐蚀体系是否可以采用阳极保护，首先要根据恒电位法测得的阳极极化曲线来分析。在实施阳极保护时，主要考虑下列三个基本参数：

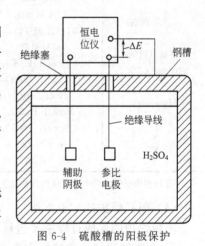

图 6-4　硫酸槽的阳极保护

① 致钝电流密度 i_{pp}　即金属在给定介质中达到钝态所需要的临界电流密度，一般 i_{pp} 越小越好。否则，就需要容量大的直流电源，使设备费用提高，而且会增加钝化过程中金属设备的阳极溶解。

② 钝化区电位范围　即开始建立稳定钝态的电位 E_p 与过钝化电位 E_{tp} 间的范围 $E_p \sim E_{tp}$，在可能发生点蚀的情况下为 E_p 与点蚀电位 E_{br} 间的范围 $E_p \sim E_{br}$。显然钝化区电位范围越宽越好，一般不得小于 50mV。否则，由于恒电位仪控制精度不高使电位超出这一区域，可造成严重的活化溶解或点蚀。

③ 维钝电流密度 i_p　代表金属在钝态下的腐蚀速度。i_p 越小，防护效果越好，耗电也越少。

上述三个参量与金属材料和介质的组成、浓度、温度、压力、pH 值有关。

因此要先测定出给定材料在腐蚀介质中的阳极极化曲线，找出这三个参量作为阳极保护的工艺参数或以此判断阳极保护应用的可能性。表 6-2 列出了一些金属材料在不同介质中阳极保护的主要参数。

表 6-2　金属在某些介质中的阳极保护参数

材料	介质	温度 /℃	$i_{致钝}$ /(A/m²)	$i_{维钝}$ /(A/m²)	钝化区电位范围[①] /mV
碳素钢	发烟 H_2SO_4	25	26.4	0.038	—
	105% H_2SO_4	27	62	0.31	+1000 以上
	97% H_2SO_4	49	1.56	0.155	+800 以上
	67% H_2SO_4	27	930	1.55	+1000~+1600
	75% H_2SO_4	27	232	23	+600~+1400
	50% HNO_3	30	1500	0.03	+900~+1200
	30% HNO_3	25	8000	0.2	+1000~+1400
	25% NH_4OH	室温	2.65	<0.3	−800~+400
碳素钢	60% NH_4NO_3	25	40	0.02	+100~+900
	44.2% NaOH	60	2.6	0.045	−700~−800
	20% NH_3　2% $CO(NH_2)_2$	室温	26~60	0.04~0.12	−300~+700
	2% CO_2 pH10				
304 不锈钢	80% HNO_3	24	0.01	0.001	—
	20% NaOH	24	47	0.1	+50~+350
	LiOH pH9.5	24	0.2	0.0002	+20~+250
	NH_4NO_3	24	0.9	0.008	+100~+700
316 不锈钢	67% H_2SO_4	93	110	0.009	+100~+600
	115% H_3PO_4	93	1.9	0.0013	+20~+950
铬锰氮铝钢	37%甲酸	沸	15	0.1~0.2	+100~+500(Pt 电极)
InconelX-750	0.5mol/L H_2SO_4	30	2	0.037	+30~+905
	0.5mol/L H_2SO_4	50	14	0.40	+150~+875
HastelloyF	1mol/L HCl	室温	约8.5	约0.058	+170~+850
	5mol/L H_2SO_4	室温	0.30	0.052	+400~+1030
	0.5mol/L H_2SO_4	室温	0.16	0.012	+90~+800
锆	10% H_2SO_4	室温	18	1.4	+400~+1600
	5% H_2SO_4	室温	50	2.2	+500~+1600

①除特别注明外，表中电位值均为相对于饱和甘汞电极。

（4）阳极保护的实施方法

阳极保护的实施过程主要包括金属致钝和金属维钝两个步骤。

① 金属的致钝　致钝操作是实施阳极保护的第一步骤。为避免金属在活化区长时间停留，引起明显的电解腐蚀，应使体系尽快进入钝态，为此发展了多种致钝方法。

a. 整体致钝法。整体致钝法是使被保护设备一次、全部致钝的方法。被保护设备内事先充满工作介质，然后合闸通入强大的电流使设备表面钝化。这种方法适用于致钝电流密度较小，被保护面积也不是很大的体系，需要有容量较大的直流电源，一般致钝时间比较长。

b. 逐步致钝法。逐步致钝法适用于电源容量较小，需要保护的面积大且致钝电流密度大的体系。操作时，先合闸送电，再向设备中注入溶液，使液面逐步升高，被溶液浸没的部分设备表面先行钝化。钝化后的表面只需要很少的电流维钝，富余的电流可用于新浸没表面的致钝。当液面逐步达到工作高度时，整个设备致钝完毕，待钝态稳定后便可降低电流，转入正常维钝。

c. 低温致钝法。降低温度往往可以使体系的致钝电流密度减小，所以，可以通过降低温度使体系的致钝电流密度减小，并在低温下完成致钝操作，钝化后再提高到工艺要求的温度运行。此即低温致钝法。

d. 化学致钝法。化学致钝法是采用其他非工艺化学介质，使设备自钝化或减小体系的致钝电流密度。然后排出上述介质，换入实际工艺介质，同时向设备供电，转入正常的维钝操作。

e. 涂料致钝法。采用适当的涂料对设备内表面进行涂装，由于裸表面积减少，可以大幅度降低致钝电流强度。

f. 脉冲致钝法。利用材料表面阳极极化后的残余钝性，用一定频率的较小的电流密度反复多次极化致钝的方法称为脉冲致钝法。脉冲致钝法比恒电流致钝节省总电流，直流电源的容量可以减小。

② 金属的维钝　金属致钝后，进入维钝过程。阳极保护维钝方法可分为两大类：一类属手动控制，通过手动调节直流电源的电压获得维钝所需要的电流，例如固定槽压法；第二类是自动控制维钝方法，采用电子技术将设备的电位自动维持在选定的电位值或电位域内，包括连续恒电位法、区间控制法、间歇通电法和循环极化法等多种维钝方法。

a. 固定槽压法。人为地调整输出电压，槽压变化，保护电流随之变化，设备的电位也相应变化。对于致钝电流密度比较小，稳定钝化电位区间很宽的体系，固定槽压法能够可靠地维持设备的钝态。固定槽压法不适于致钝电流密度很大，阳极面积比阴极面积大许多倍的体系。

b. 恒电位法。利用恒电位仪对设备实行维钝。当确定了最佳控制电位点以后，恒电位仪便能自动地将设备与参比电极之间的电位维持在选定的数值上或在一定的范围内。必须选用高稳定性的参比电极，否则，会影响保护效果。

需要特别强调的是，由于阳极保护存在危险性，实际工程中多采用固定槽压法和恒电位法；采用区间控制法、间歇通电法和循环极化法进行维钝时必须谨慎从事，设计必须保证充分的可靠性。

（5）阳极保护的应用

目前，阳极保护主要用于硫酸和废硫酸槽、贮罐，硫酸槽加热段管，纸浆蒸煮锅，碳化塔冷却水箱，铁路槽车，有机磺酸中和罐等的保护。对于不能钝化的体系或者含 Cl^- 离子的介质中，阳极保护不能应用，因而阳极保护的应用还是有限的。

6.3　金属涂镀层保护

金属表面采用覆盖层，尽量避免金属和腐蚀介质直接接触是金属材料的主要防护技术。覆盖层种类较多，由于它们的作用较大，因此在金属防护技术中获得广泛的应用。金属覆盖层可分为两大类：金属镀层和非金属涂层。

6.3.1　金属镀层保护

（1）金属镀层保护原理

金属镀层根据其在腐蚀电池中的极性可分为阳极性镀层和阴极性镀层。锌镀层就是一种阳极性镀层。在电化学腐蚀过程中，锌镀层的电位比较低，因此是腐蚀电池的阳极，受到腐蚀；铁是阴极，只起传递电子的作用，受到保护。阳极性镀层如果存在空隙，并不影响它的防蚀作用。阴极性镀层则不然，例如锡镀层在大气中发生电化学腐蚀时，它的电位比铁高，因此是腐蚀电池的阴极。阴极性镀层若存在空隙，露出小面积的铁，则和大面积的锡构成电池，将加速露出的阴极的腐蚀，并造成穿孔。因此，阴极性镀层只有在没有缺陷的情况下，才能起到机械隔离环境的保护作用。

阳极性镀层在一定的条件下会转变为阴极性镀层。例如，当溶液的温度升高到某一临界值，锌镀层和铝镀层将由阳极性镀层转变为阴极性镀层。这种转变是由于金属镀层表面形成了化合物薄膜，使镀层的电位升高的缘故。

为了提高阴极性镀层的耐蚀性发展了多层金属镀层。例如，铬电镀层具有高硬度和漂亮的外观，是一种典型的阴极性镀层，耐蚀性很差。Cu-Ni-Cr 三层电镀层是最常用的防护装饰镀层。镀铜底层可以提高镀层与钢基体的结合力，降低镀层内应力，提高镀层覆盖能力，降低镀层空隙率；铬镀层相对铜镀层是阳极性镀层。因此 Cu-Ni-Cr 三层镀层可以显著提高镀层的耐蚀性。

合金化可以提高镀层的耐蚀性。例如，在金属锌镀层中加入一定量的 Fe、Ni、Co，形成 Zn10%～20% Fe、Zn3%～13%Ni、Zn0.3%～1%Co 等合金镀层。Fe、Ni、Co 加入锌镀层后其电位变正，更接近钢基体的电位，镀层与基体构成的腐蚀电池的电动势变小，腐蚀速率显著下降。因此，镀层合金化是提高镀层的有效途径之一。

为了提高镀层的耐蚀性能、耐冲刷性能、结合力等综合性能，发展了微晶镀层、纳米镀层、非晶镀层、梯度镀层、复合镀层等。

(2) 金属涂镀层技术

金属涂镀层的制造方法，主要有热浸镀、渗镀、电镀、刷镀、化学镀、包镀、机械镀、热喷涂（火焰、等离子、电弧）等。

① 热浸镀　热浸镀是把金属构件浸入熔化的镀层金属液中，经过一段时间取出，在金属构件表面形成一层镀层。热浸镀的工艺可以简单地概括为以下程序：

预镀件→前处理→热浸镀→后处理→制品

前处理是将预镀件表面的油污、氧化铁皮等清除干净，使之形成一个适于热浸镀的表面；热浸镀是基体金属表面与熔融金属接触，镀上一层均匀的、表面光洁的、与基体牢固结合的金属镀层；后处理包括化学处理与必要的平整矫直与涂油等工序。

热浸镀镀层的特点是：形成的镀层较厚，具有较长的防腐蚀寿命；镀层和基体之间形成合金层，具有较强的结合力。热浸镀可以进行高效率大批量生产。目前，热浸镀锌、铝、锌铝合金、锌铝稀土合金和铅-锡合金等得到了广泛应用，如高速公路的护栏、输电线路的铁塔、建筑的屋顶等大量采用热浸镀层。

② 渗镀　渗镀法是把金属部件放进渗镀层金属或它的化合物的粉末混合物、熔盐浴及蒸汽等环境中，通过热分解或还原等反应析出的金属原子在高温下扩散到金属中去，在其表面形成合金化镀层。因此，此法也称表面合金化或扩散镀。渗镀层一般不会因温度急剧变化而造成镀层脱落现象。目前，用于钢铁防蚀目的的渗镀金属主要有锌、铝、铬、硅、硼以及铝-铬、铝-硅、铝-钛、铝-稀土、铬-镍、铬-硅、铬-钛、铬-硅-铝等二元和三元共渗镀层等。

③ 电镀　电镀是指在直流电的作用下，电解液中的金属离子还原，并沉积到零件表面形成有一定性能的金属镀层的过程。电解液主要是水溶液，也有有机溶液和熔融盐。从水溶液和有机溶液中电镀称为湿法电镀，从熔融盐中电镀称为熔融盐电镀。水溶液电镀获得广泛的工业应用；非水溶液、熔融盐电镀虽已部分获得工业化应用，但不普遍。

在水溶液中，还原电位较正的金属离子很容易实现电沉积，如 Au、Ag、Cu 等；若金属离子还原电位比氢离子的还原电位负，则电镀时电极上大量析出氢气，金属沉积的电流效率降低；若金属离子还原电位比氢离子的还原电位负得多，则很难实现电沉积，甚至不可能发生单独电沉积，如 Na、K、Ca、Mg 等；但有些金属有可能与其他元素形成合金，实现电沉积，如 Mo、W 等。元素周期表上的 70 多种金属元素中，约有 30 多种金属可以在水溶液中进行电沉积。大量用于防腐蚀的电镀层有 Zn、Cd、Ni、Cr、Sn 及其合金等。

金属离子还原析出的可能性是获得镀层的首要条件，但要获得质量优良的镀层，还要有合理的镀液和工艺。通常镀液由如下成分构成。

主盐：被镀金属的盐类，有单盐，如硫酸铜、硫酸镍等；有络盐，如锌酸钠、氰锌酸钠等。

配合剂：配合剂与沉积金属离子形成配合物，改变镀液的电化学性质和金属离子沉积的电极过程，对镀层质量有很大影响。常用配合剂有氰化物、氢氧化物、焦磷酸盐、酒石酸盐、氨三乙酸、柠檬酸等。

导电盐：其作用是提高镀液的导电能力，降低槽端电压，提高工艺电流密度，例如镀镍液中加入 Na_2SO_4。导电盐不参加电极反应，酸或碱也可作为导电物质。

缓冲剂：加入缓冲剂可使弱酸或弱碱性镀液具有自行调节 pH 值能力，以便在施镀过程中保持 pH 值稳定。

添加剂：使阳极保持正常溶解，处于活化状态；稳定溶液避免沉淀的发生；提高镀层的质量，如光亮性、平整性等。

电镀法的优点是：镀层厚度容易控制，镀层均匀和沉积金属用量较少等。电镀法广泛用于处理各种五金零件和带钢。

④ 化学镀　化学镀是利用合适的还原剂使溶液中的金属离子还原并沉积在具有催化活性的基体表面上形成金属镀层的方法。化学镀也可称为异相表面自催化沉积镀层。

化学镀 Ni-P 合金是应用最早、最广的化学镀层，可通过次磷酸盐还原镍盐得到。现在已经获得 Ni-P、Ni-B、Ni-P（Cu、W、Cr、Nb、Mo）、Cu 等化学镀层，以及弥散有陶瓷相的 Ni-P、Ni-B 复合化学镀层。与电镀相比，化学镀镀层厚度均匀，针孔少，不需要电源设备，能在非导体上沉积，具有某些特殊性能等优点。其缺点是：成本高，溶液稳定性差，维护、调整和再生困难，镀层脆性大。因此，目前化学镀主要用在特殊用途的设备上，如石油钻井钻头、发动机的叶轮叶片、液压缸、摩擦轮等要求耐蚀、耐磨的部件。另外化学镀也用于制造磁盘、太空装置上的电缆接头、人体用医学移植器。

⑤ 包镀　将耐蚀性好的金属，通过辗压的方法包覆在被保护的金属或合金上，形成包覆层或双金属层，如高强度铝合金表面包覆纯铝层，形成有包铝层的铝合金板材。

⑥ 机械镀　机械镀是把冲击料（如玻璃球）、表面处理剂、镀覆促进剂、金属粉和零件一起放入镀覆用的滚筒中，通过滚筒滚动时产生的动能，把金属粉冷压到零件表面上形成镀层。若用一种金属粉，得到单一镀层；若用合金粉末，可得合金镀层；若同时加入两种金属粉末，可得到混合镀层；若先加入一种金属粉，镀覆一定时间后，再加另一种金属粉，则可得多层镀层。表面处理剂和镀覆促进剂可使零件表面保持无氧化物的清洁状态，并控制镀覆速度。

机械镀的优点是厚度均匀，无氢脆，室温操作，耗能少，成本低等。适于机械镀的金属有 Zn、Cd、Sn、Al、Cu 等软金属。适于机械镀的零件有螺钉、螺母、垫片、铁钉、铁链、簧片等小零件。零件长度一般不超过 150mm，质量不超过 0.5kg。机械镀特别适于对氢脆敏感的高强钢和弹簧。但零件上孔不能太小、太深；零件外形不得使其在滚筒中互相卡死。

⑦ 热喷涂　热喷涂是一种使用专用设备利用热能和电能把固体材料熔化并加速喷射到构件表面上形成沉积层以提高构件耐蚀、耐磨、耐高温等性能的涂层技术。按照能源的种类、喷涂材料形状以及工作环境特点，热喷涂可以按图 6-5 进行分类。

熔融喷涂法和火焰线材喷涂法是最早发明的喷涂法。熔融喷涂法是用坩埚把金属熔化，再用高压气体把金属吹射出去，该法目前已很少采用。火焰线材喷涂法是将金属先以一定的速度送进喷枪里，使端部在高温火焰中熔化，随即由压缩空气把其雾化喷出。等离子喷涂是

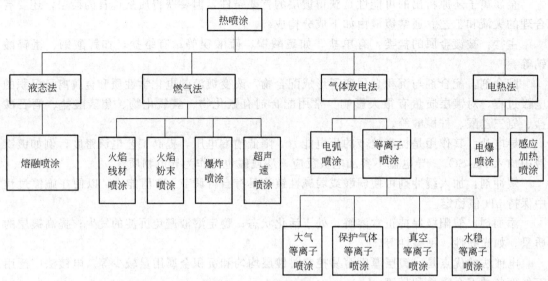

图 6-5　热喷涂的方法分类

最重要的热喷涂法，已获得广泛的应用。爆炸喷涂是继等离子喷涂之后发展起来的一种新工艺，其熔融粉末的喷射速度可达 700～760m/s。超声速喷涂是爆炸喷涂之后近十几年发展起来的新工艺，速度与爆炸喷涂相近，可获得高质量喷层。电弧喷涂也是世界上较早的金属线材喷涂法，电弧使丝材熔化，高压气使其雾化并加速，其成本低，生产效率高，目前仍得到广泛的应用。电爆喷涂是在线材的两端通以瞬间大电流，使线材熔化并发生爆炸，专用来喷涂气缸等内表面。感应加热喷涂和电容放电喷涂是采用高频涡流和电容放电把线材加热，然后用高压气体雾化并加速的喷涂法，应用不普遍。激光热喷涂采用激光作为加热源，但至今仍处于研究阶段。

热喷涂技术的特点是：喷涂效率高；可以喷涂金属、合金、陶瓷、塑料等有机高分子材料；可赋予普通材料以特殊的表面性能，使材料满足耐蚀、抗高温氧化、耐磨、隔热、密封、耐辐射、导电、绝缘等性能要求；可用在金属、陶瓷、玻璃、石膏、木材、布、纸等几乎所有固体材料表面喷涂涂层；可使基体保持在较低的温度，一般温度可控制在 30～200℃之间，保证基体不变形；可适用于各种尺寸工件的喷涂；涂层厚度较易控制等。目前该技术正在发展中，还有许多问题有待解决，如结合力较低、孔隙率较高、均匀性较差等。

⑧ 真空镀　真空镀包括真空蒸镀、溅射镀和离子镀，是在真空中镀覆的工艺方法。真空镀具有无污染，无氢脆，适于金属和非金属多种基材，且工艺简单等特点。但有镀层薄、设备贵、镀件尺寸受限的缺点。

真空蒸镀是在真空（10^{-2}Pa 以下）中将镀料加热，使其蒸发或升华，并沉积在镀件上的工艺。加热方法有电阻加热、电子束加热、高频感应加热、电弧放电或激光加热等，常用的是电阻加热。真空蒸镀可用来镀覆 Al、黄铜、Cd、Zn 等防护或装饰性镀层，电阻、电容等电子元件用的金属或金属化合物镀层，镜头等光学元件用的金属化合物镀层。

溅射镀是利用荷能粒子（通常为气体正离子）轰击靶材，使靶材表面某些原子逸出，溅射到靶材附近的零件上形成镀层。溅射室内的真空度（0.1～1.0Pa）比真空蒸镀法低。溅射镀分为阴极溅射、磁控溅射、等离子溅射、高频溅射、反应溅射、吸气剂溅射、偏压溅射和非对称交流溅射等。

溅射镀的最大特点是能镀覆与靶材成分完全相同的镀层，因此特别适用于高熔点金属、合金、半导体和各类化合物的镀覆。缺点是镀件温升较高（150～500℃）。目前溅射镀主要用于制备电子元器件上所需的各种薄膜；也可用来镀覆 TiN 仿金镀层以及在切削刀具上镀覆 TiN、TiC 等硬质镀层，以提高其使用寿命。

离子镀需要首先将真空室抽至 10^{-3}Pa 的真空度，再从针形阀通入惰性气体（通常为氩气），使真空度保持在 0.1～1.0Pa；接着接通负高压，使蒸发源（阳极）和镀件（阴极）之间产生辉光放电，建立起低气压气体放电的等离子区和阴极区；然后将蒸发源通电，使镀料金属气化并进入等离子区；金属气体在高速电子轰击下，一部分被电离，并在电场作用下被加速射在镀件表面而形成镀层。

离子镀的主要特点是镀层附着力高和绕镀性好。附着力高的原因是由于已电离的惰性气体不断地对镀件进行轰击，使镀件表面得以净化。绕镀性好则是由于镀料被离子化而成为正离子，而镀件带负电荷，而且镀料的气化粒子相互碰撞，分散在镀件（阴极）周围空间，因此能镀在零件的所有表面上；而真空蒸镀和溅射镀则只能镀在蒸发源或溅射源可直射的表面。另外，离子镀对零件镀前清理的要求也不甚严格。离子镀可用于装饰（如 TiN 仿金镀层）、表面硬化、电子元器件用的金属或化合物镀层以及光学用镀层等方面。

⑨ 高能束表面改性　采用激光束、离子束、电子束这三类高能束对材料表面进行改性是近十几年来迅速发展起来的材料表面新技术，可用于提高金属的耐蚀性和耐磨性。高能束流技术对材料表面的改性是通过改变材料表面的成分或结构来实现的。成分的改变包括表面的合金化和熔覆，结构的变化包括组织和相的变化，由此可以赋予金属表面新的特性。

6.3.2　非金属涂层

非金属涂层可分为无机涂层和有机涂层。

（1）无机涂层

无机涂层包括化学转化涂层、搪瓷或玻璃覆盖层等。其中，应用比较广泛的是化学转化涂层。

① 金属的化学转化膜　金属的化学转化膜是金属表层原子与介质中的阴离子反应：

$$mM + nA^{Z-} \longrightarrow M_m A_n + nZe \tag{6-3}$$

在金属表面生成的附着性好、耐蚀性优良的薄膜。式中的 M 为金属原子；A^{Z-} 为介质中价态为 Z 的阴离子。式(6-3)表明，金属的化学转化膜的形成既可以是金属/介质间的化学反应，也可以是在施加外电源的条件下所进行的电化学反应。用于防蚀的金属的化学转化膜主要有下列几种：

a. 铬酸盐膜。金属或镀层在含有铬酸、铬酸盐或重铬酸盐溶液中，用化学或电化学方法进行钝化处理，在金属表面上形成由三价铬和六价铬的化合物如 $Cr(OH)_3 \cdot CrOH \cdot CrO_4$，组成的钝化膜。厚度一般为 0.01～0.15$\mu m$。随厚度不同，铬酸盐的颜色可从无色透明转变为金黄色、绿色、褐色甚至黑色。在铬酸盐钝化膜中，不溶性的三价铬化合物构成了膜的骨架，使膜具有一定的厚度和机械强度；六价铬化合物则分散在膜的内部，起填充作用。当钝化膜受到轻度损伤时，六价铬会从膜中溶入凝结水中，使露出的金属表面再钝化，起到修补钝化膜的作用。因此，铬酸盐膜的有效防蚀期主要取决于膜中六价铬溶出的速率。铬酸盐钝化膜广泛用于锌、锌合金、镉、锡及其镀层的表面处理，可以使其耐蚀性能得到进一步的提高。

b. 磷化膜。磷化膜是钢铁零件在含磷酸和可溶性磷酸盐的溶液中，通过化学反应在金属表面上生成的不可溶的、附着性良好的保护膜。这种成膜过程通常称为磷化或磷酸盐处理。磷化工艺分为高温（90～98℃）、中温（50～70℃）和常温磷化。后者又叫冷磷化，即在室温（15～35℃）下进行。工业上最广泛应用的有三种磷化膜：磷酸铁膜、磷酸锰膜和磷酸锌膜。磷化膜厚度较薄，一般仅 5～6μm。由于磷化膜孔隙较大，耐蚀性较差，因此磷化后必须用重铬酸钾溶液钝化或浸油进行封闭处理。这样处理的金属表面在大气中有很高的耐蚀性。另外，磷化膜经常作为油漆的底层，可大大提高油漆的附着力。

c. 钢铁的化学氧化膜。利用化学方法可以在钢铁表面生成一层保护性（Fe_3O_4）氧化膜。碱性氧化法可使钢铁表面生成蓝黑色的保护膜，故又称为发蓝。碱性发蓝是将钢铁制品浸入含 NaOH、$NaNO_2$ 或 $NaNO_3$ 的混合溶液中，在 140℃左右下进行氧化处理，得到0.6～0.8μm 厚的氧化膜。除碱性发蓝外，还有酸性常温发黑等钢铁氧化处理法。钢铁化学氧化膜的耐蚀性较差，通常要涂油或涂蜡才有良好的耐大气腐蚀作用。

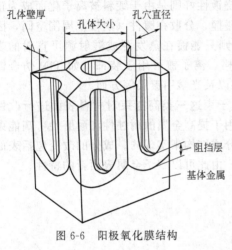

图 6-6　阳极氧化膜结构

d. 铝及铝合金的阳极氧化膜。铝及铝合金在硫酸、铬酸或草酸溶液中进行阳极氧化处理，可得到几十到几百微米厚的多孔氧化膜，其结构如图 6-6 所示。经进一步封闭处理或着色后，可得到耐蚀和耐磨性能很好的保护膜。这在航空、汽车和民用工业上得到广泛应用。将阳极氧化处理的电压提高到一定值后，电极表面将发生微弧。在微弧的作用下，可以获得结构更致密、更厚、性能更好的氧化铝膜。此即所谓的微弧阳极氧化，是一种新的正在迅速发展的新技术。

② 搪瓷涂层　搪瓷又称珐琅，是类似玻璃的物质。搪瓷涂层是将 K、Na、Ca、Al 等金属的硅酸盐，加入硼砂等熔剂，喷涂在金属表面上烧结而成。为了提高搪瓷的耐蚀性，可将其中的 SiO_2 成分适当增加（例如大于 60%），这样的搪瓷耐蚀性特别好，故称为耐酸搪瓷。耐酸搪瓷常用作各种化工容器衬里。它能抗高温高压下有机酸和无机酸（氢氟酸除外）的侵蚀。由于搪瓷涂层没有微孔和裂缝，所以能将钢材基体与介质完全隔开，起到防护作用。

③ 硅酸盐水泥涂层　将硅酸盐水泥浆料涂覆在大型钢管内壁，固化后形成涂层。由于它价格低廉，使用方便，而且膨胀系数与钢接近，不易因温度变化而开裂，因此广泛用于水和土壤中的钢管和铸铁管线，防蚀效果良好。涂层厚度为 0.5～2.5cm。使用寿命最高可达60 年。

④ 陶瓷涂层　陶瓷涂层在许多环境中具有优异的耐蚀、耐磨性能。采用热喷涂技术可以获得各种陶瓷涂层。近年来采用湿化学法获得陶瓷涂层的技术获得迅速的发展，其典型是溶胶-凝胶法。在金属表面涂覆氧化物的凝胶，可以在几百度的温度下烧结成陶瓷薄膜和不同薄膜的微叠层，具有广泛的用途。

（2）有机涂层

① 涂料涂层　涂料涂层也叫油漆涂层，因为涂料俗称为油漆。涂料的基本组成有四部分：a. 成膜物质，如合成高分子、天然树脂、植物油脂、无机硅酸盐、磷酸盐等，主要作用是作为涂料的基础，粘接其他组分，牢固附着于被涂物的表面，形成连续的固体涂膜；b. 颜料及固体填料，如钛白粉、滑石粉、铁红、铅黄、铝粉、锌粉等，具有着色、遮盖、装饰作用，并能改善涂膜的性能；c. 分散介质，如水、挥发性有机溶剂，使涂料分散成黏稠的液体，调节涂料的流动性、干燥性和施工性；d. 助剂，包括固化剂、增塑剂、催干剂等，可改善涂料制造、储存、使用中的性能。常用的有机涂料有油脂漆、醇酸树脂漆、酚醛

树脂漆、过氯乙烯漆、硝基漆、沥青漆、环氧树脂漆、聚氨酯漆、有机硅耐热漆等。涂料除了可以把金属与腐蚀介质隔开外，还可能借助于涂料中的某些颜料（如铅丹、铬酸锌等）使金属钝化，或者利用富锌涂料中的锌粉对钢铁起到阴极保护作用，提高防护性能。

②　塑料涂层　将塑料粉末喷涂在金属表面，经加热固化可形成塑料涂层（喷塑法）。采用层压法将塑料薄膜直接黏结在金属表面，也可形成塑料涂层。有机涂层金属板是近年来发展最快的钢铁产品，不仅能提高耐蚀性，而且可制成各种颜色、各种花纹的板材（彩色涂层钢板），用途极为广泛。常用的塑料薄膜有丙烯酸树脂薄膜、聚氯乙烯薄膜、聚乙烯薄膜和聚氟乙烯薄膜等。

③　硬橡皮覆盖层　在橡胶中混入 30%～50% 的硫进行硫化，可制成硬橡皮。它具有耐酸、碱腐蚀的特性，可用于覆盖钢铁或其他金属的表面。许多化工设备采用硬橡皮做衬里。其主要缺点是加热后易老化变脆，只能在 50℃ 以下使用。

④　防锈油脂　防锈油脂用于金属机械加工过程中工序间对加工金属零件的暂时保护。防锈油脂是由基础油、油溶性防锈剂及其他辅助剂组成。

基础油：主要是矿物油、润滑油、合成油、凡士林、煤油、机油、地蜡、石蜡、石油脂等。由于基础油或成膜材料的不同，形成的膜性质也不同，可以是溶剂稀释型硬膜或软膜、润滑油型油膜，也可以是脂型厚膜。

防锈剂：其分子是由极性、非极性基团组成，溶于基础油中的防锈剂在防锈油脂中起主要防锈作用。防锈剂按其极性基团结构大致分为六大类：磺酸盐及其含硫化合物，高分子羧酸及其金属皂类，酯类，胺类及含氮化合物，磷酸酯、亚磷酸酯及其他含磷化合物等。

辅助剂：在防锈油脂中，往往还加入不同特性的添加剂以提高使用性能。如为提高防锈剂在油中的溶解度，加入醇类、酯类、酮类等协溶剂；用二苯胺等抗氧剂以减缓防锈油脂氧化变质；添加高分子树脂以提高成膜性等。

通过采用不同组成的防锈油脂，可以适应各种不同的工作条件下防止零件锈蚀的需要。

6.4　缓蚀剂保护

6.4.1　缓蚀剂概述

缓蚀剂是一种以适当的浓度和形式存在于环境（介质）中时，可以防止或减缓腐蚀的化学物质或几种化学物质的混合物。一般来说，加入微量或少量这类化学物质可使金属材料在该介质中的腐蚀速度明显降低，甚至几乎为零。同时还能保持金属材料原来的物理力学性能不变。缓蚀剂的用量一般从千万分之几到千分之几，个别情况下用量达百分之几。

合理使用缓蚀剂是防止金属及其合金在环境介质中发生腐蚀的有效方法。缓蚀剂防护金属的优点在于用量少、见效快、成本较低、使用方便。已成为防腐蚀技术中应用最广泛的方法之一。目前缓蚀剂已广泛用于机械、石油化工、冶金、能源等许多部门。工业中常用缓蚀剂的使用条件及性能见表 6-3。

表 6-3　缓蚀剂的使用条件及性能

缓蚀剂	酸浓度及温度	缓蚀剂用量	缓蚀效率	备注
高级吡啶碱	12%HCl+5%HF　40℃	0.2%	<0.1mm/a	
四甲基吡啶釜残液	10%HCl+6%HF　30℃	0.2%	<0.1mm/a	
2-MBT+4502+硫脲+OP-15	2%HF　50℃	0.03%+0.02%+0.02%	1mm/a	

缓蚀剂	酸浓度及温度	缓蚀剂用量	缓蚀效率	备注
Lan-5	3%～14%HNO_3 20～80℃	0.6%	99.6%	
硝基苯胺	2～3mol/L HNO_3	0.002M	高效	Cu
Lan-826	10%HCl 50℃	0.2%	99.4%	
有机胺和炔醇反应物	5%～15%HCl 93℃	0.01%～0.25%	99%	
乌洛托品＋$CuCl_2$	2%～25%HCl	0.6%＋0.02%	99%	
乌洛托品＋$SbCl_3$	10%～25%HCl	0.8%＋0.001%	高效	
糖醛	0.2～6mol/L HCl	5～10mL/230mL 酸	高效	Cu及Cu合金
乌洛托品＋KI	20%H_2SO_2 40～100℃	8∶1,0.6%	99%	
乌洛托品＋硫脲＋Cu^{2+}	10%H_2SO_4 60℃	0.14%＋0.097%＋0.003%	99%	
二丁基硫脲＋OP	10%～20%H_2SO_4 60～80℃	0.5%＋0.25%	高效	
天津若丁	HCl、H_2SO_4、H_3PO_4、HF、柠檬酸		95%	黑色金属、铅

缓蚀剂抑制腐蚀的能力可以通过缓蚀效率来评价。根据评价方法的不同，缓蚀剂的缓蚀效率可以用下述三种方式来表示。

① 腐蚀速度法 根据添加和未添加缓蚀剂的溶液中金属材料的腐蚀速度定义缓蚀效率：

$$\varepsilon = \frac{v_0 - v}{v_0} \times 100\% \qquad (6-4)$$

式中，v_0 为未添加缓蚀剂时金属材料的腐蚀速度；v 为添加缓蚀剂时金属材料的腐蚀速度。

② 腐蚀失重法 根据相同面积的金属材料在添加和未添加缓蚀剂溶液中浸泡相同时间后的失重量值定义缓蚀效率：

$$\varepsilon = \frac{w_0 - w}{w_0} \times 100\% \qquad (6-5)$$

式中，w_0 为未添加缓蚀剂条件下试验材料的失重量；w 为添加缓蚀剂条件下试验材料的失重量。

③ 腐蚀电流法 若介质腐蚀过程是电化学腐蚀，可根据添加和未添加缓蚀剂溶液中金属材料的腐蚀电流定义缓蚀效率：

$$\varepsilon = \frac{i_{corr}^0 - i_{corr}}{i_{corr}^0} \times 100\% \qquad (6-6)$$

式中，i_{corr}^0 为未添加缓蚀剂所测量的腐蚀电流密度；i_{corr} 为添加缓蚀剂所测量的腐蚀电流密度。

缓蚀效率能达到90%以上的为良好的缓蚀剂。

6.4.2 缓蚀剂的分类

缓蚀剂种类繁多，作用机理复杂，可以通过下述几种方法进行分类。

（1）按缓蚀剂的化学组成分类

可将缓蚀剂划分为无机缓蚀剂和有机缓蚀剂。代表性缓蚀剂见表 6-4。

表6-4 按化学组成分类的缓蚀剂

组 成	代表性缓蚀剂
无机缓蚀剂	硝酸盐,亚硝酸盐,铬酸盐,重铬酸盐,磷酸盐,多磷酸盐钼酸盐,硅酸盐,碳酸盐,硫化物
有机缓蚀剂	胺类,醛类,杂环化合物,炔醇类,季铵盐,有机硫,磷化合物咪唑啉类,其他

(2) 按缓蚀剂对电极过程的影响分类

可以将缓蚀剂分为阳极型、阴极型和混合型三种类型:

① 阳极型缓蚀剂 这类缓蚀剂抑制阳极过程,增大阳极极化,使腐蚀电位正移,从而使腐蚀电流下降,其金属腐蚀极化图如图6-7(a)。

② 阴极型缓蚀剂 这类缓蚀剂抑制阴极过程,增大阴极极化,使腐蚀电位负移,从而使腐蚀电流下降,其金属腐蚀极化图如图6-7(b)。

③ 混合型缓蚀剂 这类缓蚀剂对阳极过程和阴极过程同时具有抑制作用,腐蚀电位的变化不大,但可使腐蚀电流显著下降,其金属腐蚀极化图如图6-7(c)。

(3) 按形成的保护膜特征分类

可将缓蚀剂分为如下三类:

① 氧化(膜)型缓蚀剂 此类缓蚀剂能使金属表面生成致密而附着力好的氧化物膜,从而抑制金属的腐蚀。这类缓蚀剂有钝化作用,故又称为钝化型缓蚀剂,或者直接称为钝化剂。钢在中性介质中常用的缓蚀剂如 Na_2CrO_4、$NaNO_3$、$NaMoO_4$ 等都属于此类。

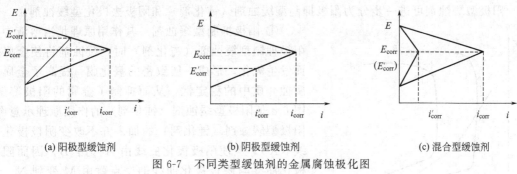

(a) 阳极型缓蚀剂　　　　(b) 阴极型缓蚀剂　　　　(c) 混合型缓蚀剂

图6-7 不同类型缓蚀剂的金属腐蚀极化图

② 沉淀(膜)型缓蚀剂 此类缓蚀剂本身无氧化性,但它们能与金属的腐蚀产物(如 Fe^{2+}、Fe^{3+})或与共轭阴极反应的产物(一般是 OH^-)生成沉淀,能够有效地覆盖在金属氧化膜的破损处,起到缓蚀作用。这种物质称为沉淀型缓蚀剂。例如中性水溶液中常用的缓蚀剂硅酸钠(水解产生 SiO_2 胶凝物)、锌盐[与 OH^- 反应生成 $Zn(OH)_2$ 沉淀膜]、磷酸盐类(与 Fe^{2+} 反应形成 $FePO_4$ 膜)以及苯甲酸盐(生成不溶性的羟基苯甲酸铁盐)。

③ 吸附型缓蚀剂 此类缓蚀剂能吸附在金属/介质界面上,形成致密的吸附层,阻挡水分和侵蚀性物质接近金属,抑制金属腐蚀过程,起到缓蚀作用。这类缓蚀剂大多含有 O、N、S、P 的极性基团或不饱和键的有机化合物。如钢在酸中常用的缓蚀剂硫脲、喹啉、炔醇等类的衍生物,钢在中性介质中常用的缓蚀剂苯并三氮唑及其衍生物等。

上述氧化型和沉淀型两类缓蚀剂也常被合称为成膜型缓蚀剂。因为膜的形成,产生了新相,是三维的,故也称三维缓蚀剂。而吸附型缓蚀剂在金属/介质界面上形成单分子层,是二维的,也称为二维缓蚀剂。实际上,工程中使用的高效缓蚀剂,其作用机理是相当复杂的,往往是多种效应的效果,很难简单地归为某一类型。不同的缓蚀剂联合使用时,其缓蚀效果不是简单的叠加,而是互相促进产生协同作用,可以大幅度提高缓蚀效率。

(4) 按物理性质分类

① 水溶性缓蚀剂　它们可溶于水溶液中，通常作为酸、盐水溶液及冷却水的缓蚀剂，也用于工序间的防锈水、防锈润滑切削液中。

② 油溶性缓蚀剂　这类缓蚀剂可溶于矿物油，作为防锈油（脂）的主要添加剂。它们大多是有机缓蚀剂，分子中存在着极性基团（亲金属和水）和非极性基团（亲油的碳氢链）。因此，这类缓蚀剂可在金属/油的界面上发生定向吸附，构成紧密的吸附膜，阻挡水分和腐蚀性物质接近金属。

③ 气相缓蚀剂　这类缓蚀剂是在常温下能挥发成气体的金属缓蚀剂。此类缓蚀剂若为固体，必须能够升华；若是液体，必须具有足够大的蒸气压。此类缓蚀剂必须在有限的空间内使用，如在密封包装袋内或包装箱内放入气相缓蚀剂。

（5）接用途分类

根据缓蚀剂的用途可分为冷却水缓蚀剂、锅炉缓蚀剂、酸洗缓蚀剂、油气井缓蚀剂、石油化工缓蚀剂、工序间防锈缓蚀剂等。

6.4.3　缓蚀剂的作用机理

6.4.3.1　无机缓蚀剂的作用机理

根据缓蚀剂阻滞腐蚀过程的特点，无机缓蚀剂可分为阳极型缓蚀剂、阴极型缓蚀剂和混合型缓蚀剂。

（1）阳极型缓蚀剂

阳极型缓蚀剂可进一步分为阳极抑制型缓蚀剂（钝化剂）和阴极去极化型缓蚀剂。

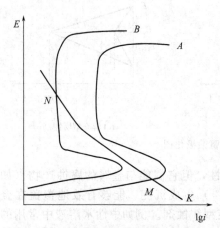

图 6-8　阳极型缓蚀剂缓释作用原理

① 阳极抑制型缓蚀剂　其作用原理是当溶液中入阳极抑制型缓蚀剂（钝化剂）时，缓蚀剂将使金属表面发生氧化，形成一层致密的氧化膜，提高了金属在腐蚀介质中的稳定性，从而抑制了金属的阳极溶解。图 6-8 是阳极型缓蚀剂（钝化剂）的作用原理示意图。阳极型缓蚀剂（钝化剂）的加入并不改变阴极极化曲线（K），但使阳极极化曲线由 A 变至 B，因而阳极极化曲线与阴极极化曲线的交点就由 M 变到 N，金属由活性腐蚀转变到钝态，腐蚀速度大为降低。在中性溶液中应用的典型阳极型缓蚀剂（钝化剂）有铬酸盐、磷酸盐和硼酸盐。后两种必须在有氧存在下才能形成致密的表面膜。

阳极型缓蚀剂并不一定非要金属处于钝化状态。例如，由图 6-9 的阳极极化曲线可以看到，加入阳极型缓蚀剂后，腐蚀电位明显正移；阳极极化曲线的 Tafel 斜率增大。这表明金属离子要克服更大的能垒才能进入溶液，因而阳极溶解过程受阻。

此类典型的缓蚀剂有 $NaOH$、Na_2CO_3、Na_2SiO_3、Na_3PO_4 等。它们能和金属表面阳极部分溶解下来的金属离子生成难溶性化合物，沉淀在阳极区表面，或者修补氧化膜的破损处，从而抑制阳极反应。例如，磷酸盐离解后的 PO_4^{3-} 离子能与腐蚀产生的 Fe^{2+} 反应生成沉淀：

$$3Fe^{2+} + 2PO_4^{3-} \Longrightarrow Fe_3(PO_4)_2$$

这类缓蚀剂要有 O_2 等去极化剂存在时才起作用。

使用阳极型缓蚀剂（钝化剂）时必须注意：当缓蚀剂（钝化剂）用量不足时，金属表面氧化程度不一致可以构成大阴极小阳极的腐蚀原电池，从而导致局部腐蚀。所以，阳极型缓蚀剂（钝化剂）在使用中有一定的危险性。

②阴极去极化型缓蚀剂　此类缓蚀剂（钝化剂）不会改变阳极极化曲线，但会使阴极极化曲线移动，导致腐蚀电流的降低。图 6-10 为阴极去极化型缓蚀剂（钝化剂）的作用原理示意图。随着加入量的增加，阴极极化曲线正移，同时阴极曲线的 Tafel 斜率变小，腐蚀电位正移，由活性腐蚀区进入钝化区。同样，用量不足也会导致腐蚀加速，如图 6-10 中 K' 所示。典型阴极去极化型缓蚀剂（钝化剂）有亚硝酸盐、硝酸盐、高价金属离子如 Fe^{3+}、Cu^{2+}，在酸性溶液中使用的钼酸盐、钨酸盐和铬酸盐也属此类缓蚀剂。

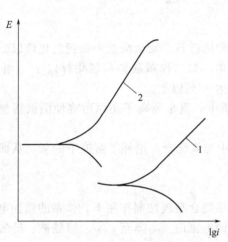

图 6-9　加入缓蚀剂前、后的阳极极化曲线
1—未加入缓蚀剂；2—加缓蚀剂

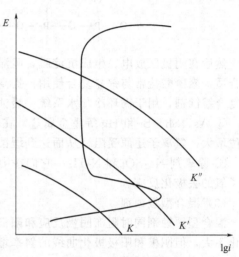

图 6-10　阴极去极化型钝化剂作用原理
K—未加钝化剂；K''—加钝化剂；K'—钝化剂不足

（2）阴极型缓蚀剂

阴极型缓蚀剂的作用原理是：加入阴极型缓蚀剂后，阳极极化曲线不发生变化，仅阴极极化曲线的斜率增大，腐蚀电位负移，导致腐蚀电流降低。

阴极型缓蚀剂与阳极型缓蚀剂的差别在于：阴极型缓蚀剂主要对金属的活性溶解起缓蚀作用，而阳极型缓蚀剂则是在钝化区起缓蚀作用。

阴极型缓蚀剂按其作用机理可以分为四类：

① Ca、Mg、Zn、Mn 和 Ni 的盐　在中性介质中，这些盐能与阴极反应生成的 OH^- 离子作用，在金属表面的阴极区形成致密的氢氧化物或碳酸盐沉淀膜，阻碍氧的扩散，抑制氧的去极化作用，从而降低了腐蚀速度。例如，加入 $ZnSO_4$、$Ca(HCO_3)_2$ 缓蚀剂，可以在金属表面形成难溶的 $Zn(OH)_2$、$CaCO_3$ 沉淀膜。

②聚磷酸盐　在水溶液中聚磷酸盐与某些阳离子作用，生成大的胶体阳离子，然后向阴极表面迁移，在阴极区放电并形成较厚的保护膜。例如，在循环冷却水和锅炉水中经常采用聚磷酸盐作缓蚀剂。其结构式为

$$NaO-\overset{\overset{\displaystyle O}{\|}}{\underset{\underset{\displaystyle ONa}{|}}{P}}-O\left[\overset{\overset{\displaystyle O}{\|}}{\underset{\underset{\displaystyle ONa}{|}}{P}}-O\right]_n\overset{\overset{\displaystyle O}{\|}}{\underset{\underset{\displaystyle ONa}{|}}{P}}-ONa$$

其中六偏磷酸钠（$n=4$）和三聚磷酸钠（$n=3$）应用广泛。前者比后者缓蚀效果更好，但后者更便宜。它们的缓蚀机理较复杂。一般认为，在水中有溶解氧的情况下，它们在促进钢铁表面生成 $\gamma\text{-Fe}_2\text{O}_3$ 的同时，可与水中的 Ca^{2+}、Mg^{2+}、Zn^{2+} 等离子形成螯合物，如

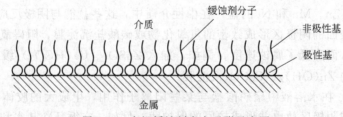

然后在阴极区放电，生成沉淀膜，阻滞阴极过程的进行。聚磷酸盐中钠钙的比例以 5：1 较合适。聚磷酸盐常与锌盐复合使用，提高缓蚀效果。如六偏磷酸钠与氯化锌以 4：1 配合的复合缓蚀剂，用于循环冷却水系统，缓蚀效率可达 95% 以上。

③ As、Sb、Bi 和 Hg 等重金属盐　在酸性介质中，重金属离子还原后将使阴极析氢过电位增大，氢离子还原受阻，从而达到缓蚀的目的。

④ 除氧剂 Na_2SO_3 和 N_2H_4　它们在中性介质中与氧化合，消耗了溶液中的氧，从而抑制了氧的去极化反应。

（3）混合型缓蚀剂

混合型缓蚀剂同时阻滞阴极反应和阳极反应。在混合型缓蚀剂作用下，体系的腐蚀电位变化不大，但阴极和阳极极化曲线的斜率增大，腐蚀电流由 i_{corr} 降至 i'_{corr}。铝酸钠、硅酸盐均属于混合型无机缓蚀剂之列。

6.4.3.2　有机缓蚀剂的缓蚀作用机理

有机缓蚀剂主要通过在金属表面形成吸附膜来阻止腐蚀。因此，有机缓蚀剂的缓蚀作用机理主要取决于有机缓蚀剂中极性基团在金属表面的吸附。有机缓蚀剂的极性基部分大多以电负性较大的 N、O、S、P 原子为中心原子，它们吸附于金属表面，改变双电层结构，以提高金属离子化过程的活化能。而由 C、H 原子组成的非极性基团则远离金属表面作定向排列形成一层疏水层，阻碍腐蚀介质向界面的扩散。图 6-11 所示为有机缓蚀剂在金属表面吸附的示意图。有机缓蚀剂的极性基团的吸附可分为物理吸附和化学吸附。

图 6-11　有机缓蚀剂定向吸附示意图

（1）物理吸附

物理吸附是具有缓蚀能力的有机离子或偶极子与带电的金属表面静电引力和范德华引力的结果。物理吸附的特点是：吸附作用力小，吸附热小，活化能低，与温度无关；吸附的可逆性大，易吸附，易脱附，对金属无选择性；既可以是单分子吸附，也可能是多分子吸附；

物理吸附是一种非接触式吸附。

有机缓蚀剂通过物理吸附影响缓蚀效率的因素有：

① 烷基的 C 原子数　缓蚀能力的大小受缓蚀剂中烷基 C 原子数多少的影响。对于季铵盐类的缓蚀剂，由于吸附于金属表面的季胺阳离子之间的相互作用引力会随 C 原子数的增加而增大，同此，缓蚀效果亦会随 C 原子数的增加而提高。

② 溶液中的阴离子　对于阳离子缓蚀剂来说，当溶液介质中存在某些阴离子时，阴离子吸附于带正电荷的金属表面，将使零电荷电位 $E_{p.z.c}$ 向负方向移动，有利于增强阳离子缓蚀剂通过静电引力在金属表面的吸附。阴离子对阳离子缓蚀剂缓蚀效果的影响有如下规律：

$$I^- > Br^- > Cl^- > SO_3^- > ClO_4^-$$

因此，单独使用季铵盐作缓蚀剂时，达不到明显的缓蚀效果。但是，若向溶液中加入部分 Cl^- 后，Cl^- 吸附在金属表面使 $E_{p.z.c}$ 变负，有助于季胺阳离子的吸附，缓蚀效果明显提高。这也说明了为什么许多有机阳离子缓蚀剂在 HCl 中比在 H_2SO_3 中具有更高的缓蚀效果。

③ 缓蚀剂的酸碱性　在酸性溶液中加入缓蚀剂的碱性越强，所生成的阳离子越稳定，有利于物理吸附，表现出较高的缓蚀效果。

（2）化学吸附

化学吸附是缓蚀剂在金属表面发生的一种不完全可逆的、直接接触的特性吸附。化学吸附的特点是：吸附作用力大，吸附热高，活化能高，与温度有关；吸附不可逆，吸附速度慢；对金属具有选择性；只形成单分子吸附层；是直接接触式吸附。

有机缓蚀剂在金属表面的化学吸附，既可以通过分子中的中心原子或 π 键提供电子，也可以通过提供质子来完成。因此，可将发生化学吸附的有机缓蚀剂分为供电子型缓蚀剂和供质子型缓蚀剂两类。

① 供电子型缓蚀剂　若缓蚀剂的极性基团的中心原子 N、O、S、P 原子有未共用的孤对电子，而金属表面存在空的 d 轨道时，中心原子的孤对电子就会与金属中空的 d 轨道相互作用形成配位键，使缓蚀剂分子吸附于金属表面。由于双键、三键的 π 电子类似于孤对电子，具有供电子能力，所以，具有 π 电子结构的有机缓蚀剂也可向金属表面空的 d 轨道提供电子而形成配位键发生吸附，这就是所谓 π 键吸附。这种由分子中的中心原子的孤对电子或 π 键与金属中空的 d 轨道形成配位键而吸附的缓蚀剂，称作供电子型缓蚀剂。典型的供电子型缓蚀剂有胺类、苯类，具有双键、三键结构的烯烃、炔醇等。

缓蚀剂中的中心原子上电子云密度越大，供电子能力就越强，缓蚀效率就越高。例如，在苯胺不同位置上引入甲基 CH_3 时，供电子能力的顺序为：

这是由于甲基 CH_3 具有较强的斥电子性，当甲基 CH_3 靠近 NH_3 时，N 原子上的电子云密度增大，可使缓蚀率提高。

缓蚀剂的分子结构对供电子型缓蚀剂的缓蚀效应有较大的影响，存在共振效应和诱导效应，两者往往同时存在。当缓蚀剂分子具有共振结构时，由于 π 电子能使中心原子上的孤对电子发生转移，电子云密度下降，对金属的化学吸附减弱，缓蚀率下降。这就是所谓的共振效应。苯环是一个具有共振结构的典型有机物，苯环上的大 π 键将使苯胺的中心原子 N 原子上的孤对电子发生转移：

因而苯胺的缓蚀率较低。其他具有双键或叁键的化合物也有类似的共振效应。若缓蚀剂中的取代基极性较强，离双键较近时，极性基团中心原子的孤对电子还有可能与π电子形成共轭π键，即大π键，并以平面构型吸附于金属表面上，使缓蚀率大为提高。例如，丙烯酸、丙烯酸酯有可能形成类似的大π键：

若缓蚀剂中的非极性基团是斥电子型时，非极性基团有可能使其电子偏向极性基，极性基的中心原子的供电子能力增强，产生所谓的诱导效应，使缓蚀效应增加。例如，用不同C原子数的烷基取代苯骈咪唑第二位置上的H原子，随着取代烷基的C原子数增加，斥电子能力增大，中心原子N原子上的电子云密度增加，缓蚀率提高，见表6-5。

表6-5　工业纯铁在2mol/L HCl中的缓蚀情况（25℃±1℃）

缓蚀剂	苯并咪唑	α-甲基苯并咪唑	α-乙基苯并咪唑	α-丁基苯并咪唑	α-己基苯并咪唑
缓蚀率/%	94.92	95.49	95.96	96.31	98.01

②供质子型缓蚀型　有机缓蚀剂能提供质子与金属表面发生吸附反应，这种缓蚀剂称为供质子型缓蚀剂。例如，十六硫醇$C_{16}H_{33}SH$与十六硫醚$C_{16}H_{33}SCH$相比，十六硫醇的缓蚀率高于十六硫醚。其原因在于，S原子的供电子能力低，它有可能吸引相邻H原子上的电子，使H原子类似于正电荷质子一样吸附在金属表面的多电子阴极区，起到缓蚀作用。显然，它是通过向金属提供质子而进行化学吸附的。值得注意的是，N、O原子的电负性比S原子更负，吸引相邻H原子上电子的能力更大。因此，含N、O原子的缓蚀剂也存在供质子进行吸附的情况。

不同有机缓蚀剂的供电子或供质子的情况见表6-6。

表6-6　有机缓蚀剂供电子或供质子情况

缓蚀剂	伯胺	仲胺	叔胺	含氧醇类	酯	苯并三唑	咪唑
供电子	√	√	√		√		
供质子	√			√		√	√

6.4.4　影响缓蚀剂性能的因素

缓蚀剂有明显的选择性，除了与缓蚀剂本身的性质、结构等因素有关外，影响缓蚀剂性能的因素主要包括金属和介质的条件两方面。因此应根据金属和介质的条件选用合适的缓蚀剂。

（1）金属

金属材料种类不同，适用的缓蚀剂不同。例如，铁是过渡金属，具有空的d轨道，易接受电子，因此许多带孤对电子或 π 键的基团的有机物对铁具有很好的缓蚀作用。但铜没有空的 d 轨道，因此对钢铁高效的缓蚀剂，对铜效果不好，甚至有害。

金属材料的纯度和表面状态会影响缓蚀剂的效率。一般来说，有机缓蚀剂对低纯度金属材料的缓蚀率高于对高纯度材料的缓蚀率。金属材料的表面粗糙度越高，缓蚀剂缓蚀率越高。

（2）介质

介质不同需要选不同的缓蚀剂。一般中性水介质中多用无机缓蚀剂，以钝化型和沉淀型为主。酸性介质中采用有机缓蚀剂较多，以吸附型为主。油类介质中要选用油溶性吸附型缓蚀剂。选用气相缓蚀剂必须有一定的蒸气压和密封的环境。

介质流速对缓蚀剂作用的影响较复杂。一般情况下，腐蚀介质流速增加，腐蚀速率增加，缓蚀率下降。但在某些情况下，随着流速增加到一定值后，缓蚀剂有可能变成腐蚀促进剂。如三乙醇胺在 $2\sim4mol/L$ HCl 溶液中，当流速超过 $0.8m/s$ 时，碳钢的腐蚀速度远大于不加三乙醇胺时的腐蚀速度，KI 也有类似的情况。若在静态条件下，缓蚀剂不能很好地均匀分布于介质中时，流速增加有利于缓蚀剂的均匀分布，形成完整的保护膜，缓蚀率上升。对于某些缓蚀剂，如冷却水缓蚀剂（由六偏磷酸钠和氯化锌构成），存在一个临界浓度值，当缓蚀剂浓度大于该值时，流速上升，缓蚀率增加；而浓度小于该值时，流速上升，缓蚀率下降。

温度对缓蚀剂缓蚀效果的影响不一。对于大多数有机缓蚀剂和无机缓蚀剂来说，温度升高，将会造成金属表面上的吸附减弱，或者形成的沉淀膜颗粒增大，黏附性能变差，使得缓蚀效果下降。而某些缓蚀剂，如二苄硫、二苄亚砜、碘化物等，温度升高有利于它们在金属表面形成反应产物膜或钝化膜，反而提高缓蚀率。也有一些缓蚀剂（如苯甲酸钠）在一定的温度范围内缓蚀率不随温度变化。

（3）缓蚀剂的浓度

缓蚀率随缓蚀剂浓度的变化情况有三种：①缓蚀率随缓蚀剂浓度的增加而增加；②缓蚀率与缓蚀剂浓度间存在极值关系，当缓蚀剂浓度达到一定值时，缓蚀率最大，进一步增加浓度，缓蚀率反而下降；③用量不足时，发生加速腐蚀，如 $NaNO_2$ 等危险型缓蚀剂就属于这种情况。

（4）缓蚀剂的协同作用

单独使用一种缓蚀剂往往达不到良好的效果。多种缓蚀物质复配使用时常常比单独使用时的效果好得多，这种现象叫协同效应。产生协同效应的机理随体系而异，许多还不太清楚，一般考虑阴极型和阳极型复配、不同吸附基团的复配、缓蚀剂与增溶分散剂复配。通过复配获得高效多功能缓蚀剂，这是目前缓蚀剂研究的重点。

6.4.5　缓蚀剂的应用原则

缓蚀剂主要应用于那些腐蚀程度中等或较轻系统的长期保护（如用于水溶液、大气及酸性气体系统），以及对某些强腐蚀介质的短期保护（如化学清洗）。应用缓蚀剂应注意如下原则：

① 选择性　缓蚀剂的应用条件具有高的选择性，应针对不同的介质条件（如温度、浓度、流速等）和工艺、产品质量要求选择适当的缓蚀剂。既要达到缓蚀的要求，又要不影响工艺过程（如影响催化剂的活性）和产品质量（如颜色、纯度等）。

② 环境保护　选择缓蚀剂必须注意对环境的污染和对生物的毒害作用，应选择无毒的化学物质做缓蚀剂。

③ 经济性　通过选择价格低廉的缓蚀剂，采用循环溶液体系，缓蚀剂与其他保护技术（如选材和阴极保护）联合使用等方法，降低防腐蚀的成本。

第7章　非金属材料的腐蚀与防护

到目前为止，所介绍的各种腐蚀现象的对象均是金属材料。然而自然界中除了金属材料以外还有一大类材料是非金属材料。一般地，我们根据材料的组成，或者更精确地说，根据材料中原子之间的结合键，将材料分为金属（金属键）、陶瓷（离子键）和高分子材料（共价键）三大类。近年来，由于具有特殊的性能和应用，陶瓷和高分子材料的发展和应用十分迅速。随着腐蚀科学的发展，腐蚀研究的对象从金属扩展到了非金属，相应地，对腐蚀过程的研究也由化学和电化学反应为主扩大到包括声、光、电等物理因素的作用。

7.1　高分子材料的腐蚀

通常，高分子材料具有较好的耐腐蚀性能，但是由于高分子材料的成分、结构、聚集态和添加物以及腐蚀介质的多样性，高分子材料的腐蚀行为和机理与金属材料明显不同，特别是由于高分子材料普遍应用的历史不长，对高分子材料腐蚀的研究远不如对金属材料腐蚀研究得深入和透彻。考虑到高分子材料在工程领域中的应用越来越重要，迫切需要加强对高分子材料腐蚀的研究。

7.1.1　概述

高分子材料是由分子量特别大的高分子化合物构成的一类材料。通常高分子化合物的分子量高达 50 万～60 万。一般低分子化合物的分子所含的原子数为几个、几十个，甚至几百个，很少有几千个以上的，而高分子化合物所含的原子数，却少有几千以下的，大都是几万到几百万，甚至更大。所以，高分子材料是分子量特别大的化合物，而且它们又大都是由小分子以一定方式重复连接起来的。

高分子材料有天然和人工合成两大类：天然高分子材料包括纤维素、淀粉、蛋白质、石棉和云母等；人工合成高分子材料包括热固性塑料、热塑性塑料和弹性体三类。人工合成高分子材料称为高分子合成材料，一般具有天然高分子材料不具备的优异性能，是高分子化工生产和研究的主要对象。其中，热固性塑料具有网状的立体结构，经过一次受热软化（或熔化）及冷却凝固成型后，再进行加热就不再软化，强热可使其分解破坏。因此不能反复塑制；热塑性塑料具有链状的线性立体结构，受热软化，可反复塑制；弹性体是具有高弹性（弹性应变可达 500%）的橡胶。热塑性塑料又叫分为普通塑料和工程塑料两类；前者仅能作为非结构材料，而后者具有较好的性能，可作为结构材料使用。

通常，高分子材料具有较优良的耐腐蚀性能。但由于介质的多样性以及高分子材料在成分、结构、聚集状态和添加物等方面的千差万别，因此，在任何条件下都耐腐蚀的高分子材料是不存在的。例如，多数高分子材料在酸、碱和盐的水溶液中具有较好的耐蚀性，显得比金属优越，但在有机介质中其耐蚀性却不如金属。有些塑料在无机酸、碱溶液中很快被腐蚀，如尼龙只能耐较稀的酸、碱溶液，而在浓酸、浓碱中则会遭到腐蚀。

高分子材料品种繁多，性能各异，这就要求对高分子材料在各种介质中的腐蚀规律和耐蚀能力问题进行比较系统地分析和研究。

7.1.2　高分子材料腐蚀的类型

高分子材料在加工、存储和使用过程中，由于内外因素的综合作用，其物理化学性能和机械性能逐渐变坏，以至最后丧失使用价值，这种现象称为高分子材料的腐蚀，通常称之为老化。老化主要表现在：

① 外观的变化，出现污渍、斑点、银纹、裂缝、喷霜、粉化及光泽、颜色的变化；

② 物理性能的变化，包括溶解化、溶胀性、流变性能，以及耐寒、耐热、透水、透气等性能的变化；

③ 力学性能的变化，如拉伸强度、弯曲强度、冲击强度等的变化；

④ 电性能的变化，如绝缘电阻、电击穿强度、介电常数等的变化。

从本质上讲，高聚物的老化可分为化学老化与物理老化两类。

（1）化学老化

化学老化是高分子材料结构变化的结果。例如，塑料的脆化、橡胶的龟裂，这种变化是不可逆的，不能恢复的。化学老化主要有降解和交联两种类型。降解是高分子的化学键受到光、热、机械作用力等因素的影响，分子链发生断裂，从而引发的自由基连锁反应，如

$$
\begin{array}{ccccccccc}
& H & H & H & H & & H & H & H \\
-\!\!\!& C\!\!-\!\!C\!\!-\!\!C\!\!-\!\!C & & \longrightarrow & & C\!\!-\!\!C\!\cdot & + & \cdot C\!\!-\!\!C\!\!-\!\!C\!\!- \\
& H & H & H & H & & H & H & H
\end{array}
$$

常见的老化形式见表 7-1。

表 7-1　高分子材料的老化形式

环境		形式
化学	其他	
氧	中等强度	化学氧化
氧	高温	燃烧
氧	紫外线	光氧化
水及水溶液		水解
大气中氧/水汽	室温	风化
水及水溶液	应力	应力腐蚀
水或水汽	微生物	生物腐蚀
	热	热解
	辐射	辐射分解

交联是指断裂了的自由基再相互作用产生交联结构。

降解和交联对高聚物的性能都有很大的影响。降解使高聚物的分子量下降，材料变软发黏，拉伸强度和模量下降；交联使材料变硬、变脆、伸长率下降。

（2）物理老化

物理老化不涉及分子的结构变化。它仅仅是由于物理作用而发生的可逆性变化。例如增塑的软聚氯乙烯塑料，假如所使用的增塑剂耐寒性不够低，在北方较寒冷的地使用时，由于增塑剂的凝固，使软聚氯乙烯塑料变硬，天暖后，又会恢复原状。其他还有流变性能方面可逆性的变化，都是属于物理老化的范畴。

物理过程引起的化学老化多数是次价键被破坏，主要有溶胀与溶解，环境应力开裂，渗透破坏等。溶胀和溶解是指溶剂分子渗入材料内部，破坏大分子间的次价键，与大分子发生溶剂化作用，引起高聚物的溶胀和溶解；环境应力开裂指在应力与介质（如表面活性物质）的共同作用下，高分子材料出现银纹，并进一步生长成裂缝，直至发生脆性断裂；渗透破坏指高分子材料用作衬里，当介质渗透穿过衬里层而接触到被保护的基体（如金属）时，所引起的基体材料的破坏。

无论实验室的试验如何全面，但总与实际生产上的应用条件有差别。所以若情况允许，最好进行现场挂片试验和应用试验。

7.1.3　高分子材料腐蚀的防护原则

高分子材料受外界光、热、氧等环境因素的作用容易发生老化降解，采取改进成型加工及后处理工艺，共聚或共混改性，涂覆防护层，添加有抗光、抗热、抗氧等作用的稳定剂等的物理或化学方法，使高分子材料的性能继续保持或延缓下降的各种措施，称为"防老化"。高分子材料的老化成为制约高分子应用的一个重要因素，根据高分子材料应用环境的不同、老化主要影响因素的不同、老化机理的不同，开展防老化研究，提高材料的耐久性具有重要意义。

为了提高高分子材料的稳定性，延缓老化变质的速度，从而延长它们的贮存和使用寿命，从化学方面或物理方面所采取的各种措施，均属于广义的防老化技术范畴。

高分子材料的老化是由于内外两类因素引起的。因此，对于每一种高分子材料，应根据其老化原因、老化机理、成型工艺、使用环境和要求等实际情况进行具体分析，才能寻求有效的对策，获得显著的防老化效果。例如，针对材料化学组成与分子结构等内部弱点，可通过改进聚合和成型加工工艺或共聚、共混、增强等改性方法；提高材料及其制品本身抵抗老化降解的能力，针对光、热、氧等环境作用因素，可通过添加防老化剂的方法来抑制或减缓老化反应，也可采用物理防护的各种方法使材料制品避免或减少受环境因素的破坏。由此，抗老化改性基本为：

① 根据不同的老化路径，找出老化机理，就可采取相应措施防止老化的发生。

② 根据导致高分子材料老化的不同外界因素可采取不同的防老化措施，提高材料的耐老化性能，延缓老化的速率，以达到延长使用寿命的目的。具体过程见图7-1。

③ 根据高分子材料的实际成型工艺选择合适的防老化方法。

高分子材料防老化的方法可有如下五类措施：

① 改进聚合和后处理工艺，包括减少不稳定结构、调整支链、双键和聚合度、封闭端基、减少或除去催化剂残留物、除去其他杂质等措施；

② 改进成型加工和后处理工艺，包括原材料预处理、控制加工温度与时间、改变冷却速度与结晶度、调整取向度、消除或减小内应力以及进行淬火、退火等热处理措施；

③ 改性，包括共聚、共混、添加增强剂或改性剂等；

④ 添加防老化剂，包括热稳定剂、抗氧剂、紫外光吸收剂、光屏蔽剂、防霉剂等的应用；

⑤ 物理防护，包括涂漆、镀金属、着色、涂蜡、涂油、涂塑料或橡胶层、复合、涂布或浸喷防老化剂溶液等措施。

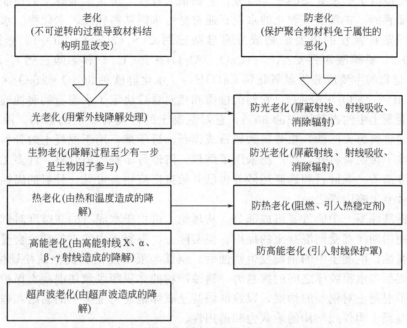

图 7-1　高分子材料不同老化和防老化过程的示意图

上述五种类型的防老化措施只是根据主要技术手段或形式加以划分，因为老化的成因和变化机理多种多样，而且一种防老化措施也可能发挥多种稳定化的作用，故要严格进行科学的截然不同的分类是不可能的。例如，"添加防老化剂"的方法中，一般均包括热稳定剂、光屏蔽剂的应用。但是，热稳定剂也可归类于加工助剂，从而可划分于"改进成型加工"的方法类型。而光屏蔽剂如炭黑，它兼具抗氧剂的作用，此外，它也是着色剂、增强剂、甚至作为抗静电性的填充剂，又如钛白、氧化锌、碳酸钙，除了发挥光屏蔽作用外，也是着色剂、填充剂，活性超细碳酸钙还被广泛用作无机盐类的 PVC 冲击改性剂，因此，如从着色、光屏蔽作用看，也可划分于"物理防护"方法类型，从填充增强的作用看，还可划归于"改性"的方法类型。再如"物理防护"方法中有涂布或浸渍防老化剂溶液的措施，因这是后来在制品表面或表层加防老化保护层，如从防老化剂所起的稳定作用考虑，也可视为"添加防老化剂"的方法。

7.2　混凝土的腐蚀

7.2.1　混凝土腐蚀的特征与概念

混凝土的基本组成是水泥、水、沙和石子。其中的水泥与水发生水化反应，生成的水化物是自身具有高强度的水泥石，同时将散粒状的沙和石子黏结起来，成为一个坚硬的整体。混凝土构筑物在服役过程中，受到周围环境的物理、化学、生物的作用，造成混凝土内部某些成分发生反应、溶解、膨胀，导致混凝土构筑物的破坏，即为混凝土的腐蚀。

混凝土具有气、液、固三相并存的多孔非均质特性，从微观结构上看，混凝土属于多孔体，其内部有许多大小不同的微细孔隙，侵蚀性的介质就是通过这些孔隙和裂缝进入混凝土内部。混凝土的各组成材料都有可能与腐蚀性介质发生作用，或者各组成材料之间发生作用，而产生破坏。

水泥石是混凝土中最重要的一个组分，它在很大程度上决定了混凝土的性能，它对腐性介质也是最敏感的。在常温下硬化的水泥石通常是由水泥熟料颗粒、水化物、水和孔隙所组成，其中水泥熟料颗粒的主要矿物成分有硅酸三钙 C_3S（$3CaO \cdot SiO_2$）、硅酸二钙 C_2S（$2CaO \cdot SiO_2$）、铁铝酸四钙 C_4AF（$4CaO \cdot Al_2O_3 \cdot Fe_2O_3$）和铝酸三钙 C_3A（$3CaO \cdot Al_2O_3$），水化物的主要成分为氢氧化钙 $Ca(OH)_2$、水化硅酸钙 $3CaO \cdot 2SiO_2 \cdot 3H_2O$ 和水化铝酸钙 $3CaO \cdot Al_2O_3 \cdot 6H_2O$，它们的性质和相对含量决定了水泥石的腐蚀性能。

骨料在混凝土中约占其体积的 80%，它对混凝土的性能有一定的影响。混凝土需采用粗细骨料。细骨料为天然沙，粗骨料为卵石或碎石。近年来，用于混凝土的骨料品种有了明显的扩大，除了传统骨料外，已广泛采用了陶粒、陶砂等多种人造骨料。许多工业废渣，如烧结炉渣、液态渣、煤矸石和选矿尾砂等也已开始推广应用。可见，骨料的腐蚀性能也是混凝土腐蚀的重要影响因素之一。

钢筋是钢筋混凝土中的重要组成部分。从理论上讲由于水泥石的高碱度对钢筋的钝化作用，钢筋在使用期间都受到混凝土的保护。但实际上，混凝土中的钢筋往往会受到各种因素影响而产生腐蚀。混凝土中的钢筋发生锈蚀后，钢筋与混凝土的界面上疏松锈蚀层的形成，破坏了钢筋表面与水泥胶体之间的握裹力，锈蚀产物的体积膨胀致使混凝土保护层开裂甚至剥落，降低了混凝土对钢筋的约束，以致削弱甚至破坏钢筋与混凝土的黏结和锚固作用，最终降低钢筋混凝土构件或结构的承载力和适用性。

7.2.2 混凝土腐蚀的机理

（1）溶出型腐蚀

$Ca(OH)_2$ 是维持水化硅酸钙稳定性的重要组分，在一定压力的流动水中，水化产物 $Ca(OH)_2$ 会不断溶出并流失，$Ca(OH)_2$ 的溶出使溶液中水化硅酸钙和水化铝酸钙失去稳定性而水解，析出 CaO，生成非结合性产物（硅酸、氢氧化铝、氢氧化铁），导致混凝土的强度不断降低。当混凝土中的 CaO 损失达 33% 时，混凝土就会被破坏。

在一般河水、湖水、海水和地下水中，由于 Ca^{2+} 的含量较高，水泥浆体中的 $Ca(OH)_2$ 不会溶出，只有在含 Ca^{2+} 量少的软水环境（如蒸馏水、冷凝水、雨雪等）且为压力流动水时，$Ca(OH)_2$ 才会被不断溶出、流失。这种侵蚀破坏一般需要较长的时间。

（2）分解型侵蚀

水泥石中的水化物在腐蚀性介质中的溶解或发生离子交换反应而使水泥石中决定结晶接触强度的化合物逐渐分解，从而造成水泥石解体，使混凝土产生破坏。

（3）离子交换反应

含有氯化镁、硫酸镁或碳酸氢镁等镁盐的地下水、海水及某些工业废水所含有的 Mg^{2+} 与硬化水泥石中的 Mg^{2+} 起交换作用，生成 $Mg(OH)_2$ 和可溶性钙盐，导致硬化水泥石的分解例如，镁离子与氢氧化钙的反应式为：

$$Mg^{2+} + Ca(OH)_2 \longrightarrow Ca^{2+} + Mg(OH)_2 \qquad (7-1)$$

生成的氢氧化镁为松散的无定型沉淀物质，无胶结能力，由于 $Mg(OH)_2$ 的溶解度很低，因此反应能很大程度地进行下去。随着 $Ca(OH)_2$ 的消耗，水泥石也开始分解，最终混凝土破坏。

（4）酸侵蚀

水泥水化产生的碱，使混凝土具有强碱性（pH＞12.6），这就决定了混凝土是不耐酸的，pH<4.5 的酸性水、酸雨，都对混凝土具有强烈的腐蚀作用，即酸侵蚀。

$$Ca(OH)_2 + 2HCl \longrightarrow CaCl_2 + 2H_2O \tag{7-2}$$

$$Ca(OH)_2 + H_2SO_4 \longrightarrow CaSO_4 + 2H_2O \tag{7-3}$$

$$Ca(OH)_2 + 2HNO_3 \longrightarrow Ca(NO_3)_2 + 2H_2O \tag{7-4}$$

$$Ca(OH)_2 + H_2CO_3 \longrightarrow CaCO_3 + 2H_2O \tag{7-5}$$

（5）氯盐侵蚀

氯盐是造成沿海混凝土建筑物和公路与桥梁腐蚀的重要原因之一，其破坏机理均属于形成可溶性的钙盐的分解型腐蚀。例如：

$$2Cl^- + Ca(OH)_2 \longrightarrow 2CaCl_2 + 2OH^- \tag{7-6}$$

（6）膨胀型腐蚀

膨胀型腐蚀主要是外界腐蚀性介质与硬化水泥石组分发生化学反应，生成膨胀性产物、使硬化水泥石孔隙内产生内应力，导致硬化水泥石开裂、剥落，直至严重破坏。此外，渗入到硬化水泥石孔隙内部后的某些盐类溶液，如果再经干燥，盐类在过饱和孔隙液中结晶长大，也会产生一定的膨胀应力，同样也可能导致破坏。

（7）硫酸盐侵蚀

硫酸盐的腐蚀是盐类腐蚀中最普遍而具有代表性的。水中的硫酸盐与水泥石中的 $Ca(OH)_2$ 起置换作用生成硫酸钙：

$$Ca(OH)_2 + SO_4^{2-} \longrightarrow CaSO_4 \cdot 2H_2O + 2OH^- \tag{7-7}$$

硫酸钙在水泥石中的毛细孔内沉积、结晶，引起体积膨胀，使水泥石开裂，最后材料转变成糊状物或无黏结力的物质。

同时，所生成的硫酸钙还与水泥石中的水化铝酸钙作用生成水化硫铝酸钙：

$$4CaO \cdot Al_2O_3 \cdot 19H_2O + 3CaSO_4 \cdot 2H_2O + 7H_2O \longrightarrow$$
$$3CaO \cdot Al_2O_3 \cdot 3CaSO_4 \cdot 31H_2O + Ca(OH)_2 \tag{7-8}$$

生成的水化硫铝酸钙含有大量结晶水，其体积比原来增加 1.5 倍以上，因此产生局部膨胀压力，使水泥石结构胀裂，强度下降而造成破坏。

（8）盐类结晶膨胀

有些盐类虽然与硬化水泥石的组分不产生反应，但可以在硬化水泥石孔隙中结晶。由于盐类从少量水化到大量水化的转变，引起体积增加，造成硬化水泥石的开裂、破坏。

（9）碱-骨料反应

混凝土中的碱（Na_2O 或 K_2O）与骨料中的活性成分（氧化硅、碳酸盐）发生反应，反应生成物重新排列和吸水膨胀产生应力，诱发混凝土结构开裂和破坏，这种现象被称为碱-骨料反应。其反应式如下：

$$Na_2O + SiO_2 + 2H_2O \longrightarrow NaSiO_3 \cdot 2H_2O \tag{7-9}$$

$$K_2O + SiO_2 + 2H_2O \longrightarrow K_2SiO_3 \cdot 2H_2O \tag{7-10}$$

这种破坏已造成许多工程结构的破坏事故，并且难以补救。

（10）微生物侵蚀

微生物通过适宜的光照、一定的潮湿度、养分和有机化合物的共同作用构成混凝土的腐蚀。它既能破坏混凝土的表观，使原有洁净的混凝土表面发黑，严重影响外观。随时间推移在各种养分具备的条件下，微生物使混凝土由内至外进行全面的腐蚀。在混凝土中的钢筋结构会同时受到危害，钢筋强度和疲劳程度都会降低缩短使用寿命。

比较典型的微生物侵蚀是在污水处理系统中，一般可分为两类：一类是含有大量硫化氢的工厂废水排入混凝土管道产生的微生物腐蚀；另一类是管道底部沉积的黏泥层在厌氧状态下产生的微生物腐蚀。如硫杆菌在氧和水都存在的条件下，利用污水中的硫化氢作为基质，生化反应成氢硫酸，当混凝土表面的 pH 值下降至 5，食砼菌开始大量繁殖，并生成高浓度硫酸，这种酸会溶解混凝土浆料，从而导致混凝土结构的破坏。

按形态分类的腐蚀类型的腐蚀过程见表 7-2。

表 7-2　按形态分类的部分腐蚀类型的腐蚀过程

腐蚀类型	腐蚀作用来源	腐蚀过程
溶出型腐蚀	软水的作用	水泥石中 $Ca(OH)_2$ 受软水作用，产生物理性溶解并从水泥石中溶出
分解型腐蚀	①pH<7 的溶液 ②镁盐溶液	水泥石中的 $Ca(OH)_2$ 与酸性溶液作用或与镁离子的交换作用生成可溶性化合物，或生成无胶结性能的产物，导致 $Ca(OH)_2$ 丧失，使水泥石分解
膨胀型腐蚀	①硫酸盐溶液 ②结晶型盐类溶液 ③碱-骨料反应	硫酸盐溶液与 $Ca(OH)_2$ 作用，产生腐蚀，体积膨胀；结晶型盐类溶液在水泥孔隙中脱水、结晶，体积膨胀； 水泥石中的强碱与骨料中的活性 SiO_2 发生反应，在骨料表面生成一层致密的碱-硅酸盐凝胶，此凝胶体遇水后产生膨胀
微生物腐蚀	硫杆菌	有氧和水时，微生物将硫转变成硫酸

(11) 钢筋锈蚀

钢筋在混凝土中的腐蚀破坏是导致现代钢筋混凝土结构过早失效的最主要原因，例如离岸式码头钢筋混凝土柱的腐蚀破坏，由于混凝土中钢筋的锈蚀，引起混凝土的开裂和剥落。

一般情况下，水泥水化的高碱性使混凝土孔隙中的水呈碱性（pH≥12.5）。在这种高碱性的环境中，钢筋表面产生一层致密的碱性钝化膜（Fe_2O_3 膜），最新研究表明，该钝化膜中包含有 Si—O 键，对钢筋有很强的保护作用，从而阻止钢筋进一步氧化、锈蚀。因此，在一般情况下，混凝土对钢筋有很好的保护作用。然而，钝化膜只有在高碱性环境中才是稳定的，在以下四种情况下钢筋的钝化膜遭到破坏：①当无其他有害杂质时，碳化作用使钢筋钝化膜破坏；②由于 Cl^- 的作用，使钢筋钝化膜破坏；③由于 SO_4^{2-} 或其他酸性介质侵蚀而使混凝土碱度降低，当 pH 值下降至 10 以下时，钝化膜破坏；④混凝土中掺加大量活性混合材料或采用低碱度水泥，导致钝化膜破坏或根本不生成钝化膜。研究与实践表明，当 pH<11.5 时，钝化膜就开始不稳定了（临界值），当 pH<9.88 时钝化膜形成困难或已经生成的钝化膜逐渐破坏。

钢筋生锈的内部条件是钝化膜被破坏，产生活化点；钢筋锈蚀的外部条件是必须有水及氧的作用。当这些条件同时具备时，则钢筋表面存在电位差，由此产生局部腐蚀电池，导致钢筋锈蚀。锈蚀产物的体积大于腐蚀掉的金属体积，产生膨胀应力，导致混凝土层顺筋开裂，此即所谓混凝土的"先蚀后裂"现象。

7.2.3　混凝土腐蚀的影响因素

图 7-2 列出了混凝土腐蚀的主要影响因素。

(1) 混凝土的孔结构和密实性

侵蚀介质的渗透与混凝土中孔隙大小、孔隙的连通程度（即毛细管通路）有密切关系，孔隙率越大，介质的渗透率越高，危害越大，尤其是孔径大于 25nm 的开放式孔隙危害性极大，它是造成混凝土介质渗透性的主要原因。

钢筋混凝土的结构孔隙种类有毛细孔隙、沉降孔隙、接触孔隙、余留孔隙及施工孔隙等。

① 毛细孔隙　水泥熟料与水之间发生水合作用后，便生成水泥石。水泥在水化凝固过程中多余的水分将蒸发，蒸发后在混凝土中遗留下孔隙。其数量和大小与拌和时的水灰比、水泥水化程度、养护条件等因素有关。

② 沉降孔隙　在混凝土结构形成时由于钢筋的阻力，或因集料与水泥各自比重和颗粒大小不均，在重力作用下产生的孔隙。这与配合比密切相关。

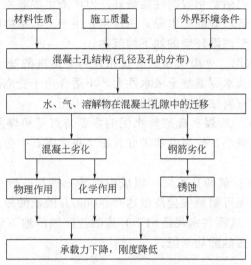

图 7-2　混凝土腐蚀的主要影响因素

③ 接触孔隙　由于砂浆和集料变形不一致，以及集料颗粒表面存有水膜水分蒸发后残留的孔隙。

④ 余留孔隙　由于混凝土配比不适当，水泥贫瘠，不足以填满粗细集料的间隙而出现的孔隙。

⑤ 施工孔隙　由于浇灌、振捣不良而引起的孔隙。

混凝土的密实性与腐蚀关系很密切。在任何介质作用下，密实性愈高的混凝土耐蚀性相对也愈好。混凝土的密实性主要取决于混凝土拌和过程中的水灰比（即水与水泥之间的重量比例），即水灰比愈小，则混凝土的孔隙率愈小。一般规律是：当水灰比在 0.5 以下时，水泥石的孔隙率较低，水泥石的密实性较好，渗透性很低；当水灰比为 0.6 时，其渗透性略有增加；当水灰比超过 0.6 时，则渗透性急剧增加。当水灰比从 0.4 增加到 0.7 时，渗透系数增加至原来的 100 倍。

降低孔隙率和渗透性是控制混凝土腐蚀的重要途径。

(2) 水泥品种

不同品种的水泥，其化学成分各异，对各种介质的耐腐蚀程度也不同，因此在有腐蚀环境的条件下，正确选择混凝土的水泥品种是十分重要的。

水泥通常分为如下几种主要类型：硅酸盐水泥、普通硅酸盐水泥、矿渣水泥、火山灰质硅酸盐水泥、粉煤灰硅酸盐水泥、特种水泥（如水玻璃耐酸水泥，抗硫酸盐水泥等）。

① 硅酸盐水泥　由于硅酸盐水泥含有较多的硅酸钙，水解时将产生大量的 $Ca(OH)_2$，因而水泥石中的碱度较高。硅酸盐水泥在液态介质中容易产生溶出型腐蚀和硫酸盐膨胀型腐蚀，但耐碱性较好。在气态介质中，硅酸盐水泥中的中性化速度较其他品种的水泥慢，因而对钢筋有较好的保护作用。

② 普通硅酸盐水泥　它是由硅酸盐水泥熟料、6%～15%混合材料、适量石膏磨细制成

的水硬性胶凝材料。普通硅酸盐水泥和硅酸盐水泥的性质基本相同，只是硅酸盐水泥比普通硅酸盐水泥纯度更高些。普通硅酸盐水泥中的掺和料能结合消耗一部分水解时产生的 $Ca(OH)_2$，因而使普通硅酸盐水泥的抗软水和硫酸盐的腐蚀能力有所增强。

③ 矿渣硅酸盐水泥 其特点是早期强度低，但它耐水性能和耐硫酸盐的性能略高。普通硅酸盐水泥耐酸根（SO_4^{2-}）的浓度为 $250mg/L$，而矿渣水泥硫酸根的浓度为 $450mg/L$。在常用水泥中，以矿渣水泥耐氯化铵的性能最好。但矿渣水泥混凝土的密实性差，且干缩性大、易裂，其碱度也低于普通硅酸盐水泥，所以将它用于上部结构时，不及普通硅酸盐水泥耐腐蚀综合性好，只适用于潮湿环境的地下构筑物。

④ 火山灰质硅酸盐水泥 火山灰质硅酸盐水泥与矿渣硅酸盐水泥性能基本相同，但综合性能差。火山灰质硅酸盐水泥混凝土吸水性大，不适合用于受冻融的工程，也不适合用于干燥地区的结构，在一般有腐蚀的建筑工程中不推荐采用。

⑤ 粉煤灰硅酸盐水泥 粉煤灰硅酸盐水泥的主要特点是粉煤灰的表面积较小，且吸附能力较小，因而干缩性比较小，抗裂性能较好。粉煤灰水泥石中游离的 $Ca(OH)_2$ 含量较低，因此抗碳化能力差。

⑥ 抗硫酸盐水泥和高抗硫酸盐水泥 组成中铝酸三钙和硅酸三钙低，具有较好的耐硫酸盐性能。抗硫酸盐的水泥可耐硫酸盐浓度达 $2500mg/L$ 的硫酸根；高抗硫酸盐水泥可耐浓度 $10000mg/L$ 的硫酸根。这两种水泥适用于有硫酸盐腐蚀的地下和港口工程，其抗冻融和耐干湿交替性能都优于普通硅酸盐水泥。

（3）外加剂

水泥外加剂是用来改善混凝土内部组织而向水泥中引入的化学物质。不同的外加剂，其性能、化学作用各异。

① 减水剂 在混凝土拌和物中掺入适量不同类型的减水剂以提高其抗渗性能。减水剂具有强烈分散作用，它借助于极性吸附作用，大大降低水泥颗粒间的吸引力，有效地阻碍和破坏颗粒间的凝絮作用并释放出凝絮体中的水，从而提高了混凝土的和易性。在满足一定施工和易性的条件下可以大大降低拌和用水量，使硬化后孔结构分布情况得以改善，孔径及总孔隙率均显著减小，分散和均匀混凝土的密实性，从而提高混凝土的抗渗性、耐蚀性。

② 引气剂 在混凝土拌和物中掺入微量引气剂，可以提高混凝土的密实性、抗渗性和耐蚀性。引气剂是具有憎水作用的表面活性剂，能显著降低混凝土拌和水的表面张力，可在拌和物中产生大量密闭、稳定和均匀的微小气泡，在含气体积分数为 0.05 的 $1m^3$ 引气混凝土中直径为 $50\sim200\mu m$ 的气泡约有数百亿以至数千亿个，每隔 $0.1\sim0.3mm$ 即有一个气泡。由于这些微细、密闭、互不连通的气泡的阻隔，使毛细管变得更细小、曲折、分散，从而减少了渗透的通道，达到提高混凝土密实性、抗渗性和耐蚀性的目的。

③ 三乙醇胺防渗剂 引入三乙醇胺是借助三乙醇胺催化作用，在早期生成较多的水化产物，部分游离水结合为结晶水，相应地减少了毛细管通路和孔隙，从而提高了混凝土的抗渗性。

（4）环境条件

① 温度与湿度 周围介质的相对湿度和温度是影响侵蚀性物质扩散的主要环境因素，因此是影响混凝土耐腐蚀性的重要因素。

对于会受到雨水和阳光辐射影响的混凝土，湿度是控制腐蚀的主要因素，而对于在室内进行自然暴露时的试样温度是控制腐蚀的主要因素。

一般在长期处于相对干燥条件下，而又无有害气体侵蚀时，混凝土基本无腐蚀发生；在长期处于浸水条件下，水泥结构中的孔隙中充满碱性水分（pH 值大于 10 以上），空气中的氧或二氧化碳又无法进入时，混凝土结构很少腐蚀或腐蚀很微弱；当空气相对湿度在60%～80%之间或处于干湿交替的条件下，混凝土的表面既有水又有空气中的氧及二氧化碳进入混凝土时，则混凝土会遭受腐蚀。不同的干湿循环状态，由于具体干燥阶段和湿润阶段持续时间长短的不同以及干湿循环频率的不同等，将使混凝土内部达到不同的湿润程度，进而对混凝土腐蚀也将产生不同的影响。

② 酸、碱、盐　对混凝土产生侵蚀的环境介质主要为：酸和酸性水、盐溶液和碱溶液等。

一般说来，硫酸、硝酸、盐酸、铬酸、醋酸对水泥砂浆及混凝土的腐蚀比较强烈，其中硫酸对水泥石不仅有分解作用，而且硫酸根离子与钙离子反应，生成的硫酸钙还具有膨胀破坏作用，所以在相同条件下，硫酸对水泥石的破坏比其他大多数酸要强烈。磷酸的腐蚀性较弱，是因为磷酸与水泥反应后生成不溶性磷酸钙，使腐蚀难以继续进行。

在通常的情况下，苛性碱对水泥砂浆混凝土的腐蚀性并不大。只有当碱的质量分数较高时（例如大于0.20），能缓慢地腐蚀那些结构不密实的混凝土。温度升高，腐蚀迅速加剧，处于熔融状态的高温碱液，对混凝土有强烈的腐蚀。从化学性质上讲，碳酸钠对水泥砂浆混凝土无化学反应，基本没有腐蚀性。但是在干湿条件下，碳酸钠能渗入不密实的混凝土，在孔隙中再结晶而生成含水碳酸钠，体积膨胀后使混凝土破坏。

在盐类中，硫酸盐的腐蚀是盐类腐蚀中最普遍的。硫酸盐在大气、海水和土壤环境中都存在，研究者普遍认为硫酸盐在混凝土表面形成会引起破坏性的体积膨胀，形成的裂纹为侵蚀性物质进入混凝土结构内部造成破坏提供了通道。氯盐腐蚀是造成钢筋混凝土中钢筋腐蚀的最重要的原因。氯离子的腐蚀过程包括诱发和扩展阶段，诱发过程是氯到达钢筋表面引起腐蚀的阶段，而扩展过程是从腐蚀开始到产生严重腐蚀的阶段，通常以钢筋表面出现锈点作为扩展阶段的终点。诱发时间与氯的侵入速率直接相关，它主要受氯离子浓度、混凝土的扩散率和混凝土的覆盖深度等因素的影响，扩展时间与腐蚀速率有关，它的影响因素包括温度、混凝土的饱和程度和到达钢筋表面的氧。

③ 污染气体　目前随着社会的不断进步，工业化和城市化的不断发展，自然环境不断恶化，空气质量下降，结构物周围遭受到更多的 CO_2、SO_2 污染气体的侵蚀。

SO_2 是腐蚀活性最大的、工业大气环境中最主要的腐蚀污染物，它对钢筋混凝土体系腐蚀行为的影响日益受到重视。工业过程排放的 SO_2 可使混凝土中性化和酸化。

$$SO_2(aq)+H_2O \longrightarrow HSO_3(aq)+H^+(aq) \tag{7-11}$$

$$HSO_3^- \longrightarrow H^+ + SO_3^{2-} \tag{7-12}$$

$$Ca(OH)_2+SO_3^{2-}+2H^+ \longrightarrow CaSO_3+2H_2O \tag{7-13}$$

$$HSO_3^-(aq)+\frac{1}{2}O_2 \longrightarrow SO_4^{2-}+H^+(aq) \tag{7-14}$$

$$Ca(OH)_2+SO_4^{2-}+2H^+ \longrightarrow CaSO_4+2H_2O \tag{7-15}$$

一方面 SO_2 溶于水生成 SO_3^{2-}、SO_4^{2-}，可直接促进钢筋的电化学腐蚀过程；另一方面，所生成的硫酸盐对混凝土进一步产生膨胀侵蚀作用，从而使混凝土胀裂，遭到破坏。

7.2.4　混凝土腐蚀的防护

根据上面讨论的引起腐蚀的诸多因素，采取如下措施可以有效地控制和防止混凝土的腐蚀，以延长混凝土结构的使用寿命和保证使用安全。

(1) 正确选择混凝土材料和配合比

合理地选择混凝土的制备材料，例如水泥品种、骨料品种和无公害的外加剂相对来说是比较容易的。通过改善混凝土的渗透剂来提高其抗蚀性能是一种有效的防腐措施。

① 优选水泥品种　不同品种水泥的化学结合能力、耐腐蚀性和抗渗性有很大的差别。表 7-3 列出了在不同的工程腐蚀环境中可选择的水泥种类。

表 7-3　在不同的工程腐蚀环境中可选择的水泥种类

环境条件		选用的水泥种类
气态腐蚀		硅酸盐水泥、普通硅酸盐水泥、矿渣硅酸盐水泥
硫酸根离子腐蚀的地下工程		抗硫酸盐水泥、矿渣硅酸盐水泥
碱液腐蚀		C_3A 含量不大于 9% 的普通硅酸盐水泥或硅酸盐水泥
液态腐蚀	地下工程	硅酸盐水泥、普通硅酸盐水泥
	地上工程及由干湿交替作用的地下工程	硅酸盐水泥、普通硅酸盐水泥

② 控制水灰比和水泥用量　水灰比关系着混凝土孔隙率的多少。控制水灰比可以减少混凝土拌和料凝固后多余的水逸出产生的毛细孔道和空隙、减少渗透性。控制水泥量是为了保证混凝土的密实性。表 7-4 显示了各国对各类不同暴露条件下的混凝土的最大水灰比和最低水泥用量的限制。

表 7-4　部分国家（地区）混凝土结构设计规范对最大水灰比和最低水泥用量的要求

暴露条件	最大水灰比/%			最小水泥用量/(kg/m³)		
	中国 GB50010—2001	欧洲 GEB-FIP—90	英国 BS8110	中国 GBS0010—2002	欧洲 CEB-FIP—90	英国 BS8110
室内，无高温高湿，不与土接触	0.65	0.65	0.65	225	260	275
室内潮湿，露天，与水、土接触	0.60	0.60	0.60	250	280	300
严寒、露天、与水、土接触	0.55	0.55	0.55	275	280	325
使用除冰盐，严寒，水位变化区，滨海室外	0.50	0.50	0.50	300	300	350
海水环境　无霜冻　有霜冻	—	0.55 0.50	0.45	—	300	400

③ 使用性能良好的外加剂　恰当地在混凝土中使用一些外加剂，可以增加混凝土的密实性，提高混凝土的抗渗性。

尽可能采用高效减水剂，其组分主要有三类：磺化萘甲醛缩合物、磺化三聚氰胺甲醛缩合物、改性木质磺酸盐。高效减水剂掺量一般为水泥用量的 0.3%～1%（粉剂）、5～20mL/kg（液剂）。掺高效减水剂后，混凝土孔隙率也相应减少，且孔结构改善。

引气剂品种很多，有木质树脂的盐类、松香皂和松香热聚物、皂素类、烷基芳基磺酸盐类等。引气剂产生的气泡既要其间距小，还要用量恰当。含气量过大，会使混凝土水泥浆体的孔隙率增多，而降低其抗压强度。

（2）混凝土表面涂层保护

可用于混凝土表面的涂覆层大致可分为：

① 沥青、煤焦油类　大量用于地下工程，有较好的防水、防腐性能。

② 油漆类　由于混凝土具有强碱性，所选油漆必须是耐碱的。混凝土表面可能有各种因素造成的裂纹，具有一定弹性的尤其会有更好的防护效果。油漆类涂层一般不能在潮湿基面上施工，易老化、不耐久等是其不足之处。

③ 防水涂料　在中性环境、一般腐蚀条件下，能有效防止水、水气进入混凝土中，则能起到防止、减缓钢筋混凝土腐蚀的效果。

④ 树脂类涂料　环氧树脂、己烯基树脂、丙烯酸树脂、聚氨酯等都可用于混凝土的面层涂料，以环氧树脂为主的涂层，有较好的防护性能和耐久性，可用于较严酷的腐蚀环境中。

⑤ 渗透性涂层　利用混凝土"可渗透"的特点，在混凝土表面涂以渗透性涂层材料，这些渗入的物质，可与混凝土组分起化学作用和堵塞孔隙，或自行聚合形成连续性憎水膜。这样，在混凝土表面深入内部的一定范围内，形成一个特殊的防护层，它能有效地阻止外界环境中腐蚀介质进入混凝土中，从而保护混凝土免受腐蚀。渗透型涂层的典型代表是有机硅类材料，如烷基烷氧基硅烷。

(3) 添加钢筋阻锈剂

在混凝土中添加缓蚀剂是一种经济而有效的方法。它与一般外加剂用于改善混凝土自身的性能的作用不同，更在于阻止或减缓钢筋腐蚀的化学物质作用，改善和提高钢筋防腐蚀的能力。钢筋阻锈剂按其使用方式分掺入型和渗透性，前者掺入到混凝土中，多用于新建工程，后者是涂在混凝土表面渗透到混凝土内部并达到钢筋周围，主要用于现有工程的修复。按阻锈剂作用机理划分，可分为阳极型、阴极型和复合型。许多无机或有机化合物曾被用作钢筋的阻锈剂，现在常用的阻锈剂是亚硝酸钙或氟基磷酸盐，但它们必须有足够的量，否则能刺激局部腐蚀（点腐蚀），亚硝酸盐的毒性使得它的应用受到很大限制，出于环保的考虑，在瑞士、德国等国家已明令禁止使用。因此，近年来各国一直致力于开发高效无毒的"绿色"的新型钢筋阻锈剂。

(4) 阴极保护法

阴极保护常作为一种辅助措施来防止混凝土中钢筋的腐蚀，它利用电化学腐蚀原理，通过人为给它施加负向电流，金属表面的反应由原来的失去电子的氧化反应，成为得到电子的还原反应，从而使金属的腐蚀不再发生。阴极保护在钢筋表面上提供了一个小的直流电流，使它的氧化反应停止。通过在混凝土表面或内部安装阳极，使它们与外部电源连接，钢筋作为阴极，阴、阳极在混凝土中完成电池回路。在良好的导电介质中，例如海水中，这可以通过在钢筋上连接牺牲阳极来实现。但是在导电性差的环境中，例如在大气中，这种阴极保护则在钢筋和难溶性阳极之间施加电流实现。而钢筋和难溶性阳极之间用塑料网隔开。

7.3　玻璃的腐蚀

7.3.1　玻璃腐蚀的特征和概念

玻璃的理论定义为，从熔融体通过一定方式冷却，因黏度逐渐增大，而具有非晶结构特征和固体机械性质的物质，不论其化学组成及硬化温度范围如何，都可称之为玻璃。玻璃是具有长程无序、短程有序结构特征的非晶态、亚稳定态或介稳定态的物质。

玻璃工业一般以无机矿物为原料。20 世纪以来，以石英砂为主要原料的石英玻璃，广泛应用于化学仪器、医用和计量以及光学仪器等领域。二氧化硅含量在85％以上或55％以下的新型光学玻璃，以及大量的硼酸盐、磷酸盐、锗酸盐、碲酸盐和铝酸盐等非硅酸盐类的玻璃也得到了很多的应用。最近，特种玻璃又扩展到丁卤化物、硫系化合物、氮氧化合物和卤氧化合物等非金属氧化物玻璃。采用熔体急冷的方法，可以制备有更新用途的金属合金玻璃。周期表中的元素，除惰性气体和放射性元素外，都参与了玻璃态物质的合成。由于玻璃随所用原料及其配比的不同，其制品用途也各异，而且新型玻璃系统具有很多奇特的物理化学性质，从而获得了新的应用领域，玻璃已成为现代高科技发展中不可缺少的重要材料。

玻璃在人们的印象中，较金属耐蚀，因而总认为它是惰性的。实质上，许多玻璃在大气、弱酸等介质中，都可用肉眼观察到表面污染、粗糙、斑点等腐蚀迹象。玻璃是氧化物组成的材料，这些氧化物可分为三类：①玻璃形成体。例如 B_2O_3、SiO_2、GeO_2、P_2O_5 等，它们形成玻璃的三维网络。②网络变型体。例如 Na_2O、K_2O、CaO、MgO 等，它们的金属离子无规则地分布在三维网络中，所提供的额外氧离子改变了网络结构。③中间体。例如 Al_2O_3、PbO 等，作用介乎上述两者之间，既可形成玻璃的三维网络，也可改变网络结构。

有时根据其功能，也将氧化物分为如下的三类：①玻璃形成体。②熔剂，例如 Na_2O、K_2O、B_2O_3 等，加入它们可以降低玻璃的熔点和黏度。③稳定剂，例如 CaO、MgO、Al_2O_3 等，加入它们可以改进玻璃的化学稳定性。

按照玻璃的成分，可将它分为如下的六类。

① 石英玻璃　是由各种纯净的天然石英熔化而成，可用 SiO_4 四面体的无规则网络来描述其结构。它是优良的耐酸材料，除氢氟酸、热磷酸外，无论在高温或低温下，对任何浓度的无机酸和有机酸几乎都耐蚀；温度高于500℃的氯、溴、碘对它也不起作用。但耐碱性较差。它的热胀系数很小，热稳定性高，长期使用温度达 1100～1200℃，短期使用温度可达 1400℃。

② 碱金属硅酸盐玻璃　加入碱金属的氧化物，最常用的是 Na_2O，由于破坏了Si—O—Si键，降低了黏度，也降低了化学稳定性，增大了热膨胀系数。

③ 钠钙玻璃　在钠玻璃中加入稳定剂 CaO，可提高化学稳定性。优选的成分为72％ SiO_2-15％Na_2O-10％CaO＋MgO-2％Al_2O_3-1％其他氧化物。加入 2％Al_2O_3 可进一步提高化学稳定性，并减小晶化趋势。

④ 硼硅酸盐玻璃　硼硅酸盐玻璃是把普通玻璃中的 R_2O（Na_2O，K_2O）和 RO（CaO，MgO）成分的一半以上用 B_2O_3（一般其质量分数不大于13％）置换而成。B_2O_3 的加入不仅使玻璃具有良好热稳定性，而且使其化学稳定性也大为改善。除氢氟酸、高温磷酸和热浓碱溶液外，它几乎能耐所有的无机酸、有机酸及有机溶剂等介质的腐蚀。其最高使用温度达160℃，于常压或一定的真空下使用。它可用来制作实验室仪器，化工上的蒸馏塔、换热器、泵、管道和阀门等。

⑤ 铝硅酸盐玻璃　在钠玻璃中加入 Al_2O_3，铝进入四面体的顶角，从而增加了化学稳定性和抗晶化的能力。Al/Na 比是开发这类玻璃的重要成分参量。

⑥ 铅玻璃　铅玻璃是在中间体，加入氧化铅，使玻璃的折射系数及密度增大，对电阻没有影响。而化学稳定性则主要取决于其他氧化物。

玻璃的结构如图7-3所示。目前有两种关于玻璃结构的理论：无规则的网络模型理论和聚合物型理论；前者与有序晶体结构比较而引出，后者则从液态转变而来。

① 无规则的网络模型理论　如图7-4所示，玻璃是缺乏对称性及周期性的三维网络，

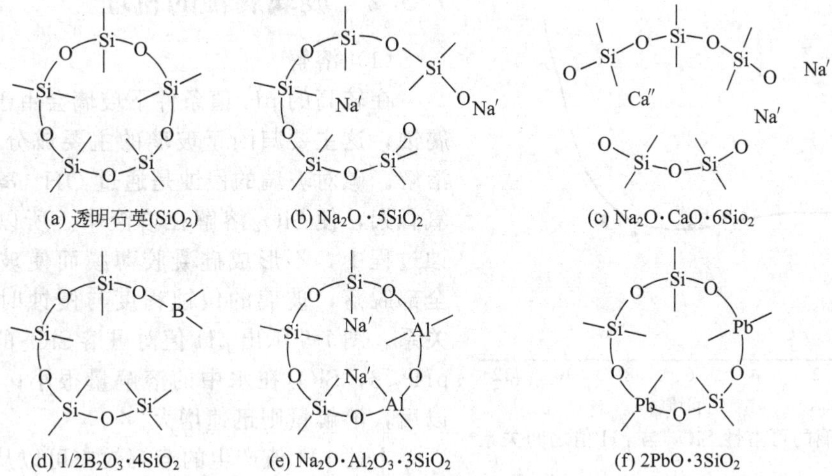

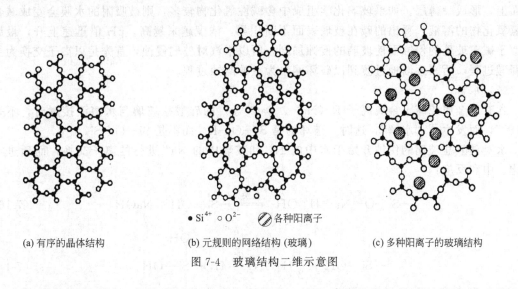

(a) 透明石英(SiO₂)　　(b) Na₂O·5SiO₂　　(c) Na₂O·CaO·6Sio₂

(d) 1/2B₂O₃·4SiO₂　　(e) Na₂O·Al₂O₃·3SiO₂　　(f) 2PbO·3SiO₂

图 7-3　玻璃结构示意图

其结构单元不像同成分的晶体结构那样，作长周期的重复排列。在氧化物玻璃中，三维网络是氧的多面体，形成氧化物玻璃应遵循如下四条规则：a. 每一氧离子应与不超过两个的阳离子连接；b. 每一阳离子周围的氧离子配位数很小，一般为 4 或 3；c. 氧多面体是共角的，而不共面或共棱；d. 每一氧多面体至少有三个是共用。

• Si⁴⁺ ○ O²⁻ ◎ 各种阳离子

(a) 有序的晶体结构　　　(b) 元规则的网络结构 (玻璃)　　(c) 多种阳离子的玻璃结构

图 7-4　玻璃结构二维示意图

② 聚合物型理论　从熔态转化为玻璃态考虑，认为玻璃是硅链组成的聚合物。熔态玻璃冷却时，由于增加结合链而形成聚合物分子，由于冷却使熔体的黏度增大，这些聚合物的移动性低，要重新组合而形成晶体，却很困难，只是使聚合度增加的聚合物型结构保存下来。

玻璃受到的侵蚀首先发生在玻璃表面。由于玻璃表面存在着裂纹和缺陷，在大气、水、酸或碱等介质参与下，会发生化学反应为主的物理、化学的侵蚀。首先导致玻璃表面变质。随后侵蚀作用逐渐深入，直至玻璃本体完全变质的过程，这就是玻璃的腐蚀。显然，这种变质层的性质由玻璃成分、结构、表面织构及侵蚀介质的性质决定。

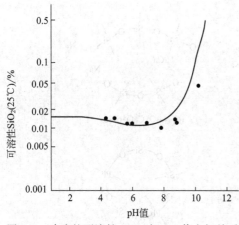

图 7-5　玻璃的可溶性 SiO_2 与 pH 值之间关系

7.3.2　玻璃腐蚀的机理

（1）溶解

在较高的 pH 值条件下玻璃会由于溶解发生腐蚀，这主要归因于玻璃的主要成分 SiO_2 被碱溶解。碱对玻璃的侵蚀是通过 OH^- 离子破坏硅氧骨架，使 SiO_2 溶解在溶液中。所以在玻璃侵蚀过程中，不形成硅凝胶薄膜而使玻璃表面层全部脱落，玻璃的侵蚀程度与侵蚀时间成直线关系。图 7-5 示出 pH 值对可溶 SiO_2 的影响：当 pH＜8，SiO_2 在水中的溶解量很小；当 pH＞9 以后，溶解量则迅速增大。

上述 pH 值产生的溶解效应可以从以下两点得以说明：

① 在酸性溶液中，要破坏所形成的酸性硅烷桥困难，因而溶解少而慢；

② 在碱性溶液中，Si—OH 的形成容易，溶解度大。

通常我们可以发现在大气中玻璃也会出现斑点等腐蚀问题，大气对玻璃表面侵蚀实质上是水汽、CO_2、SO_2 等对玻璃表面侵蚀的总和。玻璃受潮湿大气的侵蚀过程，首先开始于玻璃表面的某些离子吸附了大气中的水分子，这些水分子以 OH^- 离子基团的形式覆盖在玻璃表面上，形成一薄层。如果玻璃化学组成中含碱性氧化物较多，则被吸附的水膜会变成碱金属氢氧化物的溶液。释出的碱在玻璃表面不断积累，浓度越来越高，pH 值迅速上升，最后类似于碱对玻璃的侵蚀而使玻璃的侵蚀加剧。所以水汽对玻璃侵蚀，首先是以离子交换为主的释碱过程，后来逐渐地过渡到以破坏网络为主的溶蚀过程。

（2）水解

含有碱金属或碱土金属离子 R（Na^+、Ca^{2+} 等）的硅酸盐玻璃与水溶液接触时，不是"溶解"，而发生了"水解"，这时，破坏的是 Si—O—R，而不是 Si—O—Si。

水对硅酸盐玻璃的侵蚀开始于水中的 H^+ 和玻璃中的 Na^+ 进行的离子交换，而后进行水化、中和反应：

$$—Si—O—Na+H^++OH^- \xrightarrow{\text{交换}} —Si—OH + NaOH \tag{7-16}$$

$$—Si—OH+\frac{3}{2}H_2O \xrightleftharpoons{\text{水化}} HO—Si—OH \tag{7-17}$$

$$Si(OH)_4+NaOH \xrightleftharpoons{\text{中和}} [Si(OH)_3O]^- Na^+ + H_2O \tag{7-18}$$

反应式(7-18)的产物硅酸钠的电离度要低于 NaOH 的电离度，因此这一反应使溶液中的 Na^+ 离子浓度降低而促进了反应式(7-16)的进行。以上三个反应互为因果，循环进行，而总速度决定于反应式(7-17)。

此外，H_2O 分子也能与硅氧骨架直接反应：

$$—Si—O—Si— + H_2O \xrightleftharpoons{\text{水化}} 2\left(—Si—OH \right) \tag{7-19}$$

随着这一水化反应的继续，Si 原子周围原有的四个桥氧全部成为 OH。反应产物 Si(HO)$_4$ 是极性分子，它将周围的水分子极化，并定向地吸附在自己的周围，成为 Si(OH)$_4 \cdot n$H$_2$O（或 SiO$_2 \cdot x$H$_2$O）硅酸凝胶，形成一层薄膜，它具有较强的抗水和抗酸性能，被称为保护膜层。

玻璃具有很强的耐酸性。除氢氟酸外，一般的酸都是通过水的作用侵蚀玻璃。酸的浓度大，意味着水的含量低，因此浓酸对玻璃的侵蚀作用低于稀酸。

水对硅酸盐玻璃侵蚀的产物之一是金属氢氧化物，这一产物要受到酸的中和。中和作用起着两种相反的效果，一是使玻璃和水溶液之间的离子交换反应加速进行，从而增加玻璃的失重；二是降低溶液的 pH 值，使 Si(OH)$_4$ 的溶解度减小，从而减小玻璃的失重。当玻璃中 R$_2$O 的含量较高时，前一种作用是主要的；反之，当 SiO$_2$ 的含量较高时，后一种作用是主要的。也就是说，高碱玻璃的耐酸性小于耐水性，而高硅玻璃耐酸性大于耐水性。

水解时，R 形成水溶性盐进入溶液，而 R 为 H 置换，使 Si—O—R 转化为 Si—O—H，这种新形成的 Si—O—H 与原有的 Si—O—Si 形成胶状物，可阻止腐蚀继续进行，反应受 H$^+$ 向内扩散的控制。

因此，在酸性溶液中，即 pH<7，R$^+$ 为 H$^+$ 所置换，但 Si—O—Si 骨架未动，所形成的胶状产物又能阻止反应继续进行，故腐蚀少。

但是，在碱性溶液中则不然。OH$^-$ 破坏了 Si—O—Si 链，而形成 Si—OH 及 Si—O—Na，因此腐蚀较中性或酸性溶液为重，腐蚀过程不受扩散控制。

一般说来，含有足够量 SiO$_2$ 的硅酸盐玻璃是耐酸蚀的。但是，为了获得某些光学性能的光学玻璃中，降低了 SiO$_2$ 加入了大量 Ba、Pb 及其他重金属的氧化物，正是由于这些氧化物的溶解，使这类玻璃易被醋酸、硼酸、磷酸等弱酸腐蚀（表 7-5）。此外，由于阴离子 F$^-$ 的作用，氢氟酸极易破坏 Si—O—Si 键而腐蚀玻璃。

表 7-5　各类玻璃在酸及碱中的腐蚀数据

玻璃类型	康宁牌号	腐蚀失重/(mg/cm^2)	
		5% HCl,100℃,24h	5% NaOH,100℃,5h
96%SiO$_2$	7900	0.0004	0.9
硼硅酸盐玻璃	7740	0.005	1.4
钠钙玻璃——灯泡用	0080	0.01	1.1
铅玻璃——电器用	0010	0.02	1.6
硼硅酸盐玻璃——封装钨丝	7050	选择性腐蚀	3.9
高铅玻璃	8870	崩解	3.6
铝硅酸盐玻璃	1710	0.35	0.35
耐碱玻璃	7280	0.01	0.09

（3）选择性腐蚀

如图 7-6 所示的 SiO$_2$-B$_2$O$_3$-Na$_2$O 三元系中的"影线区"的成分，通过热处理（例如 580℃，3～168h）可以形成双相组织——孤立的硼酸盐相弥散在高 SiO$_2$ 基体之中，这种双相组织的玻璃在酸中发生选择性腐蚀，富 B$_2$O$_3$ 的硼酸盐相受蚀，而高 SiO$_2$ 的基体没有变化，从而形成疏松多孔的玻璃。孔洞的直径在 30～60Å（1Å=10^{-10} m），孔洞的体积可达 28%。再通过弱碱性处理，由于溶去孔洞内部的高 SiO$_2$ 的残存区，可扩大孔洞直径。

许多其他玻璃也具有这种相分离及选择性腐蚀的性能。例如，简单的铀玻璃也可通过上

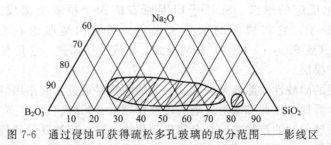

图 7-6 通过侵蚀可获得疏松多孔玻璃的成分范围——影线区

述的热处理——腐蚀工艺，获得孔洞直径为 7Å 的疏松多孔玻璃，显示出分子筛的功能。

7.3.3 玻璃腐蚀的影响因素

（1）材料的化学成分和矿物组成

一般来说，材料中 SiO_2 的含量越高耐酸性越强，SiO_2 含量越多，即 $[SiO_4]$ 四面体互相连接紧密，玻璃化学稳定性越高，越不容易腐蚀；碱金属氧含量越多，网络结构越容易被破坏，玻璃就越容易遭受腐蚀。SiO_2 质量分数低于 55％ 的天然及人造硅酸盐材料是不耐酸的。但也有例外，例如铸石中 SiO_2 含量仅为 55％ 左右，而它的耐蚀性却很好；红砖中 SiO_2 的含量很高，质量分数达 60％～80％，却没有耐酸性。这是因为硅酸盐材料的耐酸性不仅与化学组成有关，而且与矿物组成有关。铸石中的 SiO_2 与 Al_2O_3、Fe_2O_3 等形成耐腐蚀性很强的矿物——普通辉石，所以有很强的耐腐蚀性。红砖中 SiO_2 是以无定型状态存在，没有耐酸性。如果将红砖在较高的温度下烧结，就具有较高的耐酸性。这是因为在高温下 SiO_2 与 Al_2O_3 形成具有高度耐酸性的新矿物——硅线石（$Al_2O_3 \cdot 2SiO_3$）与莫来石（$3Al_2O_3 \cdot 2SiO_2$），而且其密度也增大。含有大量碱性氧化物（CaO、MgO）的材料属于耐碱材料。它们与耐酸材料相反，完全不能抵抗酸类的作用。例如由钙硅酸盐组成的硅酸盐水泥，可被所有的无机酸腐蚀，而在一般的碱液（浓的烧碱液除外）中却是耐蚀的。

离子半径小，电场强度大的离子如 Li_2O 取代 Na_2O，可加强网络，提高玻璃耐蚀性，但引入量过多时，由于"积聚"而促进玻璃分相，反而降低了玻璃的耐蚀性。在玻璃中同时存在两种碱金属氧化物时，由于"混合碱效应"，耐蚀性出现极大值。以 B_2O_3 取代 SiO_2 由于"硼氧反常现象"，在 B_2O_3 引入量为 16％ 以上时，耐蚀性出现极大值。少量 Al_2O_3 引入玻璃组成，$[AlO_4]$ 修补 $[SiO_4]$ 网络，从而提高玻璃的耐蚀性。一般认为，凡能增强玻璃网络结构或侵蚀时生成物是难溶解的，能在玻璃表面形成保护膜的组分都可以提高玻璃的耐蚀性。

（2）材料孔隙和结构

除熔融制品（如玻璃、铸石）外，硅酸盐材料总具有一定的孔隙率。孔隙的存在会使材料受腐蚀作用的面积增大，从而降低材料的耐腐蚀性，腐蚀不仅发生在表面上而且也发生在材料内部。当化学反应生成物出现结晶时还会造成物理性的破坏，例如制碱车间的水泥地面，当间歇地受到苛性钠溶液的浸润时，由于渗透到孔隙中的苛性钠吸收二氧化碳后变成含水碳酸盐结晶，体积增大，在水泥内部膨胀，使材料产生内应力破坏。

如果在材料表面及孔隙中腐蚀生成的化合物为不溶性的，则在某些场合它们能保护材料不再受到破坏，水玻璃耐酸胶泥的酸化处理就是一例。

当孔隙为闭孔时，受腐蚀性介质的影响要比开口的孔隙为小。因为当孔隙为开口时，腐蚀性液体容易透入材料内部。

硅酸盐材料的耐蚀性还与其结构有关。晶体结构的化学稳定性较无定型结构高。例如结晶的二氧化硅（石英），虽属耐酸材料但也有一定的耐碱性。而无定型的二氧化硅就易溶于碱溶液中。具有晶体结构的熔铸辉绿岩也是如此，它比同一组成的无定型化合物具有更高的化学稳定性。

（3）腐蚀介质

硅酸盐材料的腐蚀速度似乎与酸的性质无关（除氢氟酸和高温磷酸外），而与酸的浓度有关。酸的电离度越大，对材料的破坏作用也越大。酸的温度升高，离解度增大，其破坏作用也就增强。此外酸的黏度会影响它们通过孔隙向材料内部扩散的速度。例如盐酸比同一浓度的硫酸黏度小，在同一时间内渗入材料的深度就大，其腐蚀作用也较硫酸快。同样，同一种酸的浓度不同，其黏度也不同，因而它们对材料的腐蚀速度也不相同。

（4）热处理

当玻璃在酸性炉气中退火时，玻璃中的部分碱金属氧化物移到表面上，被炉气中酸性气体（主要是 SiO_2）所中和而形成"白霜"——主要成分为硫酸钠，通常称为硫酸化。因白霜易被除去而降低玻璃表面碱性氧化物含量，从而提高了玻璃的耐蚀性。相反，在非酸性炉气中退火，将引起碱在玻璃表面上的富集，从而降低了玻璃的耐蚀性。

玻璃钢化过程中产生两方面作用，一是表面产生压应力，微裂纹减少，提高耐蚀性；二是碱在表面的富集降低耐蚀性。但总体来说是提高了玻璃的耐蚀性。

（5）温度

玻璃的耐蚀性随温度的升高而剧烈变化。在 100℃ 以下，温度每升高 10℃，侵蚀介质对玻璃侵蚀速度增加 50%～150%，100℃ 以上时，侵蚀作用始终是剧烈的。

（6）压力

当压力提高到 2.94～9.80MPa 以上时，甚至较稳定的玻璃也可在短时间内剧烈地破坏，同时大量的 SiO_2 转入溶液中。

7.3.4　玻璃腐蚀的防护

玻璃腐蚀的防护主要思路是材料改性。常见的酸中氢氟酸以能溶解普通玻璃而显得突出。原因如上述，它能侵蚀 Si—O 网络。不含这种结构单元的玻璃应能耐氢氟酸的侵蚀。在研究中人们找到以铝磷酸盐为基础的玻璃。普通的能耐氢氟酸侵蚀的玻璃中含有（质量）约 75% P_2O_5、20% Al_2O_3 以及添加 ZnO、PbO 或 BeO 等。

与耐水性和耐酸性相比，玻璃的耐碱性是比较差的。这一事实长期阻碍了把玻璃纤维用作混凝土的增强材料；因为混凝土中的 pH 值可达约 12.5。由于用塑料包覆的玻璃纤维也达不到预期的效果，研究工作就集中在寻求更能耐碱的玻璃。以 Na_2O-ZrO_2-SiO_2 系统为基础的玻璃最能耐碱性溶液的侵蚀。

另一个发展方向是建议用含 Zr、Ti、Hf 或 La 等盐类的改性处理玻璃纤维，让它们沉积在玻璃表面作为保护层。用醋酸铍处理特别有效。

第8章　功能材料的腐蚀与防护

据不完全统计，人类社会的新材料正在以每年 5000 种以上的速度在增加。结构材料性能的进一步改进和各种特殊功能的新型功能材料的大量出现是材料科学发展的两个典型特点。新型功能材料中尤其以电子信息材料、纳米材料、能源材料和生物医用材料具有代表性。复合材料赋予传统结构材料各种更加优良的使用性能。但是，不可避免的是，这些材料在服役使用过程中，都会发生由于环境因素引起的各种腐蚀，使材料过早失效甚至产生灾难性事故。这导致了传统的材料"腐蚀"概念的进一步深化与拓展。本章以电子信息材料、生物医用材料的腐蚀为例，讨论传统的材料"腐蚀"概念的进一步深化与拓展的趋势。

8.1　信息材料的腐蚀与防护

8.1.1　信息材料与腐蚀环境概述

（1）信息材料

现代信息技术是以微电子学和光电子学为基础，以计算机与通信技术为核心，对各种信息进行收集、存储、处理、传递、显示的高技术群。信息技术的几个主要环节的发展在很大程度上依靠元器件和材料的发展。信息材料是信息技术发展的基础和先导。信息材料就是指与现代信息技术相关的，用于信息收集、存储、处理、传递和显示的材料。

信息传感材料主要是指用来制作具有收集信息功能的各类传感器和探测器的材料，例如用来制作力敏传感器的金属应变电阻材料和半导体压阻材料，用来制作热敏传感器的正温度系数与负温度系数（NTC）热敏材料，用来制作光敏传感器和探测器的光敏电阻材料、光电导型和光伏型半导体材料等。

信息存储材料是指用来制作具有信息存储功能器件的存储器材料。这类材料主要有半导体存储材料，铁电存储材料，磁光存储材料，磁存储材料，有机电双稳存储材料等。

具有信息处理功能的器件分为微电子信息处理器件和光信息处理器件两大类。微电子信息处理器件主要是指可对电信号进行处理的各类场效应管，双极性晶体管等组成的电子器件。用来制作微电子处理器件的材料主要有硅、锗等半导体材料和 GaAs 系列、InP 系列等半导体材料，二氧化硅等氧化物材料，铝、铜等金属电极、引线材料等。光信息处理器件主要是指对光信号进行相关处理的器件，如各类光电调制器、光开关、磁光调制器等。用来制

164

作光信息处理器件的材料主要有各种电、光、磁、声调制材料以及半导体激光材料等。

具有信息传输功能的器件主要是指用于光通信、微波通信的一些器件，如组成光纤通信系统的各类器件（光纤光缆、光纤连接器、光发射机、光分路器、光开关等），组成微波通信系统的各类器件（地面终端、有源天线等）。用于光通信的信息材料主要是指各种光纤材料、半导体激光器材料、光偶合材料光电探测材料等；用于微波通信的信息材料主要是微波相控阵天线材料、旋磁微波铁氧体材料以及 Si 和 GaAs 微波收发集成电路材料等。

信息显示器件主要是指各类显示器。因显示原理不同，其器件的材料也有多种。如只制作 TFT-LCD 薄膜晶体管的非晶硅、多晶硅等半导体材料；用于交流薄膜电致发光显示的 Cu、Al、Mn 的 ZnS 基质发光粉；用于 OELD 的有机分子电致发光中的电子传输发光材料、PPV 等 π 共轭聚合物、掺入低分子发色团的 PVK 聚合物等。

还有一些材料，例如集成电路芯片的封装材料、印刷电路板材料（包括导电部分和绝缘部分）、器件结构支撑材料等，也是信息器件中不可缺少的一个重要组成部分。它们在信息器件中主要起对电信号的连接、传导和隔绝作用和保护、支撑核心信息元件的作用，而且它们几乎在所有信息技术产品中都被广泛使用，故可以把它们归类于通用信息材料。

（2）电子器件与环境

电子器件在周围环境作用下可导致失效。环境所具有的物理、化学、生物条件称为环境条件。环境也是一种应力源。电子器件暴露在环境中，必然受到环境条件的影响。

环境因素造成的设备故障是严重的，它们从各方面使产品性能劣化。如温度、生物和污染物破坏表面保护层，风沙、尘埃和生物剥蚀产品表面，振动冲击造成应力腐蚀，大气中的盐和其他污染物引起或促进化学腐蚀，温度、湿度使电子元器件受损，产生绝缘击穿，接触器不导电、电阻值改变和电性能变坏等。多年来积累的统计数据表明，环境引起产品的故障数占总故障数的 52% 左右，在这 52% 的故障中，大部分故障是由温度和湿度引起的，这两项环境因素造成的故障率高达 58%。因此，研究不同环境因素对产品的影响、失效机理和对应的防护措施具有非常重要意义。

8.1.2　信息材料失效与腐蚀机理

（1）电子器件的失效模式

电子电路或电子系统主要是由各种电子元器件组成。电子电路或系统所产生的故障大多是由电子元器件的失效所造成。元器件的质量，存储、使用中的环境直接影响到电子电路或系统的质量。常用的电子元器件主要有：半导体器件包括晶体管、集成电路等组成的有源元件；电阻器、电容器、电位器等组成元件；继电器、接插件、开关等组成的接触元件；印刷电路板、引线等支撑元件。在实际使用中，电子元器件的失效是多种多样的，主要元器件失效的模式如表 8-1 所示。

表 8-1　电子元器件的主要失效模式

元器件名称	失效模式
半导体器件	开路、短路、无功能、特性劣化、重测合格率低、结构不好
电阻器	断路、机械损伤、接触破坏、短路、绝缘击穿、阻值漂移
电容器	击穿、开路、电参数退化、电解液泄漏、机械损伤
电位器	参数漂移、开路、短路、接触不良、动噪声大、机械损伤
继电器	接触不良、触点黏结、灵敏度恶化、接点误动作、线圈断线
接插件及开关	接触不良、绝缘不良、接触瞬断、绝缘材料破损

（2）环境因素特点及其腐蚀效应

电子器件发生失效的原因分析表明，具有腐蚀作用的自然环境因素主要有湿度、温度、氧气、盐雾等。环境对电子器件的腐蚀效应是多种因素的长期、综合性作用，不同因素同时或先后多次作用于器件，从而引发故障失效。因此，分析环境因素对电子器件的作用，必须考虑其特点及其腐蚀效应。

① 温度 温度对化学反应速率的影响显著，一般来说反应速率随温度的升高而很快增大。阿伦纽斯（Arrhenius）总结了大量实验数据，提出了一个经验公式，此公式表示为：

$$k = Ae^{-E_a/RT} \tag{8-1}$$

式中，E_a 称为实验活化能，可以看作与温度无关的常数；A 通常称为指前因子，由反应物性质决定。阿伦纽斯公式表明，很多情况下温度每提高 10℃ 化学反应速率就增加 1 倍，即由化学反应引起的腐蚀速率就增加 1 倍。阿伦纽斯公式也运用于产品寿命预测：当环境温度上升 10℃ 时，产品的寿命就减少 1/2；当环境温度上升 20℃ 时，产品的寿命就会减少到 1/4。

在实际环境中，可以分别研究低温、高温以及温度冲击对材料的影响。

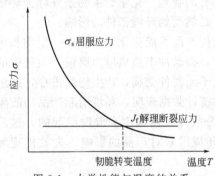

图 8-1　力学性能与温度的关系

在低温环境中，塑性材料会变脆，出现低应力脆断现象，进而引起器件失效；金属材料随着温度降低从韧性向脆性转变，其转变的力学图如图 8-1 所示。随着温度的降低，绝大多数物质的体积缩小，对于不同材料，收缩系数不同，导致器件内部出现微裂纹，这些微裂纹不仅影响器件的力学性能，同时它有利于水汽的凝结，引起材料内部腐蚀或真菌繁殖等。例如塑封微电路的低温分层开裂现象使水汽、氧等腐蚀性物质进入器件内部而引起腐蚀是这类器件在存储中引起失效的主要原因。

高温下，拉伸和抗拉屈服强度降低，屈服应力与温度的关系如图 8-1 所示。如果温度超过了再结晶点，就会影响金属的热处理效果；如果加热使得电镀层扩散进入晶界，金属中就会产生合金化，最终改变基本金属物理特性；高温会加速金属材料表面的氧化，使易挥发物质挥发，加速材料的老化变形；高温会改变金属电位的高低，如在低温时铁的电位高，锌的电位低，当温度高于 70℃ 时，铁的电位低，锌的电位高；高温会引起焊缝熔化和固体器具烧毁；对于电阻器件，随着温度的升高，阻值增大，对于恒流电路其功耗增加，对于低掺杂半导体器件其工作电流随温度升高而急剧增加，故温度进一步升高，或是直接烧毁器件或是加剧器件材料的腐蚀、老化，进而缩短器件的寿命。

当环境温度突然变化时，或是较长时间内温度变化较大，造成器件各零部件之间、同一零件的各部分间形成温差。由于热胀、冷缩的程度不同，形成强大内应力，并有可能引起金属材料的应力腐蚀，例如电子元器件的焊点接头不断受到周期性热冲击，由于元器件和基体材料的热膨胀系数不匹配，于是在每次热循环冲击中都会产生剪切应力，加之焊料合金的熔点一般都较低，故在受到剪切力时，很容易产生高温蠕变变形；如果器件内部有气体，由于空气的热胀冷缩，形成"呼吸"效应，会加剧器件内部的水汽凝聚，使氧浓度与外界趋于一致，进而引起器件金属材料的腐蚀或是造成有机材料上真菌的繁殖等，见表 8-2。

表 8-2　温度引发失效的主要模型及敏感元件和材料

失 效			环境应力条件	敏感元件和材料
大分类	中分类(原因)	失效模式		
高温老化	老化	抗拉强度老化	温度＋时间	树脂、塑料
		绝缘老化		
	化学变化	热分解	温度	塑料、树脂
	软化、融化	扭曲	温度	金属、塑料、热保险丝
	汽化、升华			
	高温氧化	氧化层结构	温度＋时间	连接点材料
	热扩散(金属化合物结构)	引线断裂	温度＋时间	异金属连接部位
中级破坏	半导体	热点	温度、电压、电子能	非均质材料
热积聚燃烧	剩余的热燃料	燃烧	加热＋烘干＋时间	塑料(如带有维尼龙和聚氨酯油漆的木质芯片)
穿刺	内在的	短路、绝缘性差	高温(200～400℃)	银、金、铜、铁、镁、镍、铅、钯、铂、钛、钨
	非内在的	短路、绝缘性差	温度(400～1000℃)	铜、银、铁、镍、钴、锰、金、铂和钯的卤化物
迁移	电迁移	断开引线断裂失效	温度($0.5T_m$)＋电流($1～10mA/cm^2$)	如钨、铜、铝(特别是集成电路中的铝引线)敏感元件和材料
蔓延	金属	疲劳、损坏	温度＋应力＋时间	弹簧、结构元件
	塑料			
低温	金属	损坏	低温	体心立方晶体(如铜、铝、钨)和密排立方晶体(如锌、钛、镁)及其合金
易脆	塑料	损坏	低温＋低湿度	高玻璃化温度(如纤维素、乙烯胺)低弹性的非晶体(如苯乙烯、丙烯酸甲酯)
焊剂流动	焊剂流粘到冷金属表面	噪声、连接不实	低温	特别是连接到印制电路板上的元件(如开关、连接器件)

② 湿度　湿度表示大气中水蒸气的含量，水汽与材料的作用可分为吸附、吸收、扩散三个过程；吸附是表面作用过程，吸收和扩散是体作用过程。

所有吸附在材料表面的水汽都不可避免地改变材料的表面性能。吸附在金属材料表面的水汽会加速其腐蚀速率；吸附在无机材料表面的水汽会促进真菌的生长。对于一些有机材料，真菌是使其失效的一个主要因素。真菌生长的环境为相对湿度在 60％～80％，温度在 -5～85℃，具备一定量的营养物质时，真菌开始繁殖。在相对湿度大于 80％，温度 25～30℃时，真菌繁殖速度加快。

吸收是指水与空气通过材料的间隙进入材料内部，它可以由扩散、渗透或毛细管凝结三种物理过程形成，扩散和渗透除了与湿度和温度有关外，还和材料的本身性质有关。水分子进入固体材料内部后，会改变固体材料的晶格形状，导致固体材料晶格内部膨胀变形。许多材料在吸湿后膨胀、性能变坏、引起物质强度降低及其他主要机械性能下降，同时吸附了水汽的绝缘材料的电性能会下降。

扩散是分子运动的一种物理现象。在扩散中，分子总是从浓度高的地方向浓度低的地方迁移。水分子扩散可以通过材料进入器件内部，也可以通过材料的毛细管、孔隙进入器件内部，它也是吸收过程的一种特殊形式，扩散过程按菲克定律进行。扩散引起的湿气吸收除了取决于环境温度和绝对湿度外，还与材料的材质有关。

水汽通过扩散进入器件内部，到达基底，如果基底材料是金属，不仅会引起金属材料的腐蚀，同时锈蚀还会加速涂层的破坏。

例如集成电路中铝线的腐蚀过程为：水汽/氧气渗透入塑封壳内→湿气/氧气渗透到树脂和导线间隙之中→水汽渗透到晶片表面引起铝化学反应。

在印制板电路中，湿气会加速金属迁移而引起器件的失效。当印刷电路板吸收电路引线间的湿气后，加上偏压时阳极金属产生电离并向阴极方向移动。电离金属则呈树枝状向阳极扩展。如果所电离的金属到达阳极，金属线之间将会出现短路造成绝缘性能降低。湿度与温度总是综合在一起对器件的寿命进行影响。

③ 氧气　在中性介质中，金属腐蚀主要为氧去极化过程，没有氧气，金属电子器件，例如集成电路中铝线就不会发生腐蚀。金属表面附着的水膜使氧溶解，扩散到金属表面使氧去极化过程进行得非常顺利。由于水膜（或水滴）的厚度不均，水膜及液滴的氧浓度不均而形成氧浓度差电池引起腐蚀，在金属重叠面上（不论是同一种类金属还是不同种类金属），这是电子器件中常见的状况，金属表面与另一表面紧密接触时，边缘上氧的供给容易形成阴极，重叠表面深处由于氧供给困难成为阳极而发生腐蚀。氧气也可能沿金属材料的晶间扩散进入金属内部，引起金属材料的晶间内氧化。

④ 盐雾　海浪拍击碎石而飞溅的水沫构成雾状进入空气，这种悬浮在空气中的气化雾状微粒称为盐雾。这些盐雾落在物体表面并溶于水中，在一般的温度下就能对半导体集成电路材料、结构体等产生腐蚀作用，使表面、接点处变粗糙，从而降低电路的可靠性。

盐雾引起的微电子器件的失效主要是由于盐雾引起器件中金属引线、焊料的电化学腐蚀。起腐蚀作用的盐主要是氯化物盐，硝酸盐，磷酸盐等。其腐蚀模型为原电池模型。低电位的金属为阳极，其反应为：

$$A \longrightarrow A^{n+} + ne \tag{8-2}$$

高电位的阴极处发生析氢反应或氧去极化反应：

$$H^+ + e \longrightarrow H \longrightarrow \frac{1}{2}H_2 \uparrow （析氢反应） \tag{8-3}$$

$$O_2 + 4H^+ + 4e \longrightarrow H_2O（酸性溶液的氧去极化反应） \tag{8-4}$$

$$O_2 + 2H_2O + 4e \longrightarrow 4OH^-（中性或碱性溶液中的氧去极化反应） \tag{8-5}$$

当金属（阳极）的电位比氢电极（阴极）更负时发生析氢反应；当金属（阴极）电极过电位与氧平衡电位差越小时，越容易发生氧去极化反应。电路中的铝、铁、锌容易发生析氢反应：铁、镍、银、铜容易发生氧去极化反应；锡不发生析氢反应与氧去极化反应，但是盐雾中的氯离子会导致在锡上发生点蚀或与其他金属接触如铜，引起接触金属的氧去极化反应。

（3）电子器件的腐蚀机理及主要腐蚀类型

电子器件的腐蚀主要是大气腐蚀。材料表面水膜厚度影响着腐蚀速率，其中水膜厚度在

1μm 以上的腐蚀最为严重。水膜下材料主要是发生电化学反应，因而电子器件大部分腐蚀的本质是电化学腐蚀，少量则属于化学腐蚀如银变色。

电子器件的大气腐蚀机制与其他体系大气腐蚀基本相同，但又有自己的特点。首先，电子器件中金属种类较多，相邻不同材料之间存在电位差，电偶中的阳极比起表面水膜中腐蚀性离子更具有腐蚀活性，并且元件间起绝缘或保护作用的涂层如环氧在潮湿甚至缺水的情况下，均能产生良好的离子导电性通道，故而电子器件金属电偶腐蚀的倾向相当大。其次，由于电子元件体积小，空间密度又很大，即使元件表面存在着微量腐蚀产物，也对其性能指标产生严重影响，甚至导致元件和器件失效。此外，焊接时含有腐蚀性离子的助焊剂残留，因清洗不净也构成加速腐蚀的因素。因此，电子器件的大气腐蚀相对于一般金属结构的大气腐蚀，具有更易于发生、腐蚀结果更严重、环境影响作用更大等特点。

按腐蚀形式可将其分为如下几类：

① 均匀腐蚀　电子器件中的银、铜、铁、锌等经常发生均匀腐蚀，如铜的发绿或变黑、锌和铝表面布满白色腐蚀物等。

② 电偶腐蚀　两种不同金属或一种金属与其他一些导电性材料（如石墨）相互接触，在潮湿条件下可发生电偶腐蚀。如 Al 与 Au 相连时发生 Al 的电偶腐蚀。

③ 电解腐蚀　在导体被吸湿性材料隔开时，尽管相邻导体通道之间的电压相当低（<10V），但极短的通道间距能产生很强的电场。在潮湿液膜存在时，具有较高电位的导体被溶解，形成的离子向另一导体迁移，最终导致器件失效。隔离 Cu 导线的绝缘材料吸附水膜后，在不同电压下引起离子在导体间的迁移，导致电解腐蚀。

④ 应力作用下的腐蚀　元器件引线弯曲成型后，如果安装不合适引线拉得太紧，存在预应力，则仅需少量的轻微腐蚀介质就会使引线破坏，产生应力腐蚀。如系统电子器件一些三极管、二极管的管脚弯曲受力处出现锈断情况；另外，元件管脚引线在温度热应力与环境湿度等共同作用下出现疲劳断裂。

⑤ 缝隙腐蚀　发生在一些点焊锌缝、机壳连接处的缝隙部位；空气中沉积颗粒与元件表面产生缝隙，导致元件发生缝隙腐蚀。

⑥ 膜下腐蚀　在一些涂层膜下产生的丝状腐蚀、梳形电极，各种灌封材料、扁平电缆等的金属腐蚀。

⑦ 微生物腐蚀：大多数微生物生长的理想条件是 20～40℃，相对湿度为 85%～100%。适宜条件引起真菌生长，形成有机物积聚，从而导致电路的中断或短路等。如印刷板上元器件引线用的聚氯乙烯套管、助焊剂残余物等，在适宜条件下严重长霉，造成真菌对印制板和元器件带来腐蚀。

8.1.3　信息材料的防护技术

根据上述对电子器件承受的环境因素及其腐蚀效应以及设备腐蚀机制、类型的分析，针对导致其腐蚀失效的环境因素，应采取相应的防腐措施以提高电子设备可靠性。

（1）材料的耐蚀性选择

电子设备结构防腐设计应根据实际使用的环境因素，设计相应结构，选择适应性材料。表 8-3 列举了各种环境条件下材料的防腐选择原则。

表 8-3　各种环境条件下材料的防腐选择原则

环境类型	防腐类型	防腐措施要点
潮湿	湿热型	选择耐潮、耐霉、耐蚀材料、工艺；提高外壳防腐结构，采用密封结构和材料；加装防护网罩；选用耐腐蚀、抗氧化油脂；增大爬电距离，选用优质绝缘材料；安装防潮加热器

环境类型	防腐类型	防腐措施要点
高温、粉尘	干热型	采用耐高温、耐光老化的高分子材料;提高外壳防护结构;采用耐高温油脂和绝缘材料
寒冷	寒冷性	选用耐低温结构和材料;采用耐低温油脂;应用冷启动辅助加热器
户外	户外型	选用耐太阳辐射、耐高低温的高分子材料;增强外壳防护结构;安装防寒加热器和冷启动装置
工业腐蚀	化学腐蚀型	选用耐化学腐蚀性介质材料;加强紧固件采取防腐措施;增强外壳防护结构;安装防潮加热器
高海拔	高海拔型	同寒冷型,但低温要求适当降低;提高高压防电晕和增大爬电距离
海洋	船用型	同潮湿型;提高金属表面防腐性能;增强外壳防护结构;提高材料绝缘耐热性
移动	移动性	提高抗振措施;增强外壳防护结构

（2）电子器件的防热设计

电子设备的温度受到环境温度的影响，但是其电子元器件的功耗是热量的主要来源。为此，在电子设备中必须采取热设计，通过元器件选择、电路设计和结构设计来减少因温度引起的失效。针对电子设备热产生机理与传播方式，可采用相应的热设计方法，以控制或减少电子设备的温度升高。其热设计方法有热源处理、热阻处理和降温处理。

元器件的功耗是主要的热量来源，热源处理是指对这些元器件进行适当的处理以减少其发热量，采用的方法主要有：元器件降额使用，特型元件温度补偿与控制，合理设计印制板结构等。

热阻用来说明发热元器件温度到外部环境的热转换能力，热阻的大小决定着散热装置的额定值，所以必须尽量减少热阻，选择合理的散热装置。元器件的合理布局也可有效地减少热阻。元器件在印制板电路上的布局应遵循以下规则：①元器件安装在最佳自然散热的位置；②元器件热流通渠道要短、横截面要大和通道中不应有绝热或隔热物；③发热元件不能密集安装；④元器件在印制板上要竖立排放。

有些电子设备在自然冷却装置中不能保证其温度在较低的范围内，必须增加外部制冷设备对其实现降温处理。

（3）综合包装防护

综合包装是用低透湿度或透湿度为零的复合包装材料制成的软包装容器，将器材连同适量的干燥剂和除氧剂装入容器内并进行抽空、封口，使器材与自然界大气隔绝，同时干燥剂和除氧剂用来吸收透入容器内的潮气、氧气以及容器内残存的潮气、氧气。抽去容器内残留的气体，以保持内装设备在使用有效期内，始终处于具有较低温度和较低的含氧量的"微环境"气候中，从而避免进水、受潮、生锈、腐蚀和长霉。

（4）表面处理技术

表面技术的应用所包含的内容十分广泛，可以用于耐蚀、耐磨、修复、强化、装饰等，也可以是在光、电、磁、声、热、化学、生物等方面的应用。表面技术所涉及的基体材料不仅有金属材料，也包括无机非金属材料、有机高分子材料及复合材料。在表强化技术中，主要有着四个方面的表面处理技术：表面涂覆技术、表面薄膜技术、表面合金化技术、表面复合处理技术。表面涂覆作为防护、防腐蚀最简单、有效的措施一直为人们所青睐。

8.1.4 典型电子器件金属及合金的腐蚀与防护

以上对电子器件中的腐蚀与环境的关系以及相关防护进行了简要的分析，下面简单介绍几种电子器件中常用金属的腐蚀与防护方法。

(1) 镁及镁合金

镁及其合金的耐腐蚀性能很差,限制了它的进一步应用,主要原因是合金内部的第二相或杂质引起的电偶腐蚀,而且镁合金表面形成的氢氧化物膜层的稳定性和致密性差,容易发生点腐蚀。可通过提高合金的纯度或将镁合金中的"危害元素"铁、镍、铜、钴等降至临界值以下来提高镁合金的耐蚀性;也可采用快速凝固技术,增加有害杂质的固溶极限,使表面的成分均匀化,从而减少局部微电偶电池的活性,同时还能形成玻璃态的氧化膜。防止镁及其合金腐蚀最有效、最简便的方法是对其进行表面涂层处理,利用涂层在基体和外界环境之间形成的屏障,抑制和缓解镁合金材料的腐蚀。为了确保涂层能起到良好的保护作用,要求涂层本身必须均匀致密、附着良好且具有自修复能力。

电子工业中常用的镁表面涂层技术主要有以下几类:

① 化学转化涂层 镁基体表面转化膜层的研究很多,最成熟的是铬酸盐转化涂层,但该法最主要的缺点是溶液中含有六价铅。磷酸盐-高锰酸盐转化膜层不污染环境且耐腐蚀性能与铬转化涂层相当。单独的氟锆酸转化膜层在恶劣的环境中不能提供足够的防护作用,但是由氟锆酸转化膜层+电镀层+粉末膜层组成的涂层系统则能提供在恶劣环境下使用的防护性能。AZ31 镁合金在锰盐、硫酸盐和缓蚀剂组成的水溶液中处理形成转化膜层。该转化涂层的主要组成相为 $Mn_3(PO_4)_2$,在 5%NaCl 溶液中发生腐蚀后具有自修复性能,是耐腐蚀性能良好且附着力强的转化涂层。

转化膜层的投资少,但镁合金表面化学特性的不均匀性是形成均匀、无孔的转化膜层的最大困难。另外转化膜层的耐腐蚀性能和耐摩擦性能都不足以使其在恶劣条件下单独使用,因而一般被用作有机涂层的前处理。

② 阳极氧化膜层 镁阳极氧化的原理实质上就是水电解的原理。当电流通过时,将发生以下的反应:在阴极上,按下列反应放出 H_2:

$$2H^+ + 2e \longrightarrow H_2 \uparrow \tag{8-6}$$

在阳极上析氧反应为:

$$4OH^- \longrightarrow 2H_2O + O_2 \uparrow + 4e \tag{8-7}$$

析出的氧不仅是分子态的氧(O_2),还包括原子氧(O)以及离子氧(O^{2-}),通常在反应中以分子氧表示。作为阳极的镁被其上析出的氧所氧化,形成致密的 MgO 膜。镍合金材料表面通过阳极等离子化学处理形成陶瓷氧化膜有 3 层,先是一层薄的阻挡层(100nm),随后是一层孔隙率很低的陶瓷氧化膜,最外是一层多孔的陶瓷膜层。该方法在零件边缘或孔洞处也能得到均匀的膜层。

现在有关阳极氧化的研究侧重于进一步提高镁合金的耐蚀性能以及控制氧化膜层的形成过程。比如改变电流条件、电解温度等。

阳极氧化是被广泛应用于镁及其合金的表面处理方法,但所得膜层的耐腐蚀性能还有待提高,而且表面膜层很脆,不导电,所以不适合于负载或需要导电的应用场合。

③ 金属镀层 为镁及其含金寻找一种合适的电镀工艺是不容易的,因为在空气中镁表面极易形成氧化层,在电镀前必须予以去除,然而镁合金表面的氧化层形成很快,所以需要在前处理过程中形成一个新膜层,该膜层既能阻止氧化层的形成,其本身在电镀过程中又容易除去,一般是通过置换的方法在基体表面形成一层疏松的表面膜层。另外由于绝大多数其他金属的电位都比镁合金的正,镁合金与其他金属一同使用时易发生电偶腐蚀。因而形成的镀层必须均匀致密且具有一定的厚度,否则将导致腐蚀电流增大。化学镀能在复杂镀件表面甚至在孔内形成均匀镀层,但是化学镀的镀液寿命短,且镁的活性在化学镀中显得尤为突

出，因而影响了化学镀在镁合金上的应用。但这种方法依然有望在镁合金表面形成均匀、耐腐蚀和耐摩擦、且具有良好导电性和可焊性的低成本镀层。

④ 扩散涂层　扩散涂层是通过让试样与涂层粉末接触后进行热处理而形成的涂层。这个过程中通过在高温下涂层材料与基体材料的内部扩散而形成合金。比如：Mg合金的Al扩散涂层，用Al粉将镁合金覆盖后在惰性气氛下在450℃进行热处理，在表面形成厚度为750μm的Al-Mg金属间化合物能有效降低腐蚀速度；镁合金的Zn扩散涂层能有效防止与其他金属接触时发生电偶腐蚀。但是在高温度条件下扩散，可能会影响镁合金材料本身的机械强度，限制了其实用性。

⑤ 有机涂层　有机涂层可用于提高耐腐蚀性、摩擦磨损性能或装饰性能。为了确保涂层具有良好的附着力、耐腐蚀性和外观，必须进行适当的前处理，来提高有机涂层的附着力。

（2）铝及合金

与镁类似，铝由于高导热性、高电导率、低迁移率在电子工业中得到了广泛的应用。铝是一种很活泼的金属，铝在不同的酸性溶液中有不同的腐蚀行为，一般来说，在稀酸中呈点蚀现象；在氧化性浓酸中生成一层氧化膜，具有很好的耐蚀性。在碱性溶液中，铝表面上的氢氧化物覆盖膜容易被碱溶液溶解，同时 OH^- 使铝成为阴性络离子，使得氧化膜破坏以后，能和铝进一步反应，造成铝的腐蚀。当铝和其他高电位金属接触时，会发生接触（电偶）腐蚀。

对铝及其合金常采用以下几种防护方法：

① 在满足使用性能的前提下改变合金成分，如铝及合金中加入0.5%铜，腐蚀电位及破裂电位均向正方向移动，合金钝化电流密度减小。在合金中添加锰、镁等也可以提高其抗腐蚀能力。

② 阳极氧化可以提高铝及合金的抗蚀性能。

③ 铬酸盐转换膜和铈钝化膜可以有效地保护铝及合金材料。

④ 阴极缓蚀剂如 Zn^{2+} 可以使铝及合金材料的电偶腐蚀电流密度大幅降低。

⑤ 在电路中，由于铝的抗迁移性较弱，必须采取适当的措施防止湿气进入电路内部，比如用气密性好的有机涂层材料使器件与大气隔离。

（3）锡（焊点）

锡在微电子工业中是主要的焊接材料，锡本身比较稳定，作为焊接材料与其他金属如铜、铝连接时，铜、铝对锡有保护作用。但是由于电子元器件和电路板的热膨胀系数相互不匹配造成焊点接头要频繁地承受一定的力学应力和应变。由于焊料合金的熔点都相对较低，在使用时很容易满足 $T/T_m>0.5$（T_m：熔点），所以在受剪切力时，焊点还会发生高温蠕变变形。所以，焊点的应力腐蚀或应力开裂是焊点失效的主要原因。

对焊点的防护主要是使用保护涂层，防止或减少焊点在使用中受到应力。

（4）铜

铜的体电阻率 $1.7\mu\Omega/cm$，铝的体电阻率 $2.65\mu\Omega/cm$，为了提高集成电路的速度，降低热损耗，用铜互联技术代替传统铝互联技术是现在电子工业发展的必然趋势。此外，铜也广泛用于印刷电路板与电子器件插件和连接材料。

电子器件中铜的腐蚀主要是铜膜的氧化与电化学腐蚀。图8-2表示铜膜氧化的基本模型。Cu膜在氧化过程中，随着Cu原子向膜外的扩散，氧化层厚度 D 增长，Cu导电层厚度 D_{Cu} 减小，其方块电阻 R 也会不断发生变化。通常认为Cu的氧化产物是绝缘的，电阻率测试仪四探针电极之间的电流全部为Cu膜所承载，测得的方块电阻也就可以视为Cu膜层的方块电阻。由方块电阻定义 $R=\rho_{Cu}/D_{Cu}$，Cu 膜的厚度 D_{Cu} 与方块电阻 R 和电阻率 ρ_{Cu} 有直接的关系，根据这个关系以及实验测得的 $R\text{-}t$ 关系可以得到 Cu 膜的厚度 D_{Cu} 随时间的变化情况即 $D_{Cu}\text{-}t$ 曲线。Cu 薄膜在完全氧化前后其厚度之比被实验证实为 $1:2$。因此氧化层厚度 $D=2(D_0-D_{Cu})$，其中 D_0 为薄膜原厚度。由此可以得到氧化动力学关系 $D\text{-}t$ 曲线。

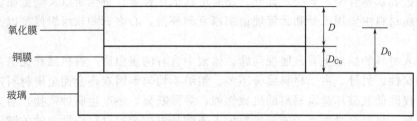

图 8-2　氧化过程中的样品模型

测试同一厚度铜膜在不同温度下的氧化行为以及同一温度下不同厚度铜膜的氧化行为，得到了如下结果：

① 在 $180\sim260℃$ 温度范围内 Cu 薄膜氧化的反应产物为 Cu_2O。

② 不同温度下 Cu 薄膜体系氧化动力学表征结果符合抛物线规律 $D^2=kt$，获得的氧化反应激活能为 $0.57eV$，据此认为其微观扩散机制为多晶晶界扩散。

③ 厚度极薄（$<22nm$）的 Cu 薄膜在 $140℃$ 恒温下氧化生成 Cu_2O，反应动力学满足反对数生长规律。纳米尺度下出现异常动力学现象的本质原因在于离子迁移的主要驱动力是因电子隧穿而形成的电位差而非化学位差。

对于器件中铜膜氧化的防护主体思想还是使铜膜与外界环境隔离，避免与空气中的氧及水汽接触，比如用具有良好防潮性能以及良好气密性、低热膨胀系数的绝缘漆。

8.2　生物医用材料的腐蚀与防护

8.2.1　生物医用材料与腐蚀环境概述

生物医用材料又称生物材料，是指和生物系统相结合，以诊断、治疗或替换机体中的组织、器官或增进其功能的材料。生物医学材料是随着生命科学和材料科学不断发展而演变的，是研制人工器官及一些医疗器具的物质基础，是与人类的生命和健康密切相关的新型材料。

医学临床对生物材料的基本要求是：

① 材料无毒性、不致癌、不致畸、不引起人体细胞的突变和组织反应。

② 与人体组织相容性好，不引起中毒、溶血凝血、发热和过敏等现象。

③ 化学性质稳定，抗体液、血液及酶的体内生物老化腐蚀作用。

④ 具有与天然组织相适应的物理机械性能。

⑤ 针对不同的使用目的而具有特定的功能。

与生物系统直接结合是生物医学材料最基本的特征，生物相容性要求生物医用材料不对生物体产生明显有毒效应，不会因与生物环境直接接触降低其效能和使用寿命。生物医用材料的生物相容性是与其在生物环境中的腐蚀问题息息相关的。

根据材料的属性，生物材料又可以分为：医用金属材料、医用高分子材料、生物陶瓷材料、生物医学复合材料。它们的种类、特性及腐蚀特征如下：

（1）生物医用金属材料　是用作生物医学材料的金属或合金。又称外科用金属材料或医用金属材料，是一类生物惰性材料。医用金属材料具有高的机械强度和抗疲劳性能，是临床应用最广泛的承力植入材料。除应具有良好的力学性能及相关的物理性质外，医用金属材料还必须具有优良的抗生理腐蚀性和生物相容性。已应用于临床的医用金属材料主要有不锈钢、钴基合金和钛基合金三大类。此外，还有形状记忆合金、贵金属以及纯金属钽、铌、锆等。医用金属材料主要用于骨和牙等硬组织修复和替换，心血管和软组织修复以及人工器官的制造。

金属植入材料的缺点主要是腐蚀问题。体液中含有的蛋白质、有机酸和无机盐，可使金属产生均匀腐蚀。另外，由于材料成分不纯、组织不均匀等因素还会使金属材料产生局部腐蚀。腐蚀不仅降低或破坏金属材料的机械性能，导致断裂，还产生腐蚀产物，对人体有刺激性和毒性。植入材料自身性质的蜕变导致植入失败是医用金属材料应用中的关键问题。人体内的金属材料一旦发生腐蚀，不仅仅是植入物失效的问题，更为严重的是溶解的金属离子所生成的腐蚀产物对人体会产生恶劣的影响，研究表明，金属材料本身对人体不会产生变态反应及致癌，但因腐蚀而溶解出的金属离子或溶解的离子以金属盐的形式与生物体分子结合或磨屑粉的形态才会对人体构成危害。此外，人体内金属材料的破裂通常是因疲劳、摩擦疲劳引发，是与腐蚀疲劳、摩擦腐蚀疲劳等腐蚀行为有密切关系的现象。

（2）生物医用高分子材料　可来自人工合成，也可来自天然产物。医用高分子按性质可分为非降解型和可生物降解型。非降解型高分子包括聚乙烯、聚丙烯、聚丙烯酸酯、芳香聚酯、聚硅氧烷、聚甲醛等，要求其在生物环境中能长期保持稳定，不发生降解、交联或物理磨损等，并具有良好的物理机械性能。虽然不存在绝对稳定的聚合物，但是要求其本身和降解产物不对机体产生明显的毒副作用。同时材料不致发生灾难性破坏。主要用于人体软硬组织修复体、人工器官、人造血管、接触镜、膜材、粘接剂和管腔制品等的制造。可生物降解型高分子包括胶原、线性脂肪族聚酯、甲壳素、纤维素、聚氨基酸、聚乙烯醇、聚己丙酯等，可在生物环境作用下发生结构破坏和性能蜕变，要求其降解产物能通过正常的新陈代谢或被机体回收利用或被排出体外，主要用于药物释放和送达载体及非永久性植入装置。按使用目的或用途，医用高分子材料可分为心血管系统、软组织硬组织等修复材料。

（3）生物医用无机非金属材料　又称生物陶瓷。包括陶瓷、玻璃、碳素等无机非金属材料。此类材料化学性能稳定，具有良好的生物相容性。根据其生物性能，生物陶瓷可分为两类：①近于惰性的生物陶瓷，如氧化铝、氧化锆以及医用碳素材料等。这类陶瓷材料的结构都比较稳定，分子中的键力较强。而且都具有较高的强度、耐磨性及化学稳定性。②生物活性陶瓷，如羟基磷灰石、生物活性玻璃等，在生理环境中可通过其表面发生的生物化学反应与生体组织形成化学键性结合；可降解吸收陶瓷，如石膏、磷酸三钙陶瓷，在生理环境中可被逐步降解和吸收，并随之为新生组织替代，从而达到修复或替换被损坏组织的目的。

（4）生物医用复合材料　是由两种或两种以上不同材料复合而成的生物医学材料。主要用于修复或替换人体组织、器官或增进其功能以及人工器官的制造。不同于一般的复合材料，不仅要求组分材料自身必须满足生物相容性要求，而且复合之后不允许出现有损材料生物学性能的性质。医用高分子材料、医用金属和合金以及生物陶瓷均既可作为生物医学复合材料基材，又可作为其增强体或填料，它们相互搭配或组合形成了大量性质各异的生物医学复合材料。根据材料植入体内后引起的组织反应类型和水平，生物医学复合材料可分为近于生物惰性的、生物活性的、可生物降解和吸收的三种基本类型。沿用复合材料的一般分类方法，生物医学复合材料按基材类型，又可分为高分子基、陶瓷基、金属基等类型；按增强体或填料性质又可分为纤维增强、颗粒增强、相变增韧、生物活性物质充填等类型。人和动物体中绝大多数组织均可视为复合材料，生物医学复合材料的发展为获得真正仿生的生物材料开辟了广阔的途径，生理环境下的腐蚀特征主要决定于复合材料中的金属、高分子材料腐蚀特征。

(5) 生物衍生材料　生物衍生材料是由经过特殊处理的天然生物组织形成的生物医用材料，又称生物再生材料。由于经过处理的生物组织已失去生命力，生物衍生材料是无生命活力的材料。但是，由于生物衍生材料具有类似于自然组织的构型和功能，或是其组成类似于自然组织，在维持人体动态过程的修复和替换中具有重要的作用。主要用作人工心瓣膜、血管修复体、皮肤黏膜、纤维蛋白制品、骨修复体、巩膜修复体、鼻种植体、血液唧筒、血浆增强剂和血液透析膜等。

金属、陶器、高分子及其复合材料是应用最广的生物医用材料。生物医用材料的腐蚀问题主要集中在金属、高分子材料方面。而这些材料在生物环境下的腐蚀老化失效远比在一般工程环境复杂，并带来生物相容性问题。

8.2.2　生物材料的腐蚀环境

生物医用材料是在生物环境中行使功能并与生物系统相互作用的，因此生物环境是生物材料是否发生腐蚀，能否成功应用的一个决定性因素。生物环境指处于生物系统中的生物医用材料周围的情况或条件，包括与其接触的体液、有机大分子、酶、自由基、细胞等多种因素。生物医用材料所处的生物环境也受到材料本身的组成和性质的影响，例如，材料的降解产物可能改变与其邻近体液的 pH 值和组成等。此外，生物环境还与动物种系、植入位置、应用目标、手术设计和创伤程度等有关。即使同一材料的应用，如骨植入，因材料植入的部位不同，其生物学环境也不相同。材料的生物性能指材料与其使用环境，即生物学环境的相互作用，这与通常在工程设计过程中所涉及的材料性能及耐久性问题并没有本质的区别。然而，下面两个问题却使生物材料有别于其他材料。

① 高性能要求　生物环境，特别是生物内部环境，具有极强的腐蚀性，此环境既有高度的化学活性，又存在极其多样化的复合机械应力。

② 高稳定性　尽管生物环境有其腐蚀性的一面，但要求它在物理条件和成分方面表现出一种超乎寻常的稳定性。在生物环境中存在着复杂的控制系统以保持这种稳定性，因此外来材料的出现所造成的与特定条件的偏差会引起宿主反应。

生物环境具有很强的腐蚀性。在很多情况下，生物环境的一个单独转变过程是由具有不同时间常数的多重平行系统和广泛的系统间相互作用来控制的。这些变化受特殊的有机催化剂（酶）的作用，并且其能量来源是偶合反应产生的化学能。生物学环境有以下 4 个级：

① 生理环境：受化学（无机）和热学条件控制。
② 生物生理环境：生理学条件加上适当的细胞产物（如血清蛋白、酶等）。
③ 生物环境：生物生理条件加上适当的有生命的活跃的细胞。
④ 细胞周围环境：生物环境的一种特殊情况，即直接邻近有生命的活跃细胞周围的条件。

所有的植入物在使用之前都必须做无菌处理。通常植入物使用的灭菌方式有以下几种：冷溶液法、干热法、湿热法（蒸汽法）、气体法、辐照法。还有一些新的灭菌方式，如电子束辐照和射频等离子体灭菌。

8.2.3　生物医用材料腐蚀机理

生物医用材料与生物环境发生作用首先是在材料的表面，在体内也就是材料与组织的界面与生物环境发生作用。图 8-3 表示几种植入材料表面在生物环境下发生的常见变化。这些变化经常导致植入材料功能改变，使植入手术失败。下面讨论生物医用材料在生物环境可能发生的腐蚀机理。

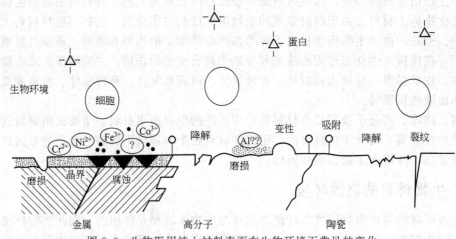

图 8-3　生物医用植入材料表面在生物环境下常见的变化

（1）膨胀与浸析

膨胀与浸析是材料与生物环境之间相互作用的最简单的形式。是在不发生反应的条件下，材料通过材料-组织界面的转移。如果物质（主要是液体）从组织进入生物材料，那么完全致密的材料就会因体积增加而发生膨胀。即使不存在液体的吸收，生物材料也会从周围的液相中吸附某些成分或溶质。液体进入材料内部，或生物材料的某种成分溶解在组织的液相中，人们就把这种产生材料孔隙的过程叫做浸析。虽然这里没有外加机械应力和明显的形状改变，但这两种效应对材料的性能均有深刻的影响。

膨胀和浸析都是扩散过程的结果，在各向同性物质中的扩散过程符合菲克扩散第一定律，对于一个给定的材料系统（生物材料中的扩散物质），$D_{表面} > D_{晶界} > D_{体}$，而且表面扩散在所有温度下都最容易进行。

求解无限大介质中的一维流动问题，则可以用菲克（Fick）第二定律。菲克第一定律和第二定律分别适用于不同的几何条件、初始条件和边界条件。在给定条件下可以解决各种情况下的扩散物质分布和物质输运速率问题。

从生物环境中吸收物质会造成材料发生一系列变化：颜色变化，体积变化（膨胀），还会有力学性能的变化，如：弹性模量的降低，延展性的增加（如果材料与被吸收物质发生反应，延展性也可能降低），摩擦系数变化以及抗磨损能力的降低。甚至导致静态疲劳或"裂纹"的失效形式，由微裂纹合并形成裂纹，最终导致断裂，这一点对脆性材料更为严重。

作为与膨胀相反的作用，浸析对性能的影响一般不太显著。可能发生的问题是浸析产物的局部对系统整体的生物作用。过度浸析（例如金属晶间浸析）可以导致断裂强度的降低。浸析造成的缺陷可以聚合成空洞。对刚性材料来说，如果空洞所占的体积百分比大到一定值，就会造成弹性模量的降低，其降低的数量与空洞体积百分比的二次方成正比。

（2）生物医用高分子材料的水解与降解

许多高分子材料都能吸水，这些高分子材料在生物环境中的持续存在会导致水渗透到它们的分子结构中。当然，医用高分子材料不同，吸收水的情况不同，例如，水凝胶的含水量有时会达到 88%。含水多的高分子材料未必就发生降解，必须含有发生水解的官能键，如：

酯键、酰胺键等。水分的吸收特性和高分子材料的水解特性共同决定了高分子材料在这一环境中的行为。高分子材料在体内对降解的敏感顺序如下：

① 能水解和易吸水的高分子材料在植入后易发生降解。属于这一类的高分子材料范围是很宽的，高分子材料结构的若干性质（包括结晶度和表面能）决定了降解的确切机制和动力学过程。脂肪族聚酯（包括聚乳酸和聚乙醇酸）是这类材料的最好的例子，它们被广泛用于需要迅速降解的情形中，例如在缝合线和药物缓释系统中。

② 能水解但不易吸水的高分子材料通过表面水解的机制降解，此时，暴露在表面的易水解基团或分子是最敏感的。芳香族聚酯和聚酰胺通过这样的过程缓慢降解。

③ 不水解但吸水的高分子材料会发生膨胀和破裂等结构变化，但不一定发生分子降解。丙烯酸酯高分子材料会吸收一些水分，但主链大分子不发生水解，也就不会由此带来降解。

④ 既不水解又能抵抗水分渗入的高分子材料，在生物组织环境中存在而不发生降解。这一类主要是 PTFE 和聚烯烃等均聚物。

如果在体内降解比在 37℃ 缓冲盐溶液（pH = 7.4）中进行得快，那么，显然是生理环境通过更有活性的方式使高分子材料分解，这个过程称为生物降解。生物降解的最主要因素是酶和自由基。

酶作为生物化学反应的催化剂，通常加快水解过程。毫无疑问，酶在体外条件下能够影响各种各样的易降解的聚酯、聚酰胺、聚氨基酸和聚氨酯等高分子材料的降解。其他形式的降解（包括氧化降解）也常常被酶催化。酶是由许多细胞合成和释放的，包括发炎过程中的细胞。在植入高分子材料的周围不可避免地会有各种各样的酶存在，特别是在宿主反应过程的早期。

无论是通过酶还是自由基的作用，由于生物活性导致的高分子材料的降解已经得到了充分的证明。高分子材料在体内的降解过程是千差万别的，植入部位、组织类型和时间的不同是材料降解过程不同的主要原因。

（3）生物医用金属材料的腐蚀

生物医用金属材料在生物环境下的腐蚀问题主要是由水参与的电化学腐蚀过程，也称为水溶液腐蚀与溶解过程。生物医用金属表面上各个区域电极电位的高低是由其电化学不均匀性所决定的。引起化学不均匀性的原因不仅有金属表面结构上的显微不均匀性（例如化学成分或个别晶体取向上的差异，晶界的存在或有异种夹杂物），还有超显微不均匀性（例如晶格的不完整，晶格中有位错，异种原子或金属原子的能量状态不同）。

图 8-4 是铬在纯水中的电位-pH 值图。在与腐蚀区相对应的电位和 pH 值条件下发生铬的溶解，溶液中 Cr 离子或 Cr^{3+} 离子的平衡浓度大于 10^{-6} mol/L。通常取 10^{-6} mol/L 作为腐蚀区和免蚀区的边界。腐蚀区下面是免蚀区，或者称为热力学稳定区。铬的电位低于 −1.72V，在大部分 pH 值范围金属处于稳定态，在水中几乎不发生腐蚀。对多数稀土特别是微量元素金属离子，在正常生理条件下，浓度远小于 10^{-6} mol/L。生物医用金属材料在应用中处于免蚀区，仅有微弱的电离反应。钝化区在腐蚀区的上面。由于铬表面生成了保护性氧化膜，裸露金属表面与水溶液被隔开，使铬由活化态变为钝态。但是，在这个区域中金属铬在热力学上是不稳定的，与免蚀区有原则的区别。

在生物体内，植入金属有一定的均匀腐蚀速率。但由于一般使用的生物医用金属腐蚀率极低，故在实际应用中，均匀腐蚀问题并不严重。局部腐蚀广泛存在于生物医用金属中。下面结合生物腐蚀环境进行简单介绍。

① 电偶腐蚀　如果两种金属有物理接触，并浸在导电溶液中，如生物环境的血清、组织液等，就会发生电偶腐蚀。通常被腐蚀的是处于电化学电位低的贱金属，以金属离子电离

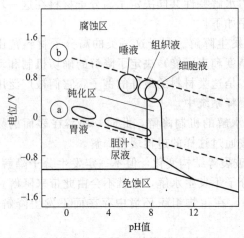

图 8-4　纯水路中的铬的电位-pH 值图

的形式溶解。同时，阴极不受任何腐蚀。

② 缝隙腐蚀　生物环境下金属组件中接合部位常发生缝隙腐蚀，如果骨折固定装置中的螺钉与夹板之间出现缝隙腐蚀，可能使夹板在循环应力作用下变形，导致医疗失效。

③ 点蚀　人体中的氯离子导致金属表面上原有保护膜（氧化膜等）在溶液介质中局部破坏是发生点蚀的重要原因，往往又是产生裂纹的起点。

④ 晶间腐蚀　人体中使用的金属材料，由于晶界的选择性破坏，金属材料固有的强度与塑性突然消失，可能造成严重的断裂事故。许多合金都有晶间腐蚀倾向，实际使用中不锈钢和铝合金的晶间腐蚀比较突出。

⑤ 应力腐蚀　奥氏体不锈钢在生物体液条件下有可能以这种形式发生晶间或穿晶断裂。

⑥ 疲劳腐蚀　应力的循环频率愈低，对疲劳腐蚀影响愈大，因为低频增加了金属与腐蚀合金接触的时间。生物体力学行为大多有低频周期受力的特征，如人体的站立、卧坐、载重对人工关节植入材料的受力。

一般说来，多元件植入物的腐蚀破坏比单一元件更为普遍。研究表明，大多数组元的整形外科骨折固定器在治疗结束回收后，都发现了被腐蚀的迹象，这些装置均发生了不同程度的均匀腐蚀破坏。缝隙腐蚀和点蚀是两种最重要的腐蚀形式。缝隙腐蚀常发生在螺栓板材装配结构的接合间隙内。腐蚀痕迹大多在板上的孔洞处。缝隙腐蚀偶尔也发生在螺栓与板接合的部分。由于在孔洞处板的截面积减小，所以这些部件存在高度的应力集中。显微分析表明，板材沿螺孔的断裂往往与缝隙腐蚀有关。

在板与螺栓之间也可能发生电偶腐蚀，由于板和螺栓的制造工艺不同，如热处理不同，它们之间就会有微小的电位差，产生电化学腐蚀的趋势。混用不同厂家提供的螺栓和板也会产生电化学腐蚀，这是因为每个厂家采用的热处理工艺都有差别。当然，使用成分与板材不同的螺栓也会引起腐蚀的问题，这类腐蚀通常是由于手术区域持续疼痛而被发现的，然而腐蚀开始发生时并没有任何明显的感觉，在拆除装置的常规手术中经常可以观察到组织变色的现象，电偶腐蚀常使螺栓与板的接触区域变色，留下像"烧焦"或"熏黑"的痕迹。应力腐蚀也有可能发生，但是非常少见，在现代整形手术多元件装置的实际应用中，已经看不到晶间腐蚀。如果板材松动或固定不牢，板和螺栓的相对运动导致材料的脱落或磨损，这会破坏钝化膜而加速腐蚀，这种现象与简单磨损很难区别，它被称为磨损腐蚀。

对单一元件装置，如颅骨板、骨髓内杆、内部修补物、锁钉和骨折端环扎线等，腐蚀很轻微。均匀腐蚀仍不可避免。而应力腐蚀，疲劳腐蚀，是最重要的破坏形式。尽管人工替代物因为应力腐蚀失效的例子不多，但用于连接骨折的高应力，环扎线中应力腐蚀的出现率并不低。晶间腐蚀偶尔也会出现，并且大都与替代物铸造元件的表面夹杂物或铸造缺陷有关。

与血液接触的区域发生的腐蚀极为复杂。过量的氧和连续流动的电解质为各种腐蚀提供了高度的活性。另外，血液中存在的许多有机小分子也会影响腐蚀速率。胱氨酸等含硫分子可以加速腐蚀，而丙氨酸等中性分子却能阻碍腐蚀，其作用就像工程应用中的阻锈剂。更重要的是，腐蚀会从根本上影响表面性能。腐蚀通常是有害的。然而对有些植入物来说，人们正是应用了腐蚀溶解效应，例如，铜制 IUD（子宫节育器）的避孕性能就取决于腐蚀过程中铜离子的释放。

金属腐蚀造成金属离子从材料中溶出到体液环境中，形成固体的腐蚀产物，可能导致对人体组织机能的侵伤和损坏，从而引起局部发炎、水肿、疼痛、组织非正常生长，畸变成恶劣的生物组织，尤其是材料中含有毒性物质时，由于浸出物降解产物的作用，甚至诱发癌症。这是材料生物性能的另一方面，即宿主反应，反映了材料对生物系统的作用。它是由于构成材料的元素、分子或其他降解产物（微粒、碎片等）在生物环境作用下被释放进入邻近组织甚至整个活体系统而造成的，或源于材料对组织的机械、电化学等其他刺激作用。

为了避免这些问题，最好用无毒构成的合金材料，即使含有个别毒性元素，也要通过合金化获得难以溶出有毒离子的材料。当前所使用的合金生物医用材料本身并无细胞毒性，但其构成元素的金属离子有些是有毒的。能引起金属过敏反应的元素的强弱顺序为 Ni、Hg、Co、Cr、Cu、Au。Ni 引起过敏反应的报道最多，也有镍离子致癌的报道，在欧洲已限制使用镍用作生物医用材料。

在临床上，医用不锈钢应用最多，但组成材料的元素如 Fe、Cr、Ni 易被腐蚀进入人体。研究表明，由不锈钢支架中的镍、铬、钼等元素离子的溶出而引起的过敏反应与冠脉再狭窄有一定的关系。在这几种元素中，镍是奥氏体不锈钢的主要合金元素，但是为了排除镍过敏等毒素问题，应当使不锈钢材料无镍或低镍，减少植入不锈钢在体内的组织反应，提高材料的生物相容性。

8.2.4　生物医用材料的生物相容性

生物医用材料腐蚀研究方法的另一主要特征是要研究材料腐蚀产物对人体的毒性作用，即生物相容性问题。生物相容性是生物医用材料与人体之间相互作用产生各种复杂的生物、物理、化学反应的概念。植入人体内的生物医用材料及各人工器官、医用辅助装置等医疗器械，必须对人体无毒性、无致敏、无刺激性、无遗传毒性和无致癌性，对人体组织、血液、免疫等系统不产生不良反应。因此，材料的生物相容性优劣是生物医用材料研究设计中首先考虑的重要问题。

生物医用材料的生物相容性按材料接触人体部位不同一般分为两类。若材料用于心血管系统与血液直接接触，主要考察与血液的相互作用，称为血液相容性；若与心血管系统外的组织和器官接触，主要考察与组织的相互作用，称为组织相容性或一般生物相容性。组织相容性涉及的各种反应在医学上都是比较经典的，反应机理和试验方法也比较成熟；而血液相容性涉及的各种反应比较复杂，很多反应的机理尚不明确，试验方法除溶血试验外，多数尚不成熟，特别是涉及凝血机理中细胞因子和补体系统方面分子水平的试验方法还有待研究建立。

生物医用材料及用其制作的各种用于人体的医用装置的生物相容性和质量直接关系到患者的生命安全，因此由国家统一对这类产品实行注册审批制度。生物医用材料和医疗器械在研究和生产时都必须通过生物学评价，以确保安全。生物医用材料的安全性从广义上讲应该包括物理性能、化学性能、生物学性能及临床研究四方面。目前国际标准组织和欧美、日本及我国实行的标准在安全性能上的评价主要是指生物学评价。1882 国际标准化组织（ISO）正式公布了医疗装置生物学评价系列国际标准 ISO10883-1882 标准。此国际标准是由 ISO/TC184 国际标准化组织医疗装置生物学评价技术委员会制定并通过。ISO10883 的总题目是医疗装置生物学评价，由下列部分组成：第 1 部分是试验选择指南；第 2 部分是动物福利要求；第 3 部分是遗传毒性、致癌性和生殖毒性试验；第 4 部分是与血液相互作用试验选择；第 5 部分是细胞毒性试验，体外法；第 6 部分是植入后局部反应试验；第 7 部分是环氧乙烷灭菌残留量；第 8 部分是临床调查；第 9 部分是与生物学试验有关的材料降解（技术报告）；第 10 部分是刺激与致敏试验；第 11 部分是全身毒性试验；第 12 部分是样品制备与标准样品。我国国家技术监督局已经颁布了国家标准 GB/T（《系列医疗器械生物学评价标准》）。

产物以及在合成和制造工艺过程中使用的添加剂、交联剂、溶剂、化学灭菌剂以及材料本身的单体等残留物都能构成不同程度的潜在毒性。这些含有潜在毒性的材料或医疗器械植入人体后，材料表面的低分子残留物首先溶出，对组织、细胞呈现毒性，选择适当的生物学评价试验能证实毒性的存在。

8.2.5 生物医用材料腐蚀的防护

人们用各种方法对生物医用材料进行表面改性，以获得优异的耐腐蚀性能及综合性能。尤其是对骨、齿等硬组织植入物，以及心血管金属支架的表面改性。由于钛及钛合金有较好的力学性能、生物相容性和更接近人骨的低弹性模量，目前大部分的表面处理技术主要是针对钛及钛合金的。

（1）等离子喷涂涂层

等离子喷涂技术是较早用于钛及钛合金表面改性的，它是由高温等离子火焰将待喷涂的粉料瞬间熔化，然后高速喷涂在冷态的基体上形成涂层。涂层厚度通常为 $50\sim100\mu m$，为了改善钛及钛合金的生物相容性，一般喷涂生物相容性优良的羟基磷灰石涂层。

等离子喷涂涂层还存在涂层与钛及合金基体间物理性能（主要是弹性模量）差别较大的问题，在界面处会产生梯度较大的内应力，降低了涂层与基体的结合强度。因此，发展了在钛合金表面等离子喷涂生物活性梯度涂层的研究，在基体与羟基磷灰石涂层之间形成一个化学组成梯度变化的过渡区域，大大降低了界面处的应力梯度，若再将涂层在真空下进行热处理，可使涂层晶化程度大大提高，涂层与过渡层及基体间发生复杂的化学反应，生成新相，形成化学键结合，大大提高了涂层与基体的结合强度，增强涂层的抗侵蚀能力。

等离子喷涂涂层是应用最广泛的涂层方法，如用于牙根种植体和人工关节柄部等医用器件的表面改性，提高植入体与骨组织的结合强度。随着梯度等离子喷涂及后续热处理技术的发展，等离子喷涂技术将更趋完善。

（2）烧结涂层

烧结涂层是利用类似涂层和烧结的方法，在基础上涂覆陶瓷或玻璃陶瓷的涂层，涂层厚度通常 $200\sim350\mu m$。该涂层除保留了等离子喷涂涂层的优良性质外，结合强度高，可控制涂层的组成按梯度变化，实现涂层生物学性能和机械力学性能的梯度变化，大大提高涂层的综合性能。常用的烧结涂层首先是采用浸、刷、喷涂等方法在钛及合金基体上搪烧一层 TiO_2-SiO_2 系玻璃作为中间过渡层（或称底釉），然后在其上按上述方法涂覆多孔生物活性陶瓷，通常为羟基磷灰石陶瓷。这种涂层可通过调节化学组成使中间过渡层的热膨胀系数与基体金属匹配，使涂层呈适当的压应力状态，有利于提高结合强度。此外，底釉与基体不仅物理与化学结合兼而有之，而且致密，有效防止了体液对涂层与基体界面的渗透，从而提高了涂层的结合强度和使用寿命。

（3）溶胶-凝胶法涂覆的烧结涂层

为了在钛及钛合金上涂覆结合强度高的致密羟基磷灰石涂层，改善基体的骨结合能力，以硝酸钙（含 4 个结晶水）和磷酸三甲酯为初始原料，制备溶胶液。通过在基体上涂敷溶胶液，制备凝胶膜，经干燥、烧结形成 HA 涂层，重复上述过程 30 次，获得羟基磷灰石涂层与基底间的紧密结合，涂层厚度约 $38\mu m$，显气孔率为 6%，结合强度约为 88MPa，涂层中含有少量 CaO，可采用蒸馏水冲洗消除。

（4）表面化学处理诱导骨基磷灰石涂层

通过表面化学处理可使钛及钛合金具备诱导类骨磷灰石形成的能力，从而改善钛及钛合金的生物活性和骨结合能力。方法之二是：用 5.0mol/L NaOH 在 60℃下处理钛金属 24h，然后在 600℃下热处理 1h，随后将其浸泡在 pH 值为 7.4、温度为 36.5℃的模拟体液（SBF）中 17 天，获得厚度为 10μm 的磷灰石涂层。采用 NaOH 处理铁金属是利用腐蚀获得更大的表面积，有利于磷灰石的局部过饱和以及提高结合强度。

（5）电泳沉积法

通过电泳法，可以在钛金属上沉积均匀的三斜磷钙石等非生物活性磷酸钙，但这些磷酸盐可在生理环境下转化成生物活性的形式。方法是：以纯钛作为电极，先用丙酮和乙醇除去钛表面的油脂。电解液由正磷酸、氢氧化钙和添加剂组成，当电解液的温度为 80℃，电解电压低于 10V 时，随着温度和电压的升高，可以在阴极钛板上观察到浅灰色的三斜磷钙石涂层形成，涂层厚度约 30μm。

（6）离子束增强沉积

在 Ti6Ai4V 基底上用离子束增强沉积法和适当的后处理获得了致密的晶态羟基磷灰石膜，膜与基底之间有一个宽达 27nm 的原子混合界面，其结合强度是没有离子束轰击形成膜的近 2 倍。但这种涂层过薄，难以持久，且所要求的设备复杂、昂贵。

（7）水热反应法

通过水热反应可以在钛金属表面形成磷酸氢钙（$CaHPO_4$）和羟基磷灰石薄膜。方法如下：将钛板放入由 0.05mol/L $Ca(EDTA)^{2-}$ 和 0.05mol/L NaH_2PO_4 组成的溶液中，在 pH＝5～10，温度 120～100℃下处理 2～20h，当 pH＝5 时，获得的薄膜由大板状的磷酸氢钙和细针状羟基磷灰石组成；当 pH＞6 时，薄膜由岛状的棒状羟基磷灰石聚积体组成；当 pH＝4 时，薄膜由岛状和板状 $CaHPO_4$ 聚积体组成。在 200℃下处理 5h，薄膜厚度为 10μm。

（8）热分解法

利用热分解法可以在钛金属表面获得羟基磷灰石薄膜，改善钛的生物相容性。制备羟基磷灰石涂层用的溶液由 CaO，2-乙基己醇酸，正丁醇和双（2-乙基己基）磷酸酯组成，将涂覆上述溶液后的钛金属在 650℃、850℃和 1050℃分别处理 3h。该方法有可能制备出比等离子喷涂层更薄（＜50μm）的羟基磷灰石涂层。

（9）电化学沉积法

通过电化学沉积法可以在纯金（Au）、铂（Pt）、钛（Ti）、铝（Al）、铁（Fe）和铜（Cu）金属以及不锈钢、Ti6Al4V、Ni-Ti 和 Co-Cr 合金上沉积磷酸钙，从而改善它们的表面生物相容性。方法如下：上述 6 种金属和 4 种合金作为基底电极，另一电极为铂金板，电解液由 NaCl 137.8mmol/L，$CaCl_2 \cdot 2H_2O$ 2.5mmol/L，K_2HPO_4 16mmol/L 和蒸馏水组成，用 50mmol/L 羟甲基氨甲烷 $[(CH_2OH)_3CNH_2]$ 和盐酸缓冲至 pH＝7.2，电流维持 100mA，电解液由电加热器和磁力搅拌器控制在 82℃，通电 20min 后，在纯 Au 和 Pt 板上有少量的磷酸钙沉积；在铝板上沉积的磷酸钙为非晶态，其他板上沉积的是定向结晶的磷灰石，纯铝板上的沉积物含有 Al、P、O 和少量的 Ca，其他的金属板上的沉积物含 Ca、P 和 O。

（10）表面修饰法

已经发现钛及合金浸泡在人工模拟体液（SBF）中，表面可优先沉淀出磷酸钙，这有利于改善钛及合金生物医用植入材料的生物相容性和骨结合性，但这一沉积过程很缓慢，通常需数周的时间，影响到植入物的早期生物相容性，尤其是骨结合性，为了加速这一沉积过程，可以对钛及合金表面进行适当的修饰。

（11）类金刚石碳膜

类金刚石碳膜（DLC）是一种新的有希望的生物材料，它的化学性质稳定，生物相容性和血液相容性（主要是抗血栓形成性）优良，硬度高，耐磨蚀性优良。因此，有希望用于改善金属质（如不锈钢、钛及钛合金）人工心脏瓣膜和人工关节的耐磨性和抗血栓性。目前，用于制备 DLC 的方法很多，大多用于非生物医学用途，用于生物医学目的主要是提高耐磨性和抗血栓性。已有用离子束增强沉积法、等离子辉光放电 CVD 法、磁控管溅射法和微波等离子（MWP）法等在不锈钢和钛及合金上制备 DLC 膜的报道。

目前生物医用材料正在向多种材料复合、性能互补的方向发展，表面改性技术在生物材料上的应用有效地提高了医用材料的表面质量，改善了植入的效果，因此，利用表面技术来提高金属材料的耐蚀性和生物相容性是今后医用材料的一个发展趋势。

参 考 文 献

[1] Peabody A W. Control of Pipeline Corrosion. NACE Publication. Houston TX，USA，2001.

[2] 中国腐蚀与防护学会. 腐蚀与防护全书——腐蚀总论. 北京：化学工业出版社，1994.

[3] 朱日彰等. 金属腐蚀学. 北京：冶金工业出版社，1989.

[4] 中国腐蚀与防护学会《金属腐蚀手册》编辑委员会主编. 金属腐蚀手册. 上海：上海科学技术出版社，1987.

[5] 李荻. 电化学原理. 北京：北京航空航天大学出版社，1999.

[6] 胡茂圃. 腐蚀电化学. 北京：冶金工业出版社，1991.

[7] 肖纪美，曹楚南. 材料腐蚀学原理. 北京：化学工业出版社，2002.

[8] 曹楚南. 腐蚀电化学原理. 第 2 版. 北京：化学工业出版社，2004.

[9] 宋诗哲. 腐蚀电化学研究方法. 北京：化学工业出版社，1988.

[10] 吴荫顺. 金属腐蚀研究方法. 北京：冶金工业出版社，1993.

[11] 杨熙珍，杨武. 金属腐蚀电化学热力学-电位-pH 图及其应用. 北京：化学工业出版社，1991.

[12] Shreir L L. Corrosion. Vol. I and Ⅱ. 2nd ed. Newes Butterworth，1976.

[13] Fontana M G，Greene N D. Corrosion Engiing. 2nd ed. MeGraw-Hill，1978.

[14] Brubaker G R，Phipps，P B P，ed. Corrosion Chemistry. ACS Symposium Series，89. American Chemical Society，1979.

[15] 吴荫顺，郑家燊. 电化学保护和缓蚀剂应用技术. 北京：化学工业出版社，2006.

[16] 杨德钧，沈卓身. 金属腐蚀学. 北京：冶金工业出版社，1999.

[17] 查全性，等. 电极过程动力学导论. 第 3 版. 北京：科学出版社，2002.

[18] 何业东，齐慧滨. 材料腐蚀与防护概论. 北京：机械工业出版社，2005.

[19] 曹楚南. 中国材料的自然环境腐蚀. 北京：化学工业出版社，2005.

[20] 中国石油化工设备管理协会设备防腐专业组编著. 中国石油化工装置设备腐蚀与防护手册. 北京：中国石油出版社，1996.

[21] 化学工业部合成材料老化研究所编. 高分子材料老化与防老化. 北京：化学工业出版社，1979.

[22] 魏无际，俞强，崔益华编. 高分子化学与物理. 北京：化学工业出版社，2006.

[23] 史继诚. 高分子材料的老化及防老化研究. 合成材料老化与应用，2006，35（1）：27.

[24] 崔福斋，冯庆玲. 生物材料学. 北京：清华大学出版社，2004.

[25] 何天白，胡汉杰. 功能高分子与新技术. 北京：化学工业出版社，2001.

[26] 李世普. 生物医学材料导论. 北京：北京工业大学出版社，2000.

[27] 俞耀庭，张兴栋. 生物医用材料. 天津：天津大学出版社，2000.

[28] 李晓刚. 材料腐蚀与防护. 长沙：中南大学出版社，2009.

[29] 王凤平，康万利，敬和民，等. 腐蚀电化学原理、方法及应用. 北京：化学工业出版社，2008.

[30] Mohanty A K，Misa M，Drzal L T. Surface modifications of natural fibers and performance of the resulting biocomposites：An overview [J]. Composite Interfaces，2001，8（5）.

[31] 中国腐蚀与防护学会. 自然环境的腐蚀与防护. 北京：化学工业出版社，1997.

[32] 胡传炘，宋幼慧. 涂层技术原理及应用. 北京：化学工业出版社，2000.

[33] 杨武，等. 金属的局部腐蚀. 北京：化学工业出版社，1995.